智慧城市建设与规划探究

吴量子　臧建华　董妍璐◎著

吉林科学技术出版社

图书在版编目（CIP）数据

智慧城市建设与规划探究 / 吴量子，臧建华，董妍璐著. -- 长春：吉林科学技术出版社，2023.5
ISBN 978-7-5744-0543-1

Ⅰ．①智… Ⅱ．①吴… ②臧… ③董… Ⅲ．①智慧城市—城市规划—研究 Ⅳ．①TU984

中国国家版本馆 CIP 数据核字(2023)第 103586 号

智慧城市建设与规划探究

作　　者	吴量子　　臧建华　董妍璐
出 版 人	宛　霞
责任编辑	乌　兰
幅面尺寸	185 mm×260mm
开　　本	16
字　　数	366 千字
印　　张	16
版　　次	2023 年 5 月第 1 版
印　　次	2023 年 5 月第 1 次印刷

出　　版　吉林科学技术出版社
发　　行　吉林科学技术出版社
地　　址　长春市净月区福祉大路 5788 号
邮　　编　130118
发行部电话/传真　0431-81629529　81629530　81629531
　　　　　　　　　　81629532　81629533　81629534

储运部电话　0431-86059116

编辑部电话　0431-81629518

印　　刷　北京四海锦诚印刷技术有限公司

书　　号　ISBN 978-7-5744-0543-1
定　　价　65.00 元

前　言

　　城市，是人类走向成熟和文明的标志，是人类精神与物质文明的载体，更是政治、经济、文化和社会生活的中心。随着社会的发展、科技的进步，城市内涵不断发生变化，影响城市发展的因素也不断增多。城市化的过程就是人类生产生活方式、社会结构不断发展完善的动态过程。在城市化高速发展过程中，城市的弊病也越来越多地显露出来。如何兼顾城市的高速发展和解决城市发展过程中所面临和存在的各种实际问题，探索有效的城市可持续发展模式和发展途径，是摆在我们面前的重大现实问题。

　　智慧城市是继数字城市后城市发展的高级形态，也是世界各国或地区应对人口增长、破解城市发展难题的战略手段。智慧城市建设必然以信息技术为核心和代表。智慧城市基于这些核心技术所构成的网络信息构架，不断地通过信息终端和信息服务，满足不同主体的信息需求，通过以信息融合为基础的城市运行系统之间的交互协作，完成有效的服务和管理，从而增强城市环境的友好性，全面提升城市管理的效率和科学性。

　　智慧城市的理念为城市创新发展提供了新思路，开辟了认识城市、发展城市的新视角，相对数字城市、智能城市等理念，智慧城市更强调人的参与性，突出人的因素、人文因素，以"为人类营造更加美好的城市生活"为核心价值观。未来的智慧城市是"设施更高端、发展更科学、管理更高效、社会更和谐、生活更美好"、整个城市具有较为完善的"智"和"慧"的新型城市形态。

　　本书从智慧城市概论介绍入手，针对智慧城市基本概念、智慧城市系统工程方法论的策略进行了分析研究；另外对智慧城市体系框架、智慧城市总体规划、智慧城市建设的思路做了一定的介绍；还剖析了智慧治理、智慧城市管理、智慧城市的可持续发展之路、数据驱动下的智慧城市建设等内容。本书对于智慧城市建设具有重要的理论价值和现实意义。在科学意义及学术价值方面，有利于构筑智慧城市的框架体系，完善智慧城市的基础理论；在现实意义方面，有利于推广现代信息技术在城市领域中的普及应用，推进智慧城市建设进程和智慧化深度。

目录

第一章 智慧城市概论

第一节 智慧城市基本概念

一、智慧城市的概念

智慧城市有狭义和广义两种理解。狭义上的智慧城市概念指的是以物联网为基础，通过物联化、互联化、智能化方式，让城市中各个功能彼此协调运作，以智慧技术高度集成、智慧产业高端发展、智慧服务高效便民为主要特征的城市发展新模式，其本质是更加透彻的感知、更加广泛的互联、更加集中和更有深度的计算，为城市的管理与服务运行植入智慧的基因。广义上的智慧城市是指以"发展更科学、管理更高效、社会更和谐、生活更美好"为目标，以自上而下、有组织的信息网络体系为基础，使得整个城市具有较为完善的感知、认知、学习、成长、创新、决策、调控能力和行为意识的一种新型城市的新常态。

随着信息化在我国国民经济和社会各领域的应用效果日渐显著，政府信息化以智慧政府内外网建设促进政府的管理创新，实现网上办公、业务协同、政务公开。农业信息服务体系不断完善，应用信息技术改造传统产业不断取得新的进展，数字技术应用大大提升了城市信息化在市政、城管、交通、公共安全、环境、节能、基础设施等方面现代化的综合管理水平。社会信息化在科技、教育、文化、医疗卫生、社会保障、环境保护、智慧社区，以及电子商务与现代物流等领域发展势头良好。产业信息化在新能源、交通运输、冶金、机械和化工等行业的信息化水平逐步提高。传统服务业向现代服务业转型的步伐加快，信息服务业蓬勃兴起。金融信息化推进了金融服务创新，现代化金融服务体系初步形成。

智慧城市的基本理念是：在一个城市中将政府信息化、城市信息化、社会信息化、产业信息化"四化"融为一体，通过网络化、物联化、智能化技术应用，整合整个城市所涉及的综合管理与公共服务信息资源，包括地理环境、基础设施、自然资源、社会资源、经济资源、教育资源、旅游资源和人文资源等，以数字化的形式进行采集和获取，并通过智慧城市大平台和大数据进行统一的存储、优化、管理、展现、应用。实现城市综合管理和公共服务信息的互联互通、数据共享交换、业务功能协同。为科学化建设新型城镇、促进智慧城市和信息消费，建设美丽城市、智慧城市、可持续发展城市提供强而有力的手段和支撑。

二、智慧城市建设范围

（一）智慧政府

我国智慧城市的建设始于政府信息化。智慧政府的核心是电子政务内外网和公共协同服务平台的建设，其目的就是通过电子政务促进政府管理的改革和创新。政府管理创新从本质来讲就是以国家之力来推动我国政府信息化建设，以提高我国政府的管理能力和服务能力，提升国家在国际社会中的竞争力。从这个意义上讲，推动电子政务促进政府管理创新，促进政府信息化建设意义重大。

智慧城市实施智慧政府信息化应以网上行政审批、网上电子监察、网上绩效考核为突破口，以建设电子政务外网为基础，以在一个城市范围内建立政府公共服务体系为目标，重点实现政府各业务单位和部门之间的信息互联互通与数据共享，以此来大力推进政府信息化的建设和发展。

实现智慧政府信息化的重大意义是：

（1）推动政府信息化，可以促进我国的改革开放和加快我国经济更好地与世界经济融为一体。通过构建政府信息化，推动电子政务，改变政府管理机制，提高政府管理的透明度、公开性，提高政府管理的效率等，可以使政府管理存在的问题得到更多解决，这对提升政府管理水平和服务能力，对政府管理适应我国改革开放带来的一系列的挑战意义重大。

（2）通过推动政府信息化构建电子政府，可以提高政府决策的科学性、及时性、有效性，从而减少大量的重复建设，减少大量的财政资金浪费。这对于政府管理意义重大。

（3）通过推动政府信息化构建电子政府，可以真正提高公共服务的质量，提高政府的服务水平，增强政府的服务能力，促进管理型政府向服务型政府的转化。推动政府信息化，给企业、公众在网上提供一站式的服务、在线服务，不仅可以大大减少政府的办事时间，而且能够提高它的公开性、透明度。这对于改善政府的公共服务、改善政府和公众的关系、提升政府的形象意义重大。

（4）通过推动政府信息化、打造电子政府，可以实现资源共享，降低政府的行政管理成本。电子政务的核心就是信息互联互通、数据和资源共享、网络融合、管理与服务协同。通过对信息的有效管理、高效处理，提高信息资源的共享程度，可以给国家降低大量的管理费用和节省人力。

（5）通过推动政府信息化，构建电子政府，能够提高公务人员的整体素质。增强政府信息化。电子政务，开阔视野，改变观念，提高信息化技能，这对提高我国政府公务员的整体素质具有深远意义。

（二）智慧治理

智慧城市治理就是应用现代技术手段建立统一的城市综合治理平台，充分利用信息资源，实现科学、严格、精细和长效管理的新型城市现代化管理模式。目前，智慧城市管理已经从前几年的"数字城管"扩大到一个城市综合治理"大城管"的概念，涵盖了城市的市政管理、市容管理、公共安全管理、交通管理、公共及基础设施管理、水电煤气供暖管理、城市"常态"下事件的处理和"非常态"下事故的应急处置与指挥等。实行智慧城市管理后，城市的每一个管理要素和设施都将有自己的数字身份编码（物联网），并被纳入整个智慧城市综合管理平台数据库中。智慧城市综合管理平台通过监控、信息集成、呼叫中心等数字化技术应用手段，在第一时间内将城市管理下的"常态"和"非常态"各类信息传送到城市综合监督与管理中心，从而实现对城市运行的实时监控和科学化与现代化的管理。

智慧城市实施城市信息化以数字城管为起点，以建设城市级综合监控与管理信息中心为基础，重点实现城市在市政、城管、交通、公共安全、环境、节能、基础设施等方面信息的互联互通与数据共享。以在一个城市范围内建立数字化与智能化的城市综合管理体系为目标，以此来大力推进城市信息化的建设和发展。

实现智慧城市治理信息化的重大意义是：

（1）智慧城市管理代表了现代城市管理的发展方向。随着经济、社会的发展，城市管理必然要从过去那种粗放式管理走向精细化管理；从过去的行政管理转型到依法管理；从过去那种临时性、突击性的"堵漏洞式"的管理转到常态的、经常性的长效管理；从过去那种被动地处理转到主动地去发现问题和解决问题。要达到上述目的，就必须推进智慧城市治理，真正使政府治理城市及处理问题的能力从低效迟钝转向高效廉洁。这样就避免了各部门间推诿扯皮、多头管理等"政府失灵"的问题，进一步强化政府的社会管理和公共服务职能。可以说，数字化管理是建立城市管理长效机制的必经之路。

（2）智慧城市治理充分体现了以人为本的先进观念。城市是全体市民的，所以，城市管理一定要有基本的立足点，就是要为广大市民服务，尊重广大市民的意愿，使市民反映的城管问题和生活中的诸多不便等"琐事"，通过数字化管理系统这个纽带成为政府案头的大事，激发居民参与城市管理的热情，形成市民与政府良性互动、共管城市的格局，并以此密切党和政府同人民群众的血肉联系，为构建和谐社会打下坚实基础。同时，对于党政部门转变执政理念和执政方式，提高执政能力和执政水平，都将会产生巨大的影响和发挥积极的促进作用。

（3）智慧城市治理可提高管理效率和降低管理成本。智慧城市管理系统涵盖了众多部门的工作内容，可实现各部门信息资源共享，能实现城市管理信息快速传递、分析、决策和处理，可以大大提高工作效率。由于城市管理人员监督范围扩大，可以节约人力、车辆等巡查成本。由于问题定位精确、决策正确、处置准确，能克服多头处理、重复处理等弊端，单项事件处理成本大大降低。这不仅可以提高城市管理效率，同时也建立了一套对各部门工作绩效进行科学考核的评价体系。

（三）智慧产业

以信息化带动工业化是智慧城市建设的重要内容。通过智慧城市产业信息化平台和电子政务外网搭建起政府与企业间、企业与城市服务业间、企业相互之间的信息互联互通数据共享的平台。以信息化带动工业化，以工业化促进信息化，走出一条科技含量高、经济效益好、资源消耗低、环境污染少、人力资源优势得到充分发挥的新型工业化道路，这是我国工业化和整个国家现代化的战略选择。

工业化和信息化是两个性质完全不同的社会发展过程。所谓工业化，一般以大机器生产方式的确立为基本标志，是由落后的农业国向现代工业国转变的过程。所谓信息化，是指加快信息技术发展及其产业化，提高信息技术在经济和社会各领域的推广应用水平的过程。总体上讲，在现代经济中工业化与信息化的关系是：工业化是信息化的物质基础和主要载体，信息化是工业化的推动"引擎"和提升动力，两者相互融合、相互促进、共同发展。

信息化带动工业化，就是要以智慧城市的建设来带动和推进企业的信息化，整合政府信息化、城市信息化、社会信息化的信息资源。以政府信息化为先导，以社会信息化为基础，走出一条以智慧城市为平台推进整个产业信息化发展的路。

信息化带动工业化的核心是产业信息化。产业信息化是指利用计算机、网络和通信技术，支持产业及企业的产品研发、生产、销售、服务等诸多环节，实现信息采集、加工和管理的系统化、网络化、集成化，信息流通的高效化和实时化，最终实现全面供应链管理和电子商务。产业信息化的水平直接决定了国民经济以信息化带动工业化的成败和产业及企业竞争力的高低，是我国目前经济发展的战略重点。企业作为国民经济的基本细胞和实现信息化、工业化的载体，其信息化水平既是国民经济信息化的基础，也是信息化带动工业化，走新型工业化和智慧制造发展道路的核心所在。

智慧城市实施产业信息化应以电子商务为龙头，以在一个城市范围内建立电子商务和现代物流体系为基础，以此来促进和带动当地产业的信息化建设和发展。

智慧产业信息化建设要注重以下四个方面：

（1）产业应当提高从领导至全体员工的信息化意识，系统地了解信息化建设的知识，从产业发展的战略高度认识信息化的重要性，提高产业信息化建设的内在主动性。

（2）产业在信息化建设过程中要结合实际、循序渐进、量力而行。每个产业及企业都有自己的特点，其信息化建设也应该"量体裁衣"，不能盲目跟风。

（3）产业信息化建设要引进先进的管理理念，建立与先进的管理思想相一致的企业文化，使其不仅是先进的管理程序和手段，实际上也体现了先进的管理理念和管理思想。

（4）产业发展应当抓紧培养和引进一批既善于经营管理，又懂现代信息技术，还具有先进管理理念的复合型人才；与此同时，建立完善用人机制，以便留住产业及企业需要的信息化人才。

三、智慧城市建设指导思想

（一）智慧城市建设目标

分级分类推进新型智慧城市建设，打通信息壁垒，构建全国信息资源共享体系。用好信息化手段感知社会态势、畅通沟通渠道、辅助科学决策。加强信息基础设施建设，强化信息资源深度整合，打通经济社会发展的信息"大动脉"。以推行电子政务、建设新型智慧城市等为抓手，以数据集中和共享为途径，建设全国一体化的国家大数据中心，推进技术融合、业务融合、数据融合，实现跨层级、跨地域、跨系统、跨部门、跨业务的协同管理和服务。新型智慧城市建设以五大目标和"六个一"核心要素为指导，以民生服务为导向，以创新为路径，大力拓展互联网与经济社会各领域融合的广度和深度，发掘和释放数据资源。

新型智慧城市建设以网络中心、数据中心、运管中心、通用功能平台（三中心一平台）四位一体为信息基础设施。基于信息栅格、云计算、物联网、大数据等新一代信息技术创新应用，构建跨省市县、跨领域、跨行业、跨部门的全国信息资源共享体系和建设全国一体化的国家大数据中心，强化信息资源社会化开发利用，实现与城市及社会治理和经济发展全面深度融合。

新型智慧城市建设以为民服务全程全时为目标。构建清廉的、全面的、高效的、均等化的智慧民生服务体系；实现社保、医疗、健康、养老、教育、就业、公共安全、食品药品安全、社区服务、家庭服务等智慧民生服务信息的互联互通、数据共享、服务协同。

新型智慧城市建设以城市治理高效有序为目标，构建城市治理体系和提升治理能力的现代化。信息是城市治理的重要依据，发挥信息在治理进程中的重要作用，以信息化推进城市治理体系和治理能力的现代化，构建一体化城市治理平台。

新型智慧城市建设以数据开放共融共享为目标。构建政务信息资源共融共享体系和各级政府信息资源共享平台。将法人、人口、经济、地理信息、政务、治理、民生、经济等基础数据进行大数据"总和"，实现信息互联互通和数据共享交换的共融共享。智慧政务大数据具有对数据结构各异的数据进行分类、清洗、抽取、挖掘、分析、汇集、共享、交换的功能。

新型智慧城市建设以经济发展绿色开源为目标。构建生态环境、绿色低碳、海绵城市、循环经济、可持续发展体系；将绿色经济发展与环境保护、绿色低碳、空气质量监测、能耗监测、循环经济和可持续发展结合为一体；实现环境保护、绿色低碳、海绵城市、能源管理、循环经济等信息互联互通和数据共享交换。

新型智慧城市建设以网络空间安全清朗为目标。构建一张天地一体化栅格网，夯实新型智慧城市建设信息基础；实现电子政务外网、公共互联网（包括电信、移动、联通等运营商网络）、无线网、物联网（包括公安视频专网）之间的网络互联和传输信息及数据的互通，以及网络与信息空间的安全清朗。

（二）智慧城市发展蓝图

以推行电子政务、建设新型智慧城市等为抓手，以数据集中和共享为途径，建设全国一体化的国家大数据中心，推进技术融合、业务融合、数据融合，实现跨层级、跨地域、跨系统、跨部门、跨业务的协同管理和服务。将"大平台、大数据、大系统"作为较长一个时期指导我国政务信息化建设的发展蓝图，也是新型智慧城市建设的发展蓝图。

1. 一体整合大平台

一体整合大平台是构成新型智慧城市政务信息资源和社会信息资源互联互通的共享平台。运用"信息栅格"开放的体系架构，采用以"平台为中心"的分级分类的总体结构；

以城市级共享信息一级平台为核心，形成与行业级二级平台、业务级三级平台的分级和政府政务、城市社会治理、社会民生、企业经济的分类的数据与信息紧密相连的智慧化信息资源共享体系，为构建全国一体化的国家大数据中心奠定基础。

2. 共享共用大数据

共享共用大数据是构成新型智慧城市政务大数据和社会大数据采集、存储、应用的共享交换平台。运用"信息栅格"开放的体系架构，采用以"数据为中心"的分级分类的总体结构；以城市级大数据八大基础库为核心，形成与行业级二级主题数据库、业务级三级应用数据库的分级和政府政务、城市社会治理、社会民生、企业经济的分类的数据与信息紧密相连的一体化大数据共享交换体系，提升宏观调控、市场监管、社会治理和公共服务的精准性和有效性。

3. 安全可控大网络

安全可控大网络是构成新型智慧城市"天地一张栅格网"的网络融合与安全中心。运用"信息栅格"开放的体系架构，采用以"网络为中心"的分级分类的总体结构；以城市级互联网为基础，形成与各级政府电子政务内网和电子政务外网的分级和政府政务、城市社会治理、社会民生、企业经济的分类的数据与信息紧密相连的网络融合与安全可控一体化的大网络体系。

4. 协同联动大系统

新型智慧城市协同联动大系统建设以跨部门、跨地区协同治理为新型智慧城市系统工程建设的主要形态，建成执政能力、民主法治、综合调控、市场监管、公共服务、公共安全等大平台、大数据、大网络的协同联动的大系统体系，形成国家协同治理的新格局，满足跨部门、跨地区综合调控、协同治理、一体服务需要，支撑国家治理创新取得突破性进展。

5. "三中心一平台"信息基础设施

新型智慧城市网络融合与安全中心、大数据资源中心、运营管理中心、信息共享一级平台，即"三中心一平台"是新型智慧城市"六个一"核心要素的具体实现。"三中心一平台"是打通"信息壁垒"、消除"信息孤岛"、避免重复建设的信息基础设施，是解决网络融合与安全、信息互联互通、数据共享交换、业务协同联动的根本方法和措施。

四、智慧城市评价指标

新型智慧城市是以创新引领城市发展转型，全面推进新一代信息通信技术与新型城镇化发展战略深度融合，提高城市治理能力现代化水平，实现城市可持续发展的新路径、新模式、新形态；也是落实国家新型城镇化发展战略，提升人民群众幸福感和满意度，促进城市发展方式转型升级的系统工程。

智慧城市评价指标按照"以人为本、惠民便民、绩效导向、客观量化"的原则制定，包括客观指标、主观指标、自选指标三部分。

（一）客观指标重点对城市发展现状、发展空间、发展特色进行评价，包括七个一级指标。其中：惠民服务、精准治理、生态宜居三个成效类指标，旨在客观反映智慧城市建设实效；智能设施、信息资源、网络安全、改革创新四个引导性指标，旨在发现极具发展潜力的城市。

（二）主观指标指"市民体验问卷"，旨在引导评价工作注重公众满意度和社会参与。

（三）自选指标指各地方参照客观指标自行制定的指标，旨在反映本地特色。

第二节　智慧城市系统工程方法论

一、系统工程原理

所谓"系统"是由相互联系、相互作用的许多要素结合而成的具有特定功能的"统一体"。"统一体"又称为"整体"或"总体"；"要素"又称为"元素""部分""局部"，在一定意义上，又称为"分系统"或"子系统"。整体中的某些部分可以被看成是该系统的分系统、子系统，而整个系统又可成为一个更大规模系统中的分系统、子系统。每一个具体的系统都具有特定的结构，发挥一定的功能、表现一定的行为、产生一定的成果。系统整体的功能和行为由构成系统的要素和系统的结构所决定，整体的功能和行为是系统的任何一部分都不具备的。

从系统工程的观点来看，系统的属性主要有以下方面：

（一）集合性

表明系统是由许多个（两个以上）可以相互区别的要素组成。

（二）相关性

系统内部的要素与要素之间、要素与系统之间、系统与整体之间，存在着这样或那样的关联和联系。

（三）层次性

一个大的系统包括多个层次，上下层次之间是包含与被包含、覆盖与被覆盖、集成与被集成的关系。系统可以按纵向和横向划分层次及类别。

（四）整体性

系统是作为一个整体出现的，是作为一个整体存在于环境之中，与环境发生相互作用的。系统的整体性又称为系统的总体性、全局性。

（五）涌现性

系统的涌现性包括系统整体的涌现性和系统层次间的涌现性。系统的各个部分组成一个整体之后，就会产生出整体具有而各个部分原来没有的某些要素、功能、性质，系统的这种属性即为系统整体的涌现性。系统的层次之间也具有涌现性，即当低层次上升为高层次时，一些新的要素、功能、行为、性质就会涌现出来。

（六）目的性

系统工程所研究的对象系统都具有特定的目的。"目的"也可称"目标""指标"。研究一个系统，首先必须明确它作为一个整体或总体所体现的目的与功能。系统总是多目标或多指标的，分解为若干层次或类别，构成一个指标体系。

（七）适应性

任何系统都存在于一定的环境之中，在系统与环境之间具有物质的、能量的和信息的交换。系统要获得生存与发展，必须适应外界环境的变化。

在现代社会中，工程属性有广义和狭义之分。就狭义而言，"工程"的定义为：以某种设想的目标为依据，应用有关的科学知识和技术手段，通过组织、管理、建造、生产，将物理的原材料和逻辑的知识转化为具有预期使用价值的人造产品的过程。随着人类文明的发展，人们可以建造和生产出比单一产品更大、更复杂的"系统产品"，从广义上讲这些"系统产品"不再是结构或功能单一的物件，而是各种各类单一产品的集合，例如，信息工程、土木工程、交通工程、航天工程、军事工程等，"工程"已经发展为一门独立的学科和专门的技术。

从系统论而言，系统结构表示为以下三点：

（1）要素与要素之间、局部与局部之间的关系子集（横向联系）；

（2）局部与全局的系统整体之间的关系子集（纵向联系）；

（3）系统整体与环境之间的关系子集。

每一个子集都是可以细分的，不但包含同一层次上不同局部、不同要素之间的关系，还包含系统内部不同层次之间的关系。在系统要素给定的情况下，调整这些关系，就可以提高系统的功能。这就是系统工程组织管理工作的作用。系统结构的设计是系统工程的着眼点。系统的涌现性存在于系统的总体集合（总集成）之中。系统的集合由系统要素构成，而核心则是系统总体集合（总集成）。系统工程的工作重点在于总体集合（总集成）中，系统总体集合（总集成）的规划是系统工程的"灵魂"。

系统功能的作用是接收外界的输入，在系统内部进行处理和转换，包括加工、组装、集成、分析等，向外界输出。系统的输入是原始的、物理的或者逻辑的资源，如感知信号、数据、信息等；系统的输出是经过处理和转换的产品、功能、成果、服务等。所以，系统可以理解为一种处理和转换的装置或机构，它把输入转变为人们所需要的输出。

系统工程旨在提高系统的功能，提高系统处理和转换的效率，即在一定的输入条件下，使得输出得到更多更好的结果。系统工程在系统功能中的作用，关键在于系统功能总集成的工作，主要体现在系统要素之间关系的合理性，即由系统结构来决定。调整系统要素之间的关系，建立合理的系统结构，可以提高和增加系统的功能。系统工程即在全局中进行要素的权衡、取舍、协调、统筹，对整个系统总体功能体系进行合理的结构组织与管理，对系统输入的各种物理和逻辑的资源进行合理的配置与使用。

二、系统工程方法论

系统工程的学科性质、研究对象、所用方法、实施条件等的知识体系，统称为系统工程方法论。系统工程是组织管理的技术，这是系统工程的第二个含义。所有为了改造客观世界的、从系统的角度来设计、建立、运转复杂系统的工程实践，都叫系统工程，其新意在于扩大了系统工程概念的外延；用系统观点规划、设计、建立、运转系统的科学技术也是系统工程。系统工程是指运用系统这个概念来改造客观世界，其要点有二：一是要使用系统概念；二是服务于实践（目的是改造客观世界）。作为系统科学的概念，系统工程是由"系统"和"工程"两个分概念整合而成的复合概念，工程是主词，系统是限制词。系统工程讲的首先是工程，是改造客观世界的实践。我们称之为工程，就是要强调达到效果，要具体，要有可行的措施。第二种含义是系统工程的技术内涵，是关于可行措施的科学技术。系统工程要解决具体实际问题，是讲科学性的、是讲实干的、是要改造客观世界的、是服务于实践的科学技术，"讲实干"是系统工程这门技术的基本精神。在工程之前加上限制词"系统"，意在指明系统工程有别于其他工程的特殊性，也就是"运用系统这个概念"来搞工程实践，要把工程实践看成系统，用系统观点、系统方法认识和解决工程的问题。

（一）系统工程的科学性质

系统工程属于系统科学体系中的工程技术。系统科学也是办事的科学，是使组织管理工作科学化、定量化，而不是以往的大约数、估计数的那套工作方法。系统工程是根据控制论原理，运用电子计算机技术，把系统复杂的工程的组织管理工作建立在定量的基础上，使得各个分系统，以及、分系统中的每一个仪器、组件、元件的工作协调一致、同步运转，大大提高效率。准确地说，系统工程是办事的技术，即办成、办好事情的组织程序和方法。不论这种事情是经济的、科技的、文化的、军事的、政治的、外交的，等等，都需要应用系统工程。

（二）系统工程的意义

系统工程的重要意义是什么？系统工程的建立是由于现代大规模工农业生产和复杂科学技术体系的需要。从认识论的观点看，系统工程是当代人类认识和改造客观世界的一个飞跃。认识客观世界的飞跃属于科学理论方面的意义，改造客观世界的飞跃属于工程实践方面的意义。系统工程在自然科学、工程技术与社会科学之间构筑了一座伟大的桥梁，系统工程为自然科学、工程技术科技人员同社会科学人员的合作，开辟了广阔的前景。

系统工程巨大的实际意义，归根结底在于它的广泛的适应性。任何一种社会活动都形成一种系统，复杂系统几乎无所不在。每一类系统的组织建立、经营运转，就成为一项系统工程。

对此我们可以认为系统工程的重大意义在于以下两方面：

（1）从人类社会的发展来看，系统工程也属于当代的技术革命，而技术革命必然导致产业革命，引起社会的大变化。如"互联网+"、大数据、智慧城市等技术革命与系统工程涉及整个社会，所以，我们面临的由技术革命与系统工程相结合而引起的社会变革就是一项伟大的创新。

（2）从中国社会的实际需要来看，系统工程是和提高我国的组织管理的水平这样一件事联系在一起的。改革开放是一个系统工程，必须坚持全面改革，在各项改革协调配合中推进。全面深化改革是一项复杂的系统工程，要加强顶层设计和整体谋划，加强各项改革的关联性、系统性、可行性研究。实施创新驱动发展战略是一项系统工程，涉及方方面面的工作，须破除各项约束创新驱动发展的观点和体制机制障碍。保障和改善民生是一项系统工程，要进行长期不懈的努力。如住房问题牵扯面广，是一项复杂艰巨的系统工程；环境治理是一个系统工程，必须作为重大民生实事紧紧抓在手上；等等。

（三）系统工程的方法

系统工程学实际上是一种组织管理技术。所谓系统，首先是把要研究的对象或工程管理问题看做是一个由很多相互联系相互制约的组成部分构成的总体，然后运用运筹学的理论和方法以及电子计算机技术，对构成系统的各组成部分进行分析、预测、评价，最后进行综合，从而使该系统达到最优。系统工程学的根本目的是保证最少的人力、物力和财力在最短的时间内达到系统的目标，完成系统的任务。

按照系统工程方法论，通常将与系统有关的客观事物和它们之间的相互关系借助模型的方法表示出来以实现对客观事物的描述。模型是现实系统的一个抽象，是实际系统或过程的代表或描述，是集中反映系统有关实体的信息，是对一切客观事物及其运动形态的特征和变化规律的一种定量抽象。因此，模型是理解、分析、开发或改造客观事物原型的一种手段。在系统工程中，模型是系统开发过程中的一个不可缺少的工具。通过模型可以表达和描述系统工程的功能、系统、技术、标准、信息基础设施之间涉及物理和逻辑上的相互关系；通过模型可以更加全面、直观、清晰地描述系统工程内部本质活动的规律、行为、性质和原理。系统工程可以看成是由一系列有序的模型构成的系统，这些有序模型通常包括：规划模型、概念模型、逻辑模型、物理模型、实体模型、数据模型和决策模型等。系统工程采用的建模和系统量化的方法就是系统工程的基本方法。

（四）系统工程组织形式

总体设计部的性质、意义、组建原则、工作方式等，不仅是技术问题，而且也是重要的理论内容。首先是在技术层面上，总体设计部组织内容的目标就是设计一个型号的产品，组织内容包括这个产品各个阶段的计划和方案的研究，直到产品的实验、定型、生产，总体设计部就是这个型号产品的设计部、系统部、生产部三位一体。总体设计部的具体工作就是把比较笼统的初始研制要求逐步地分解为若干个研制任务的具体工作，再把这些工作的参与者各自完成的工作，最终综合成为一个技术上合理、经济上合算、研制周期短、能协调运转的实际系统，并使这个系统成为它所从属的更大系统的有效组成部分。

总体设计部设计的是系统的"总和"，是系统的"总体方案"，是实现整个系统的"技术途径"。总体设计部一般不承担具体部件的设计，却是整个系统研制工作中必不可少的技术抓总单位。总体设计部把系统作为若干分系统有机结合成的整体来设计，对每个分系统的技术要求都首先从实现整个系统技术协调的观点来考虑；总体设计部对研制过程中分系统与分系统之间的矛盾、分系统与系统之间的矛盾，都首先从总体协调的需要来选择解决方案，然后留给分系统研制单位或总体设计部自身去实施。按照这种原则运行的总体设计部，体现了一种科学方法，适用系统的规划、研究、设计、制造、实验和使用的科学方法，即系统工程的工作组织方法。

（五）系统工程综合集成方法论

开放的复杂巨系统，尤其是智慧城市开放的复杂巨系统，目前还没有形成从微观到宏观的理论体系。没有从开放的复杂巨系统的功能、系统、技术、标准、信息基础设施之间的相互作用和关联关系出发，构筑相应的系统工程方法论。

"系统工程综合集成方法论"的核心是科学理论、经验知识、专家判断力相结合，将专家体系、数据和信息体系、技术体系结合起来，构成一个高度智能化的人机结合系统，把人的思维、思维的方法、思维的结果、人的经验以及各种情报、资料和信息等统统集成起来，从多方面的定性认识上升到定量的知识。在系统总体指导下进行分解，在分解后研究的基础上，再综合集成到整体，实现总集合（总集成）的涌现，达到从全局性、战略性上严密解决问题的目的。

"系统工程综合集成方法论"具有以下特点：

（1）根据开放的复杂巨系统机制复杂和变量众多的特点，把定性研究和定量研究有机地结合起来，从多方面的定性认识上升到定量知识层面。

（2）由于系统的复杂性，要把科学理论和经验知识结合起来，把人对客观事物的局部知识集中起来，形成知识体系来解决系统问题。

（3）根据系统思想，把多种学科和专家经验与知识结合起来进行研究，形成技术体系。

（4）根据复杂巨系统的层次结构，把宏观与微观研究、分解与综合分析统一起来，形成数据与信息的整体框架体系结构。

（六）智慧城市系统工程方法论应用

方法论是研究问题的一般规律、一般程序，它高于方法，并指导方法的使用。系统工程方法论可以是哲学层面上的思维方式、思维规律，也可以是操作层面上开展系统工程项目的一般程序，它反映系统工程研究和解决问题的基本思路或模式。

通常系统工程方法论是描述一个项目从开始到结束的整个生命周期中的活动秩序，它由重要的活动节点来分隔，分隔点之间的区间称为阶段。一般分为七个阶段：顶层规划（总体方案规划）、专项规划（执行项目详细规划）、工程设计（执行项目施工图设计）、项目实施（生产及建造）、验收（分阶段测试）、运营（使用）、提升（可持续扩展）。

智慧城市建设涉及一个地区、一个城市中的政府、管理、民生、经济等各领域、各行业、各业务、各应用的方方面面。通过现代云计算、物联网、大数据、无线通信、自动化、智能化等高新科技，整合城市所涉及的综合管理与公共服务信息与数据资源，包括地理环境、基础设施、自然资源、社会资源、经济资源、教育资源、旅游资源和人文资源等，以数字化的形式进行采集和获取，通过智慧城市大平台和大数据进行统一的存储、优化、管理、展现、应用。实现城市综合管理和公共服务信息的互联互通、数据共享交换、业务功能协同。

智慧城市的内涵和要素涉及自然、经济、社会、人文、科技、系统、工程等各个学科领域，同时智慧城市建设具有全局性、系统性、长期性、复杂性、先进性、可持续性的特性。因此，选择正确的规划、路径、实施的方法论至关重要。

三、智慧城市复杂巨系统

系统科学原本是为了对付复杂性而兴起的，在 20 世纪 40 年代系统科学界实际上是把系统与复杂对象等同看待的。

系统工程复杂巨系统的研究方法，通常将还原论与整体论、分析法与综合法结合在一起。其方法就是在"整体"下把系统分为"部分"。先获得对"部分"的精细描述，再把对"部分"的描述综合起来，形成对系统"整体"的描述。或者说把"整体"的描述建立在对"部分"精细描述的基础上。

综合集成法运用于开放的复杂巨系统，开放的复杂巨系统要运用微观与宏观、局部与整体相结合的方法来研究。开放的复杂巨系统概念和微观分析与整体规划相结合的、从定性到定量综合集成法的要点如下：

1.从定性到定量综合集成法把系统科学理论、专家经验和统计数据三方面有机地整合为一个系统，从而可以获得这个系统的整体涌现性。

2. 从定性到定量综合集成法充分利用以电子计算机为核心的信息高新技术，实现人机结合、以人为主的技术路线，具有技术上的先进性、前沿性。

3. 从定性到定量综合集成法还获得思维科学的强有力支持。研究简单系统和简单巨系统，基本上还是靠逻辑思维和科学推理方法，加上适当的经验修正即可。研究复杂巨系统则必须把逻辑思维与形象思维结合起来，把理论分析与实践经验结合起来。研究简单巨系统主要依靠的仍然是量智，研究复杂巨系统则要把量智与性智结合起来。对开放的复杂巨系统进行综合集成研究的过程，是量智与性智、逻辑思维与形象思维高度结合的过程。

4. 从定性到定量综合集成法的核心概念是"综合集成"。"综合"与"集成"是近义词，前提都是存在多样而分散的事物，使它们转变为一个统一的存在。一个新的整体，就是综合（综而合一），亦可称为集成（集而成一）。把综合与集成叠置为"综合集成"这个新词，意在强调它不同于单独讲综合或单独讲集成，而是综合的综合、集成的集成，或综合的集成、集成的综合，内涵上有新的提升。对于复杂巨系统需要更高层次的综合或集成，就是综合集成。综合集成方法重在"集成"，如果没有集成的思想，只有综合，那充其量只是"拼盘"。只有综合起来又加以集成，才会得出一个综合事物的有机整体，或称之为创新。

四、智慧城市框架体系结构

（一）智慧城市建设需求

智慧城市以为民服务全程全时、城市治理高效有序、数据开放共融共享、经济发展绿色开源、网络空间安全清朗为五大建设目标，通过体系规划、信息主导、改革创新，推进新一代信息技术与城市现代化深度融合、迭代演进，实现国家与城市协调发展。智慧城市建设依据"六个一"核心要素，即一个开放的体系架构、一套统一标准体系、一张天地栅格网、一个数据体系、一个运营管理中心和一个通用功能平台。

智慧城市建设涉及政府政务、社会民生、城市治理、企业经营的各行各业的方方面面。智慧城市是一个复杂巨系统，要遵循体系建设规律，运用系统工程方法论，构建开放的体系架构，通过"强化共用、整合通用、开放应用"的思想，指导各类智慧城市的建设和发展。

系统工程方法论、复杂巨系统、框架体系结构是智慧城市"三位一体"顶层设计的起始点和立足点。前面我们重点研究和讨论了"系统工程方法论"和"复杂巨系统"与智慧城市的关系和重要作用及特点，下面我们将重点研究和讨论"框架体系结构"与智慧城市顶层设计的关系以及重要作用。

　　智慧城市框架体系结构是构成智慧城市开放的复杂巨系统工程的关键和核心技术，是智慧城市顶层设计的重要内容，是确定智慧城市总体技术框架，知识与建设体系，平台与数据结构，平台、数据库、应用系统的组成，各组成部分之间的关系以及系统工程设计与发展的指南和标准。它对智慧城市顶层规划、专项规划、工程设计具有指导性、规范性、约束性的作用。应大力推进智慧城市框架体系结构的创新、创建、开发与应用。

（二）智慧城市框架体系结构建模的步骤

　　智慧城市框架体系结构（Smart City Architecture, SCA）的理念、思路与策略，就是以"信息栅格"技术为支撑，以创新的智慧城市总体框架、知识与建设体系、"三中心一平台"信息基础设施结构、信息大平台结构、大数据结构为系统工程框架体系结构模型产品。以智慧城市网络融合与安全中心、大网络安全中心、大数据资源中心、管理与运行中心和城市级共享信息一级平台信息基础设施体系结构为基础，以智慧城市现代化科学的综合管理和便捷与有效的民生服务为建设目标，全面促进政府信息化、城市信息化、社会信息化、企业信息化，建设智慧城市信息互联互通和数据共享交换的超级复杂巨系统工程。

　　通过从数字城市到智慧城市顶层规划和框架体系结构设计，将智慧城市整体功能与局部功能，整体系统与分系统、子系统，大数据与主题数据、应用数据均纳入统一的智慧城市规范的框架体系结构中，从功能、系统、技术标准等不同角度来描述智慧城市开放的复杂巨系统的框架体系结构。

（三）智慧城市总体框架

　　智慧城市框架体系结构是指智慧城市功能、系统、技术、信息系统、数据库系统组成的框架、体系、结构及相互之间的关系，是指导智慧城市规划与设计和发展的原则。SCA框架体系结构规范地采用总体功能体系、系统体系（大平台结构、大数据结构）、技术体系、标准体系、信息基础设施体系等五体系模型的方法，即通过结构化的图形和文本把功能需求（任务）、系统构成、技术、标准、信息基础设施完整清晰地描述出来。目前，全国都在进行智慧城市的顶层设计和工程项目实施，因此，必须进行智慧城市框架体系结构技术理论的研究和实践，大力推广开放的复杂巨系统框架体系结构设计方法，通过智慧城市的实践逐渐成熟和形成系统化、结构化、标准化体系，使智慧城市框架体系结构的设计和水平不断提高。

　　总体框架描述方法是框架体系结构的核心内容，为了研究总体框架描述方法，有必要首先对体系结构进行了解。框架体系结构是用于提供一种通用的、统一的文档、表格或图形对 SCA 功能、系统、技术、标准、信息基础设施进行综合的描述。它可以为智慧城市的使用方、研制方和管理方表述系统需求、设计系统体系结构、验证与评估系统，提供统一、规范的系统工程方法论。其作用在于架构规范设计人员、技术人员、系统工程项目实施人员、管理人员之间沟通的桥梁，实现功能、系统、技术、标准、信息基础设施五体系的综合，保证所开放的系统可集成、可互操作、可验证、可评估，从而提高系统的一体化水平。

智慧城市总体框架，即是智慧城市总体逻辑模型。该模型表述知识与建设体系，标准体系、平台与数据结构，信息平台、数据库、应用系统的组成，各组成软硬件部分之间的物理与逻辑关系。总体框架对智慧城市顶层规划具有指导性、规范性、统一性、约束性的作用。它主要从功能、系统、技术、标准、信息基础设施的核心要素的各个不同的角度描述智慧城市的框架体系结构，从而形成对框架体系结构整体的描述。将五体系各元素通过矩阵模型与框架模型对应起来，关键在于保证 SCA 所有元素都被很好地组织并且它们之间的关系被很好地展现出来，不管哪个元素先建立，都能保证整个系统的集成和完整性。

SCA 框架体系结构是一个通用的模型，它明确了该模型设计中要描述的内容，是一种通用的分级分类的方法，能够用于对任何复杂对象的描述。SCA 框架体系结构总体框架定义了条理的体系结构设计原则，允许设计人员与建设者对系统进行合理的分解和综合，将系统体系结构分解与综合成定义清晰的总体框架。

SCA 框架体系结构采用模型描述方法，是智慧城市顶层设计的关键和核心内容。框架体系结构用于提供一种通用的、统一的表述智慧城市功能、系统、技术、标准、设施之间物理与逻辑的关联关系的信息方法，为智慧城市的需求、规划、设计、建设、运营、管理提供统一、规范的软硬件产品的集合。其作用在于架构使用人员、建设人员、管理人员之间沟通的桥梁，实现功能、系统、技术、标准、设施五方面的综合，以保证所开发的智慧城市各种实现功能和应用的可集成、可协同、可互操作、可验证、可评估，从而提高共享信息平台和大数据的一体化水平。

（四）智慧城市知识体系

智慧城市知识体系，是智慧城市顶层规划、专项工程规划、工程设计、项目建设、运营服务的先导性工作，是指导智慧城市顶层规划、设计、建设的知识基础。智慧城市知识体系包括标准体系、指标体系、信息体系和运营管理体系。

（五）智慧城市建设体系

智慧城市建设体系包括功能体系、系统体系、信息基础设施体系、技术体系和保障体系。智慧城市建设属信息系统工程的范畴，建设体系应遵循系统工程的理念，应用信息论、控制论、运筹学等理论，以信息化技术应用为基础，采用现代工程的方法研究和管理系统的应用技术。从信息化系统工程的观点出发，在确定智慧城市建设需求分析和可行性研究的基础上，以及在明确了智慧城市建设目标和原则的前提下，通过功能、系统、技术、设施、保障体系将各体系始终贯穿于智慧城市建设的全生命周期中。每一个体系都体现具体的目标、内容和成果。

（六）智慧城市功能体系

智慧城市总体功能体系，是指在总体规划之初，定量、清晰和准确地描述出智慧城市的整体功能需求和重点任务，分功能、子功能等要素，以及完成总体功能所需的信息流和数据流。总体功能体系模型应表示总体功能、分项功能、子功能、重点任务、功能关联关系、功能信息流与数据流、功能之间的信息交换与协同。总体功能体系模型产品的设计，不仅有助于厘清现有组织关系、优化运营管理流程，而且能够更准确、定量、清晰地描述各领域、各行业、各业务的功能需求，从而为确定系统需求、结构、组成、功能提供依据。

智慧城市以为民服务全程全时、城市治理高效有序、数据开放共融共享、经济发展绿色开源、网络空间安全清朗为建设目标，通过智慧城市信息基础设施、智慧政务、智慧民生、智慧治理、智慧产业"五大"重点任务的落地和实施建设，支撑智慧城市"五大"建设目标的实现。同时通过智慧城市"五大"重点任务及各二级平台专项工程的建设，实现智慧城市评价指标的落地和完成。通过智慧城市建设框架体系顶层规划，以信息为主导，改革创新，推进新一代信息技术与城市现代化深度融合、迭代演进，实现智慧城市的协调发展。

（七）智慧城市信息基础设施体系

智慧城市信息基础设施建设遵循智慧城市建设六大核心要素。通过"天地一张栅格网"构成一个"虚拟化的复杂巨系统"，实现网络资源、计算资源、存储资源、数据资源、信息资源、平台资源、软件资源、知识资源、专家资源等的全面共享共用，将"信息栅格"技术应用于智慧城市。

智慧城市信息基础设施主要由"网络融合与安全中心""大数据资源中心""运营管理中心"以及"共享信息一级平台"，即"三中心一平台"组成，是信息与系统集成基础设施的应用创新,是打通政府、城市社会治理、社会民生、企业经济"信息壁垒"的重要手段,是实现智慧城市信息资源深度整合和数据共享协同的关键性基础设施。智慧城市"三中心一平台"规划与建设目标,应遵循智慧城市"六个一"核心要素,遵循统一专项工程规划、统一标准设计、统一建设实施的原则。"三中心"可以设置于一个物理环境中,在逻辑上则根据功能需求完全分开,"一平台"是实现"三中心"网络互联、信息互通、数据共享、业务协同综合集成的可视化展现与应用的信息环境。

(八)智慧城市大平台结构

智慧城市大平台结构是系统体系的重要组成部分。大平台结构模型产品是指在系统研制之初,应明确大平台及各级信息分平台如何支持总体功能及各级功能的实现,明确具备什么样的系统功能,能提供什么能力和服务,大平台与各级信息平台及应用系统之间应具备什么样的关系等。大平台结构模型是对提供或支持总体功能及各分级功能的系统及其相互关联的一种描述,通常以模型的方式表示。

智慧城市大平台结构模型,还包括大平台业务模型、大平台逻辑模型、大平台接口模型。大平台结构模型可以在总体功能模型产品所需确定的功能需求牵引下,定量描述大平台及各级分平台的功能,清晰、明确地表示大平台及各级信息分平台内、外的物理与逻辑的相互关系。使大平台及各级信息分平台功能,满足总体功能及各级功能的需求,发现大平台的能力差距,减少平台系统的重复建设和避免"信息孤岛"的产生,从而提高大平台建设的效益。

(九)智慧城市大数据结构

智慧城市大数据结构是系统体系的重要组成部分。大数据结构模型产品是指在大数据库系统研制之初,明确大数据及各行业主题数据库如何支持城市级共享信息一级平台功能及各行业级二级平台功能的实现,明确具备什么样的数据共享交换的能力和数据服务,各级数据库系统与各级信息平台及应用系统之间应具备什么样的关系等。大数据结构模型是对提供或支持城市级共享信息一级平台及行业级二级平台功能及其相互关联的一种描述,通常以模型的方式表示。智慧城市大数据结构模型,还包括行业级主题数据库模型、业务级三级平台模型。大数据结构模型可以在大平台结构模型产品所需确定的数据服务需求的牵引下,定量描述大数据库、主题数据库、应用数据库的数据共享、交换、服务的功能,清晰明确地表示大数据库及行业级主题数据库内、外的物理与逻辑的相互关系。使大数据及行业级主题数据库，满足大平台的数据需求及行业级二级平台的数据需求，发现数据服务的能力差距，减少数据库系统的重复建设和避免"数据孤岛"的产生，从而提高大数据建设的效益。

大数据资源的开发和综合应用已经成为智慧城市规划与建设的核心需求。智慧城市大数据通过对政府政务、城市治理、社会民生、企业经济的管理、服务、生活、生产运行中所产生的海量、重复、无关联的过程数据，经过数据采集、清洗、抽取、汇集、挖掘、分析后，获取的具有经验、知识、智能、价值的数据和信息。智慧城市大数据具有全局性、战略性、决策性的特点。

智慧城市大数据结构采用"信息栅格"开放的体系架构，"以数据为中心"的分级分类的总体结构，以城市级大数据库为核心，形成与行业级主题数据库、业务级应用数据库的分级和政府政务、城市社会治理、社会民生、企业经济的分类的数据与信息紧密相连的智慧化大数据应用的整体。

（十）智慧城市大系统结构

智慧城市总体规划和建设的过程就是建立信息互联互通、数据共享交换、业务功能协同的过程。智慧城市大网络、大平台、大数据是智慧城市信息化建设的一个整体。大数据是大平台的信息源和提供有价值知识数据的支撑；大平台提供大数据的加工、处理、应用、展现与共享的环境；大网络是信息与数据传输的通道和安全保障。智慧城市大数据结构体现了数据、信息、网络相互之间的物理与逻辑互联互通的关系和应用，以及功能协同的关系。智慧城市大数据分级分类结构由城市级大数据库、业务级主题数据库、应用级数据库分级和知识决策类、经验管理类、过程应用类分类数据构成。

五、智慧城市系统集成

新型智慧城市要打通信息壁垒，消除数据烟囱，避免重复建设，离不开"系统集成"。要将系统集成作为新型智慧城市建设的基本理念和原则牢固地确立起来。同时，"信息栅格"框架体系结构开始运用于新型智慧城市"大平台、大数据、大网络、大系统"之间相互衔接与系统集成的实践之中。

智慧城市系统集成要以军事联合作战的框架体系为基础，以"军事信息栅格"为技术总路线。通过统一的接口将底层的信息系统资源进行封装，接入到一体化信息平台之中，实现最基本的接入功能。一体化信息平台支持对接入的系统进行组织和管理功能。通过军事信息系统的集成体系架构，对信息系统资源进行接入、组织和管理。军事信息系统集成平台的主要目的是集成军事所有的信息系统，如：GIS 系统、气象系统、监测系统、战略决策与战术指挥系统、战场态势分析系统、数据分析系统。每个系统又包括很多子系统，每个子系统又包括许多不同功能的组件和模块。

信息系统集成的资源十分复杂，真正地实现涵盖任何信息资源的一体化信息平台是一个系统的、长期的任务。对于每个将要集成的信息系统，其自身要有一个规范化的管理机制，而该过程也是一个复杂的过程。

智慧城市信息系统集成与军事信息系统集成采用完全相同的策略和模式。智慧城市是一个开放性复杂巨系统，涉及政府、管理、民生、经济各行各业的方方面面。智慧城市框架体系结构将政府、管理、民生、经济各信息系统分解为城市级一级平台、行业级二级平台、底层业务级三级平台及应用系统，以及与平台结构对应的城市级大数据库、行业级主题数据库、业务级应用数据库。通过智慧城市各级平台及各级数据库统一、规范的接口将底层的信息系统的数据、信息、页面、服务等资源进行封装，通过各级平台和各级数据库汇集到城市级公共信息一级平台和城市级大数据库之中，实现了自下而上的信息采集和数据共享，也实现了最基本的接入功能。城市级公共信息一级平台和城市级大数据库具有对接入的各级平台和各级数据库进行组织和管理的功能。通过智慧城市信息系统的集成架构，对智慧城市信息系统资源进行全面的接入、组织和管理。

（一）军事信息系统集成架构

军事信息系统集成架构为不同信息系统标准的管理提供了一个灵活的机制，能够有效地对资源进行组织和管理，同时提供互联互通、共享和协同机制以保证其提供的QoS（Quality of Service，服务质量），简化不同信息资源的接入，以及提高系统的抗毁性和可扩展性等公共问题。军事信息系统集成的架构，采用层次化四层结构，即资源层、接入层、管理层和应用层，以及整个架构的安全模块。安全模块对应于每个层次都具有相应的安全要求。接入层实际对应于军事信息系统集成中信息系统共享策略中的安全管理模块；资源层对资源接入进行访问控制，并且保障其通信安全；管理层的安全主要是对全局的权限控制和管理，如统一身份认证（CA认证中心）；而应用层的安全主要是各个应用对其用户的权限限制。

（二）信息系统集成资源层

军事信息系统集成架构能够支持军事信息系统集成中任何信息资源，为其提供一个有效的管理和发现机制。信息系统集成资源层从整体上可以分为三类：数据资源、信息设备资源和信息处理资源。

1. 数据资源是信息化处理平台的基础，其中数据主要是静态数据，包括地图数据、气象数据、兵力分布数据以及后勤保障数据等。各种数据的存储方式各不相同，有的数据存储于数据库之中，有的数据以文件目录进行组织。

2. 信息设备资源的功能是提供基本的动态信息，但是与数据资源相比，其主要提供动态的实时信息。其集成的信息设备可能是雷达设备、卫星设备和频谱监测设备。这些设备自身有控制和管理模块，接入一体化信息平台后能够以一种标准的格式提供数据流服务。

3. 信息处理资源实际上是对上述的数据资源和信息设备资源产生的数据进行分析和处理。从本质上来说是数据密集型计算，这些资源能够提供接口调用数据的分析和处理的能力。

智慧城市信息系统集成架构融入智慧城市总体技术框架中。对应军事信息系统集成架构的资源层，智慧城市资源层分别由网络层、设施层、数据资源层构成。网络层实现互联网、政务外网、视频专网、物联网、无线网的互联；设施层实现信息与数据的互联、汇集、分类、清洗、抽取；数据资源层实现多级分时数据、实时数据、多媒体数据，涵盖政府管理、行政管理、民生服务、经济企业的各个领域、各行业、各业务的数据集合，涉及政府行政数据、城市管理数据、民生服务数据、企业经济数据。从政府行政管理数据共享的角度，涉及政府管理与政务、城市监控与管理、社会民生服务、公共服务、商业服务、企业经济等信息与数据，以及保证城市常态和非常态（应急）下运行的基本数据挖掘、分析、汇集、共享、交换的功能。

（三）信息系统集成接入层

军事信息系统集成架构接入层的主要目的是在资源层的资源上部署通用的服务，将底层的信息系统资源进行封装，可以屏蔽底层资源的异构性，从根本上消除"信息孤岛"造成的信息系统的互联、互通、互操作的问题。对于资源层中的数据资源，可以通过共享策略中的数据管理服务对其进行封装和组织管理。对于信息设备资源以及信息处理资源，则可以通过资源管理服务来封装。由于不同功能的资源其接口的调用也各不相同，可以通过资源注册与发现服务将本地资源的调用接口以及服务质量相关信息注册到上层的资源发现模块之中，供用户发现和调用。

对应军事信息系统集成架构的接入层，智慧城市接入层主要由共享组件与中间件层构成。共享组件与中间件层起到数据资源层与专业平台应用层之间信息与数据标准化封装的作用，以满足各专业平台应用层的信息与数据的调用和组织管理。共享组件与中间层可以采用统一开发的方式，并根据城市级公共信息一级平台与行业级二级平台、业务级三级平台互联互通和数据共享交换的要求，将统一开发的共享组件与中间件部署在各专业平台接入层中。

共享组件及中间件层（虚拟服务层）主要由两个层次构成：

（1）支撑共享组件层和基于 SOA 架构基础的中间件层支撑组件由六个部分组成：数据交换组件、统一认证组件、门户组件、系统管理组件、资源管理组件和分析（OLAP）展现组件。

（2）业务组件层通过智慧城市各行业级二级平台的系统集成，进行各行业业务类的组织、采集和应用信息资源的综合与集成。采用分布式多源异构的容器封装共享机制，将智慧城市各类数据、信息、页面、服务资源按照各行业业务类型进行整合、组织、封装，从应用的供需角度组织信息资源。建立智慧城市系统集成"四大"封装的业务类目录和业务应用组件调用体系，实现各类封装的业务组件之间（即业务数据、业务信息、业务页面、业务服务的供需之间）的跨平台、跨业务、跨部门、跨应用需求的映射、对接和调用。

（四）信息系统集成管理层

军事信息系统集成架构管理层用于对底层的各种资源进行管理与分类，提供透明的访问资源和有效的发现资源，主要包括以下两个模块：

1.资源监视与发现

该模块采用一种灵活的、可扩展的以及抗摧毁的架构支持对服务元数据进行分类管理，对服务的描述进行标准化；能够根据用户请求将其与目前系统中的资源相匹配，支持多种匹配能力，包括功能匹配和基于 QoS 的服务协同的匹配等功能，匹配后将用户映射到具体的资源上去；同时能够提供面向客户端的语言规范，使用户能够方便地进行调用和查询。

2.QoS 保障的资源协同与管理

该模块能够有效地支持客户端和资源提供者的服务质量的协同。基于 SLA 对 QoS 进行保障，能够提供协同、签署和动态部署 SLA 合同的功能，能够根据用户的请求，协同多个资源来满足用户的要求；该模块还提供用户的语言规范，以方便用户调用该模块完成复杂任务。

对应军事信息系统集成架构的管理层，智慧城市管理层功能主要由共享封装组件与中间件层来完成，实现对底层的各种资源进行管理与分类，以及资源监视与发现，和 QoS 保障的资源协同与管理的功能。考虑到军事信息系统集成架构中的接入层和管理层都属于信息系统集成的共性功能，同时也考虑到智慧城市是一个矩阵型多平台和多数据库的框架体系结构，因此，将共性封装组件和中间件作为一个共性软件包进行统一开发、统一部署、统一应用，可以大大降低重复开发和重复部署的费用和成本。

（五）信息系统集成应用层

军事信息系统集成架构应用层主要是针对各种不同的情况开发的具体应用，它须提供应用及集成中间件、具体应用及用户接口。应用层是直接面向各级指挥员提供服务。由于底层的基础平台将资源提供的功能进行了封装，因此，对于应用的开发只需要关注应用本身的逻辑功能，对于应用本身所需的底层服务，可以直接通过底层基础设施提供的接口获取，这样就在很大程度上避免了重复开发底层的资源浪费。

对应军事信息系统集成架构的应用层而言，智慧城市应用层由平台层（城市级一级平台、行业级二级平台）和应用展现层构成，其实现功能与军事信息系统集成架构中的应用层功能完全一致。智慧城市应用层与军事信息系统集成应用层的不同点是将应用和中间件进行了分离，使得应用专注于任务和功能，而将中间件部署在虚拟层（共享组件、业务组件和中间件层），便于统一的信息与服务的虚拟封装，以及共性软件程序的统一开发和调用。智慧城市应用层是直接面向城市的各级管理者（市长、区县领导）为其提供信息与服务。底层的业务级三级平台和其应用系统功能已经通过虚拟层进行了数据、信息、页面、服务标准化的封装，因此，对于行业级专业平台的开发只需要关注其行业级管理和服务的逻辑功能即可。对于各行业底层的业务应用本身所需的底层服务，可以直接通过底层业务级三级平台和其应用系统基础设施提供的互联互通接口获取，这样在很大程度上避免了重复开发底层的资源浪费。

第二章 智慧城市体系框架

第一节 智慧城市指标体系

一、智慧基础设施

智慧城市的基础设施是指智慧城市各系统可实现基本功能的设施。

（一）宽带网络覆盖水平

智慧城市的宽带网络覆盖水平，指城市中宽带网络的覆盖比例。其中包括两种形式：有线网络和无线网络，包括4个三级指标。

家庭光纤接入率：是智慧城市建设中信息化建设的核心指标。光纤接入是一种用户和局域网之间以光纤作为传输通道的交换模式。一般认为智慧城市中家庭的光纤接入率应该接近100%。

无线网络覆盖率：是指智慧城市利用无线传输技术进行信息传播的覆盖率。一般看来智慧城市的无线网络覆盖率应该超过95%。

主要公共场所WLAN覆盖率：是指智慧城市中商场、活动中心、地铁、铁路、院校等主要公共场所的WLAN的覆盖率。这一指标须接近100%。

下一代广播电视网（NGB）覆盖率：下一代广播电视网指利用网络有线电视、无线通信等技术的广播电视网络，一般来讲，智慧城市的NGB覆盖率应该接近100%。

（二）宽带网络接入水平

宽带网络接入水平指城市居民宽带使用普及水平和宽带的速度水平。主要包括2个三级指标。

户均网络接入水平：指包括各种网络接入方式在内的、家庭能够享受到的实际带宽。30Mb以上是智慧城市的平均网络指数水平。

平均无线网络接入带宽：指通过无线协议传输方式进行的无线网络连接的实际带宽。一般认为，在智慧城市中无线网络平均接入带宽应该超过5Mb。

（三）基础设施投资建设水平

基础设施投资建设水平是指智慧城市对于关系智慧城市基础功能运转的基础领域进行的投资和建设的平均水平。包括 2 个三级指标。

基础网络设施投资占社会固定资产总投资比重：基础网络设施投资是智慧城市建设的基础，基础网络设施投资在社会总固定资产中的比重应该超过 5%。

多传感网络建设水平：指整个社会对于传感网络和传感终端的总投入。这一投入占社会固定资产总投资的比重一般应高于 1%。

二、智慧政务

智慧城市建设最核心的领域是城市公共管理和服务，其中包括公共交通、行政行为、公共医疗、教育、环境、安防、能源保障等各方面的管理和服务，这些领域对居民生活产生直接的影响。

（一）智慧化的政府服务

智慧政务指政府部门以大数据、物联网和互联网为基础，对行政服务发展的水平，其中包括统筹政府各种资源、提供互通互助、高效利用的行政服务。包括 5 个三级指标。

行政审批事项网上办理水平：指通过网络办理的行政审批事项占总体行政审批事项的比例。一般来说，智慧城市通过网络办理的行政审批事项应该占整体行政审批事项的 90%以上。

政府公务行为全程电子监察率：指对居民申请的行政许可类事项进行全程电子监察和整体行政许可事项间的比例。智慧城市建设中要求政府公务行为全程电子监察率应该达到100%。

政府非涉密公文网上流转率：指政府的非涉密文件网上流转数和政府所有非涉密文件之间的比例。智慧城市建设中政府非涉密公文网上流转率应该是 100%。

企业和政府网络互动率：指通过网络与政府有交互行为的企业和全体企业之间的比例。在智慧城市建设中，企业和政府网络互动率应该高于 80%。

市民与政府网络互动率：指通过网络与政府进行互动的市民占整体市民的比例。在智慧城市建设中，市民与政府网络互动率应该高于 60%。

（二）智慧化的城市安全

智慧化的城市安全包括生产安全、食品安全、药品安全、消防安全、公共安全和应急安全。主要包括 5 个三级指标。

食品药品追溯系统覆盖率：指可以通过网络手段进行系统追溯的食品药品数与流通的食品药品总数之间的比例。在智慧城市建设中，食品药品追溯系统覆盖率应该高于 90%。

自然灾害预警发布率：指对城市将要遭受的自然灾害发布的预警与发生的自然灾害之间的比例。智慧城市建设中自然灾害预警发布率应该高于 90%。

重大突发事件应急系统建设率：指在城市的各个功能系统中，重大突发事件应急系统的建设比率。智慧城市建设中重大突发事件应急系统建设率必须达到 100%。

城市网格化管理的覆盖率：指已经实现网格化的城市区域在整体城市中的比例。智慧城市网格化管理覆盖率应该高于 99%。

户籍人口及常住人口信息跟踪率：指能够采集和跟踪的户籍人口和常住人口与城市整体人口之间的比率。智慧城市中户籍人口及常住人口跟踪的比率应该高于 99%。

（三）智慧化的环保网络

智慧化环保网络是指利用各种网络技术、铺设各种终端（例如，感知器、测量器等）对环境进行全方位、全时段的监测。主要包括 4 个三级指标。

环境质量自动化监测比例：指利用数字信息化手段对环境进行监测与对环境进行整体监测之间的比例。智慧城市中环境质量自动化监测率应该达到 100%。

重点污染源监控水平：指对可能对城市产生影响的重点污染源监控的能力和水平。智慧城市中重点污染源监控率应该达到 100%。

碳排放指标：指二氧化碳排放指标。智慧城市中的碳排放指标应该逐年下降。

新能源汽车比例：指一座城市中的新能源汽车量与这座城市汽车保有量之间的比率。智慧城市中新能源汽车的比率应该高于 40%。

三、智慧民生

智慧民生是指在处理人民群众最关注的医疗、交通、教育、居住等热点、难点问题时，利用大数据、云计算等手段整合信息化公共服务体系，实现信息化服务普及化，充分发挥数据和信息在医疗、交通、教育、管理等方面的巨大能量。

（一）智慧化的交通管理

智能化交通系统是指利用网络数据、云计算等技术改善目前交通拥堵等系列难题，提高交通使用效率，对城市交通进行精细化和智能化的管理。主要包括 5 个三级指标。

道路路灯智能化管理比例：指城市道路上建设的智能路灯和整个城市所有路灯之间的比例。智慧城市中道路路灯智能化比例应该高于 90%。

公交站牌电子化率：指利用数据和具有信息化功能的电子站牌数与整个城市所有的站牌数之间的比例。在智慧城市中，公交站电子站牌的比例应该高于 80%。

市民交通诱导信息服从率：指驾车使用机动车出行的居民中，服从交通指导的居民的比例。智慧城市中，驾车出行市民交通诱导信息服从率应该高于 50%。

停车诱导系统覆盖率：指安装停车诱导系统的停车场与城市所有停车场的比例。智慧城市停车诱导系统覆盖率应该高于 80%。

城市道路传感终端安装率：指安装传感终端的城市道路占所有的城市道路的比例。在智慧城市中，传感终端安装率应该达到 100%。

（二）智慧化的医疗体系

智慧化医疗体系是指利用网络化、信息化手段为市民提供准确、便捷、安全的医疗服务的体系。主要包括 3 个三级指标。

市民电子健康档案建档率：指已经拥有电子健康档案的市民与全体市民之间的比例。在智慧城市中，市民电子档案建档率应该达到 100%。

电子病历使用率：指已经使用电子病历的医院和城市所有医院之间的比例。在智慧城市中，医院电子病历的使用率应该达到 100%。

医院间资源和信息共享率：指能够实现信息和资源的互通的医院与城市所有医院之间的比例。在智慧城市中，医院间资源和信息共享率应该高于 90%。

（三）智慧人居

智慧人居是指依托云计算、大数据等手段对居民的居住信息进行智能管理的系统。包括 4 个三级指标。

建筑物数字化节能比例：指在已经建成的建筑物中采取数字化节能降耗的建筑和城市所有建筑物之间的比例。在智慧城市中，建筑物数字化节能比例应该高于 30%。

家庭智能表具安装率：指已经安装智能水表、电表、燃气表等设备的家庭占城市所有家庭的比例。在智慧城市中，智能表具安装率应该高于 50%。

居民小区安全监控传感器安装率：指已经安装监控类传感器的居民小区占城市内所有小区的比例。在智慧城市中，居民小区安全监控传感器安装率应该高于 95%。

社区服务信息推送率：指社区的管理机构通过互联网等信息手段向居民推送的各类信息占管理机构向居民推送的全部信息的比例。在智慧城市中，社区服务信息推送率应该高于 95%。

四、智慧人文

智慧人文主要用于衡量一座城市的居民幸福指数，居民对信息化、数字化的认知，以及居民对基础科技的掌握。主要包括 3 个二级指标，9 个三级指标。

（一）智慧化的教育体系

智慧化的教育体系是指城市整个教育系统信息化的程度和居民通过此系统获得教育的便捷度和精准度。主要包括 3 个三级指标。

城市教育支出水平：用于衡量城市对教育的投入。在智慧城市中，财政性教育支出应该占 GDP 总值的 5% 以上。

家校信息化互动率：是指家庭利用互联网等信息技术和学校进行互动的比例。在智慧城市中，家校信息化互动率应该高于 90%。

网络教学比例：是指在教育体系中通过网络进行的教学和整体教育模式之间的比例。在智慧城市中，网络教学比例应该高于 50%。

（二）市民文化科学素养

市民文化科学素养主要用于衡量市民的科学文化程度和总体的受教育水平。包括 3 个三级指标。

大专及以上学历占总人口比重：是反映一所城市市民文化素质的中心指标。在智慧城市中，大专及以上学历人口应占总人口的 40% 以上。

城市公众科学素养达标率：是指基本科学科普知识对城市居民的普及程度。在智慧城市中，公共科学素养达标率应该高于 20%。

文化创意产业占 GDP 比重：根据联合国教科文组织的定义中，文化创意产品包含了文化产品、文化服务和智能产权三个主要部分。文化背景决定了文化创意活动，文化创意活动是一种借助科技对传统文化进行再创造、提升的活动，基础是创造者的灵感和想象力。文化创意产业属于知识密集型产业的重要组成部分。因此文化创意产业占 GDP 比重能够比较直观地反映出智慧城市的人文水平。在智慧城市中，文化创意产业占 GDP 的比重应超过 10%。

（三）市民生活网络化水平

市民生活网络化水平是指市民应用网络数据等各种信息技术方便自己生活的水平。包括 3 个三级指标。

市民上网率：是指使用网络的市民占市民总数的比例。在智慧城市中，市民上网率应该超过 60%。

移动互联网使用比例：是指使用移动互联网上网的市民与全体市民总数之间的比例。在智慧城市中，移动互联网使用比例应该高于 70%。

家庭网购比例：是指有网络购物行为的家庭与城市所有家庭之间的比例。智慧城市中，家庭网购比例应该超过 60%。

第二节　智慧城市产业体系

由于智慧城市的快速发展，应用于智慧城市的大数据、云计算、区块链等新兴技术也得到了快速的发展。这些系统与传统行业互相融合形成了一种新的产业，即智慧产业。智慧产业是一种综合性的产业，是推动智慧城市运转和发展的纽带。从国外的经验来看，智慧产业目前没有一个统一的定义。但在智慧城市的层面，可以将智慧产业归纳如下：它是以信息技术和资源为支撑，同时利用大数据、云计算、人工智能等技术，对城市发展等各种现实进行数据提炼、分析、决策，推动包括智慧城市在内的物理世界发展的产业；智慧产业有主动认知、学习、成长、创新能力；它既不是一种信息产业，也不是一种知识产业，而是一种综合的、跨领域的系统；它能够无限放大城市的空间，能够通过虚拟的数据对城市进行资源的调配，促进智慧城市的发展。

智慧城市的发展，有力地促进了新兴产业的崛起和发展。新兴产业成为引导智慧产业发展的主要力量。智慧产业贯穿于智慧城市建设的各个系统、各个领域、各个层面，为智慧城市的建设提供了有力的支撑。集成电路、智能终端、智能感知、计算机通信、数据采集、应用服务六类产业基本构成了智慧城市产业体系。当前信息技术发展迅速，使得这些产业之间的界限逐渐模糊、相互交织，共同构成了智慧城市产业体系。在技术层面，云计算产业、物联网产业以及集成电路、软件、智能装备、通信设备、信息安全等产业为智慧城市的建设提供了强有力的技术保障，也是智慧产业体系的重要组成部分。此外，传统产业的发展也为智慧城市的发展和进步贡献了积极的力量。

一、智能感知终端产业

建设智慧城市的基本条件是感知层。感知层的特征是具有超强的环境感知能力和一定的智能性。工作原理是通过感知层面（包括条码传感器、无线定位智能终端等）实现对城市基础设施进行识别、信息采集、监控监测等一系列功能。对物的识别是物联网的基础，物联网的本质是完成物体信息和数据信息之间的互换。目前主要的识别手段一个是条码（二维码），一个是 RFID。

（一）条码产业

条码产业在现实生活中随处可见。例如，在商场、超市、地铁、公交、机场等区域都可以见到条码，都可以扫描条码获取信息。条码技术兴起于 20 世纪中期，是一种集光机电和计算机技术为一体的高新技术。它的出现解决了信息技术中数据采集的重要问题，实现了信息的快速获取和传输，有很高的准确率。条码技术是信息管理自动化的基础。它具有信息标识和信息采集两种功能。20 世纪 70 年代以后，条码技术在全球范围内发展迅速，当前已经发展到二维码阶段，并出现了一维码和二维码结合的复合码。由于起步晚、技术力量弱，我国条形码产业比较薄弱。面对国际市场的巨大压力，条形码产业在政府的引导下采取了学习、消化、创新的基本策略。近年来，我国在条形码领域取得了一些进步，拥有了一些核心技术。当前，条形码产业发展较为迅速，在智慧城市建设中条形码产业蕴藏着巨大的商机。

（二）RFID 产业

RFID（Radio Frequency Identification）技术也叫无线射频识别或电子标签技术，它本质上是一种通信技术。它的特点是在不需要与特定目标建立机械或光学接触的前提下，可以识别特定的目标，同时可以对数据进行读写。当前比较常用的技术有低频、高频和超高频、无源等。当前射频识别技术应用广泛，比如在物流、生产制造、行李处理、邮件快递、图书追踪、动物识别、运动计时、门票收费、一卡通等方面都有应用。

就我国视频识别技术的发展来看，整体技术力量和解决方案还不够成熟。缺少专业的高水平的超高频系统集成公司。这种状况导致射频识别系统稳定性较差，经常大毛病没有小毛病不断，影响了其产业化的进程。2010年后，虽然无源超高频电子标签等价格有较大的下降，但射频识别技术中的基础芯片价格依旧偏高。过高的价格对射频识别技术的推广和应用形成了一定的阻碍。

随着智慧城市的发展，人们对射频识别技术的需求越来越迫切，而全球范围的射频识别市场也持续升温并出现了高速上涨。目前，我国射频识别市场还处于初步发展阶段，还有大量的核心技术没有突破，商业应用还有许多的阻力，还需要政府和企业共同努力，为射频识别技术的发展和应用提供良好的环境。

（三）传感器产业

传感器实质上是一种检测设备。它的特征是通过获取被测量物的信息，将获得的数据和信息按一定的程序转换为包括电信号在内的其他信号或形式进行输出，用来满足信息的显示、记录、存储、传输的需要。它是实现自动控制和自动检测的第一环节。

1. 主要功能

传感器具备与人相似的五大功能。

视觉功能——光敏传感器；

听觉功能——声敏传感器；

嗅觉功能——气敏传感器；

味觉功能——化学传感器；

触觉功能——压敏、温敏、流体传感器。

2. 敏感元件的分类

通常据其基本感知功能可分为热敏元件、光敏元件、气敏元件、力敏元件、磁敏元件、温敏元件、声敏元件、放射线敏感元件、色敏元件和味敏元件等。

3. 主要特点

传感器有微型化、智能化、功能化、系统化、网络化、数字化特征。它是建立新型工业的基础，促进了传统产业的升级和换代，是 21 世纪新的经济增长点。

4. 主要应用

环境保护、医学诊断、生物工程、工业生产、宇宙开发、海洋探测、资源调查，甚至文物保护等领域都离不开传感器，传感器早已经渗入人类社会的各个方面。

传感器技术是现在信息技术的三大支柱之一，是现在科技的前沿技术。传感器技术的高低可以直观衡量一个国家的科学技术发展水平。传感器产业具有非常高的发展潜力，技术含量高、经济效益高，渗透力也非常强，具有非常广的市场前景。

（四）位置感知产业

地球上的所有事物都具有自身的地理位置。位置感知是获取地理位置的过程，可以通过一种或多种定位系统来获取。目前位置感知系统分为三种：一是包括美国 GPS、中国北斗、欧洲伽利略等在内的全球卫星定位系统；二是包括 Wi-Fi、RFID、ZigBee 等在内的无线定位系统；三是导航系统。定位技术相对复杂，每项技术都有自己的应用范围。将定位系统集成综合使用可搭建地上到地下、从室内到室外的一体化位置感知体系。卫星定位测量技术以 GPS 为代表。它的特点是高效、迅速、准确，能够提供点、线、面等要素的准确三维坐标或其他信息，具有高精度、自动化、全天候、高效益等特点。卫星定位测量技术广泛地应用于测量导航、军事生活、考察、土地农业等多个领域。随着数据技术的发展，通信技术和卫星定位测量技术紧密结合，使测量技术实现了从静态到动态的发展，实现了从数据处理后呈现信息到实时定位导航的发展，大大扩展了卫星定位测量技术应用的深度和广度。GPS 全站仪广泛应用在工程地表测量、土地测量等方面。其巨大的优越性显示在精度、效率、成本等方面。以 GPS 为代表的导航卫星应用产业成为与互联网产业、通信产业、互联网产业、移动通信产业并肩的 IT 产业之一，有效促进了经济的发展。

（五）智能终端产业

移动智能终端快速发展得益于计算机技术、移动通信技术、微电子技术和位置感知技术的快速发展。这些技术的发展使体积更小、重量更轻、耗能更小、携带更方便的移动智能终端得以研制和生产。智能终端通过软件的运行为内容信息服务提供了广阔的平台，可以就此开展很多增值业务。例如，新闻、天气、交通、股票、商品、音乐等。同时结合日益发展的 5G 通信技术，智能手机必将成为一种功能强大的集通话、信息、服务、娱乐为一体的综合型终端设备。

未来是移动智能终端的时代，智慧城市的发展离不开智能移动终端的发展。移动智能终端的发展包括两个主要方面：电子商务和应用办公。移动智能终端不仅可以给人们提供支付、查询等功能，还可以为人们提供移动办公、移动数据查询、移动资料存储等功能。由于云计算技术的出现和发展，在智能移动终端上不需要储存大量的资料，也可以实现海量资源的储存与查询。这为移动智能终端提供了技术保障。大量信息的发布都可以通过移动智能终端体现。但就目前的使用情况来看，垃圾数据、数据滥用、安全性能较低成为智能终端发展的重要难题。我们要面向未来，积极探索制定相关的规范，促进智能终端技术的良性发展。

二、计算机和通信产业

信息网络、计算机、大数据、人工智能及物联网、云计算等技术组成了智慧技术。智慧技术是智慧城市的血液和骨骼。

（一）计算机产业

计算机产业的特点是节省能源、节省资源、附加值高，对知识和技术有着很高的要求。计算机产业是一种新兴产业，对经济的发展、综合实力的进步和社会的进步都产生着巨大的影响。各国都非常重视计算机技术。计算机产业由计算机制造业和计算机服务业组成。计算机服务业也可以称为信息处理产业。

1. 计算机制造业

计算机制造业由计算机系统外围设备终端以及各种元件、器件和有关装置组成。计算机是一种工业产品，具有较高的性价比和综合性能。其产品有一定的继承性，主要体现在计算机上使用的软件的兼容性方面。这种兼容性可以将旧软件用在新的计算机上，保留软件的使用价值，节省用户的资源。计算机产品更新的动力是不断提高计算机产品的性价比。计算机产品包括硬件系统和软件系统。通常软件系统只代表基础的操作系统，如果要实现专业性的计算机应用，还需要额外对应专业性软件。同时，计算机的维护和运行也需要有专业知识的人员进行。

2. 计算机软件业

软件产业是指研究和提供软件的企业。在 20 世纪 90 年代，软件行业是风险投资的主要方向，互联网崛起后才将其取代。一大批世界性的行业巨头，通过发展软件产业而建立，比如微软和 IBM。

软件产品一般分为四类：硬件＋嵌入式应用软件，硬件＋操作系统＋通用型软件应用软件，硬件＋操作系统＋基础件＋通用型行业应用软件，硬件＋操作系统＋基础件＋业务基础件＋复杂型行业应用软件。

市场需求主要包括三个部分：软件服务（为一个客户编写软件，无知识产权）、软件产品（编好软件，要卖给许多个客户，有自己的知识产权）、自给软件（企业为自己应用或者为自己配套产品开发的软件）。

（二）移动通信产业

从移动通信产业的发展历程来看，基本上10年就可以更新换代一次。从1G、2G、3G、4G直到5G，我国一直致力于提高峰值速率和频谱利用率。当前，我国的通信制造企业在产品开发和产业化方面已经逐渐走向成熟，已经具备了相对完善的设计、制造和研发能力。软件系统和硬件产品已经和国外的各大企业站在同一水平线上，具备了很强的国际竞争力。

新一代信息通信技术蕴含着巨大的能量。新兴信息通信技术可以有效地促进新业态和商业模式的有效融合，既能满足人们越来越高的服务需要，也能推动经济发展，给新兴信息技术产业注入无限的活力，成为推动智慧城市发展的重要力量。

1. 光通信产业

光通信从本质上讲是以光波为载体的通信，构建全光网络是未来传输网络的最终目标。具体内容是，在全网络包括接入网、骨干网和城域网完全实现光纤传输代替铜线传输。光纤光缆作为科技密集型产业，光纤通信作为各种通信网的主要通信方式，在信息高速传播网络的设计和建设中起着非常重要的作用。世界发达国家一直把光纤通信放在发展的重要地位。

2. 网络运营商

网络运营商是指网络的提供者。在我国，网络运营商主要有移动、联通和电信三家。网络运营商还包括网络网站的运营。网络网站应用运营包括网站宣传推广、营销管理维护操作等。其中，网站的推广和维护是重中之重。主要包括策划和发布网站内容，对推广网站的各种方法进行有效的实施和追踪，检测网站的流量并对流量数据进行分析，提出网站改进建议，等等。

3. 网络信息服务产业

网络信息服务产业也被称为因特网网上信息服务产业，具体内涵是信息机构、合作行业在网络环境下，利用通信网络和计算机等技术从事信息数据的采集、存储、处理、传递等活动。它的目的是将有效的数据提供给需要的用户，为用户提供快捷方便的服务，进一步解放人们的生产力。当前网络信息服务的盈利模式主要有广告费、会员费、经纪费、联盟收益等。著名的公司包括谷歌、新浪、腾讯、百度等。

4. 云计算产业

云计算是一种新型的信息技术，它的发展必将催生全新的产业模式。云计算产业以推动产业创新和生态发展为指导思想对企业进行云计算的创新实践。

三、集成电路产业

集成电路作为微型电子器件，是典型的技术密集型、知识密集型、资本密集型和人才密集型的高端科技产业。经过几十年的努力，我国集成电路产业发展迅速，已经形成了集研发、设计、产业化为一体的综合发展格局，集成电路产业链基本形成。加强集成电路制造、封装关键设备和新工艺、新器件方面技术的学习吸收和再创新、再发展，是我国集成电路产业 RSS 发展的基本策略。围绕集成电路产业，加强对拥有自主产权的产品的开发，积极打造自有系统，努力形成集成电路研发、设计、制造、封装、测试和半导体化学材料为一体的产业链，是促进我国集成电路产业快速发展的基本途径。

四、信息采集与加工处理产业

利用计算机和通信技术对数据和信息进行收集生产处理、加工、存储、传输和利用是信息服务业的主要内容。信息服务业为社会提供综合性的服务。它的核心是服务者以自身的技术和策略帮助信息用户解决问题。从劳动者的劳动性质看，生产行为、管理行为和服务行为构成了这些行为的主要内容。信息实现市场化、商品化、社会化和专业化的关键是信息资源的开发利用。信息资源的开发利用主要分为三大类：信息传输服务业、信息技术服务业、信息资源产业。

五、行业应用产业

智慧城市建设的主要驱动力是行业应用。信息服务业的主体是计算机应用产业，也是智慧城市应用体系的主要实施者。

（一）计算机系统集成产业

随着社会的发展，各个领域对计算机系统的应用都越来越广泛和深入。计算机系统集成市场在我国发展迅速，许多部门和地区先后推出了一系列通信网络工程和电子信息工程。当前，市场对电子信息系统提出了很高的要求，形成了一大批专业素质技术层次较高、涉及专业宽、技术力量比较雄厚的系统集成公司。例如，基于银行清算业务的银行电子清算系统集成、基于铁路列调业务的铁路调度系统集成、基于酒店业务的酒店电脑管理系统等。计算机系统必须与用户结合，从用户的需要出发，才能开发出用户满意的产品。当前智慧城市的发展大大促进了计算机集成产业的发展。

（二）地理信息系统产业

地理信息系统产业是以信息技术和现代测绘技术为基础的一门综合性产业。它不仅包括 GIS 产业、航空航天产业、卫星定位、导航产业，还包括测绘和信息技术等专业领域、专业技术。此外还包括 LBS、地理信息服务和很多新兴技术的应用。地理信息产业是当今社会公认的高新技术产业，市场需求和发展前景非常广泛，并深入我们的生活，为我们带来很多便利。例如，电子地图、遥感影像、卫星导航等。这些基于地理信息产业链的新生事物正在快速发展并改变我们的生活，同时取得了显著的社会效益。地理信息系统的基础是地球数字化，它能涵盖整个地球的超量信息，是一种将地球信息数字化的前沿技术。当今智慧城市对地理信息的服务模式、生产模式和创新模式提出了更高的要求，地理信息应用和产业化模式也发生了巨大的变化。

（三）导航与位置服务产业

导航与位置服务产业已经成为发展最快的新兴产业之一。目前，中国卫星导航定位应用市场以消费应用为基础，专业市场应用领域正在逐步扩展和深入，市场规模不断扩大。在我国卫星导航设备市场中，专业应用领域和消费应用领域占据绝大部分。总体来看，卫星导航技术进入我国的时间虽然不长，但随着市场的发展、技术的进步，我国导航与位置服务产业正逐步成形，一个完整的产业链正在形成。

（四）智能交通产业

快速准确地进行交通数据处理分析决策和调度的系统叫作智能交通系统。智能交通系统能有效地解决交通问题，推动社会经济效益增长，在解决交通拥堵、减少交通事故、改善交通环境方面作用突出。智能交通分为城市道路、高速公路和城市轨道交通三个部分，这些区域都是资本投资的热点区域。当前城市轨道交通智能化管理系统是发展最快的细分市场。

作为高新技术产业的智能交通产业具有较强的综合性，具备三个主要特征：

一是具有复杂性特征。智能交通产业价值链需要多个组织、多个行业参与。在智能交通系统的运行过程中，数据的采集、加工、分析和传送都离不开通信技术、信息技术和完善的信息网络。而对数据和信息的处理也要借助计算机、微电子和系统软件来完成。

二是智能交通产业具有较强的交叉性。它的基础是跨学科、跨领域的多种科学技术。多种科技，科技的互相关联性必然导致产业链之间的交叉性。例如，当前智能交通所涉及的领域有机电行业、汽车行业、计算机行业、软件行业、服务行业等。这些产业链之间的相互交叉形成了非常复杂的网络，所以，智能交通系统涉及经济发展的很多部门和很多产业。

三是智能交通产业具有较强的区域性。交通产业价值链需要各个产业的配合才能形成，这要求各个产业必须在地理位置上相对集中。这样的产业布局模式，一方面，有利于集中科技力量资源和金融力量为智能交通产业链的发展提供有力的推动力；另一方面，方便加强各个产业和领域之间的协调与配合，从而形成规模效应。

（五）智能安防产业

智能安防产业包括防盗报警、对讲门禁、监控等几个方面。安防产品广泛应用于公安、邮政、交通、电力、煤矿等行业，其中，视频监控系统处于安防产品的核心地位。其他的系统都要与视频监控系统结合才能够形成相应的功能。高清化是视频监控系统的趋势，近年来，高清摄像功能有大幅的提升，智能化也是高清摄像的一大发展方向。近年来，国内安防行业市场规模快速发展。随着智能化成为行业大趋势，智能安防也逐渐成为安防企业转型升级的方向，在安防行业中的占比将越来越大。

由于感知技术、互联互通技术、智能数据处理技术的发展，图像压缩技术、芯片处理技术、智能分析技术、大容量存储技术、无线接入技术这些关键技术被广泛应用在安防系统中，安防系统向着智能化、网络化、数字化、集成化的方向快速发展。目前，视频监控系统已经基本实现由 DVR 核心系统向 NVR 核心系统的升级。NVR 可以将数据以 IP 包的形式进行网络传输，从而形成视频信号的网络化。例如，安防公司研发的平安一家、5G智能无线网络平台等系统和智能家居系统，将各类信息进行有效整合，将家庭的信息和社区的治安无线网络系统联系起来，一旦发生问题可以全网反馈，对盗窃、漏电、漏水等安全隐患，可以起到很好的预防作用，保证了家庭的生活安全。

安防行业经过多年的发展，已经形成较为完整的产业链。在安防产业链中，硬件设备制造、系统集成及运营服务是产业链的核心，渠道推广是产业链的经脉。其上游包括视频、算法提供商以及芯片制造商，中游包括软硬件厂商、系统集成商和运营服务商，下游终端应用则包括政府（平安城市）、行业应用和民用。

（六）信息安全产业

继陆、海、空、太空之后，网络已经成为第五维战略空间，网络安全已经成为国家安全的重要组成部分，我国将发展自主可控的信息安全产业作为基本国策。当前，我国信息安全产业已经具备了一定的防护、控制监控、分析处置能力，技术能力和市场潜力得到了很大的提升。内网安全、外网信息交换安全和网络边界安全等领域的技术发展迅速。在安全标准、安全硬件、安全软件和安全服务等方面，我国企业的竞争力不断增强。

在市场需求方面，信息安全产品行业需求突出。银行、政府、电信、能源、国防等是信息安全需求比较大的行业。证券、教育、交通、制造业等新兴市场对信息安全也有较强的需求力。这些需求的不断增加，使信息安全市场不断扩大。随着技术的发展，防火墙成为信息安全产业最大的细分市场。与此同时，安全管理、身份认证等安全服务也快速发展，成为信息安全产业中的重要力量。

虽然近些年我国信息安全产业发展迅速，但是就现阶段来看，我国在信息安全产业研发、应用和产业化等方面与先进国家还有着比较大的差距，产业链还不够完善，组成产业链的各个环节大多还处于发展阶段，产品的竞争力比较弱。国内市场存在着低价竞争的现象，这在一定程度上不利于信息安全产业的长足发展，对品牌形象也产生了不利影响。智慧城市建设离不开信息安全产业，当前，我们要将信息安全产业作为智慧城市建设的重要组成部分，通过政府引导、企业参与、金融支持等手段积极引导其快速发展。

第三节　智慧城市的信息框架

一、感知层（信息获取技术体系）

人们必须借助感觉器官才能从外界获取信息。随着社会的发展，单靠人类自身的感觉器官，已经很难获得足够多样的数据。为适应这种情况，传感器的开发尤为重要。传感器可以看作是人类感知器官的延伸，也可以称为电五官。感知层的目的是解决人类世界和物理世界获取数据的问题，运作模式是通过传感器、无线电和数码相机等智能终端设备采集外部世界的数据，将数据通过条码、蓝牙、红外等技术进行传递。

智慧城市中的感知层就像人类的五官和皮肤，主要功能是采集信息识别物体。传感器作为一种检测装置能够采集被检测者的信息，并将采集的数据按照事先输入的程序变为电信号或其他信号进行输出，从而完成信息的采集、传输、处理、分析和记录等要求。感知层是实现自动检测和自动控制的第一环节。

目前，感知层应用较多的是 RFID 网络，它的运作模式是利用附着在设备上的 RFID 标签和用来识别信息的扫描仪形成数据传递的数据链。例如，现在应用比较广泛的超市仓储管理系统、行李自动分类系统等，都利用了 RFID 网络。

二、网络层（信息基础设施体系）

网络层作为智慧城市的通信网络，由许多大容量、高带宽、高可靠的光网络、无线宽带网络以及互联网电信网、广播电视网等网络组成。网络层可以看作是智慧城市的信息高速路，是未来城市建设的重要基础，是信息和数据传送及接收的虚拟平台。网络层可以将各个层次的信息结合在一起，从而实现数据的共享。从计算机层面来看，网络是用线路将各个计算机联系在一起组成的数据链，目的是通信和数据共享。

网络层主要由三个方面构成：网络互联、三网融合、泛在网络。

（一）网络互联

当前，多网融合是技术发展的趋势。IP 技术已经成为网络的核心技术。4G、5G、通信网络、Wi-Fi 以及数字集群网络、卫星移动通信、专用无线通信等构成了无线接入网，局域网接入、光纤接入、无源光网络接入等构成了有线宽带接入网。

（二）三网融合

三网融合并不是三大网络（电信网、计算机网和有线电视网）物理层面的统一，而是指高新技术业务的融合。三网融合能为用户提供多媒体化、个性化的信息服务。

（三）泛在网络

泛在网络是根据人和社会的需求实现人与物、物与物、人与人之间信息和数据的获取、传递、分析、决策、使用等。泛在网络具有很强的感知和智能性，为社会和个人提供范围广泛的信息服务和应用。

三、数据层（数据基础设施体系）

作为智慧城市建设的重要资源，数据资源的整合、共享、开放、利用是智慧城市建设的中心环节。数据层是整个智慧城市数据建设的支撑环境，主要由数据访问平台和数据库两部分组成。结构化的数据和文档、音频、视频、图片等非结构化的数据涵盖各种应用数据库和基础数据库。专业数据库、基础数据库和商业数据是数据库的重要组成部分。宏观经济、财税、国土资源等信息也得到了很好的开发和利用，政府信息、资源目录体系以及交换体系初见成效。这为政务信息资源融合和共享奠定了良好的基础。

（一）基础数据库

当前，基础数据库主要包括法人单位基础信息库、人口基础信息库、宏观经济信息数据库以及自然资源和地理空间基础信息库。

1. 法人单位基础信息库

法人单位基础数据库的特征是组织机构代码为唯一标识。它的功能是提供法人单位基础信息的查询和信息共享服务，涉及工商、国税、民政、编办、统计、质检等多个部门。

法人单位基础信息库包括组织机构名称、组织机构代码、组织机构地址、组织机构类型、法定代表人注册号、注册日期等信息，以及年检、变更和注销等状态信息。

市政府各部门在索引数据的基础上将自身业务的专业信息与基础数据结合起来，可以形成各自领域内的专业数据库。比如，公安部门数据库增加了各类法人单位守法记录等信息，税务部门数据库增加了法人单位缴税纳税情况等信息。

2. 人口基础信息库

人口基础数据库以公安网络和电子政务为依托，包含了人社、住建、计生、民政、交通、教育等部门和金融系统的相关信息。人口基础信息库以身份证号码为唯一代码入口。它的特点是覆盖全、功能广、资源共享，可以实现人口信息的动态采集，可为政府、企业和公民提供基础的人口信息服务。

人口基础信息库是智慧城市建设的基础，主要功能有数据管理、数据应用和数据交换等。其中数据管理功能用于变更、维护人口基础信息库的基础数据。因为以公民的身份证为唯一代码，非常具有权威性、基准性、基础性和战略性。人口基础信息库的数据交换功能，横向上可以实现与计生、劳动、民政、教育、卫生等部门的基础信息库数据互换和共享，纵向可以实现国家、省、市、区、县、乡镇层次的数据维护和业务协同。人口基础信息库的协同和共享功能可以使各级政府准确地获取数据，辅助决策。

3.宏观经济数据库

工业、农业、金融、商业、能源、交通、财政等20个类别的计划和统筹指标共同组成了宏观经济数据库。宏观经济数据库存储了省市和国家不同年度、季度、月度的宏观经济时间序列数据，采用省市和国家分散式的管理方法。宏观经济数据库对推进信息社会化和社会信息化起着巨大的作用。

宏观经济数据库主要采用互联网传输方式和离线数据传输方式进行数据共享和交换。

由于技术落后和历史原因，与世界发达国家相比，我国上述四大基础信息库建设相对缓慢，这对政府信息资源的整合和利用，以及业务协同推进产生了一定的影响。从全国范围来看，除了自然资源和地理空间基础数据库基本建成外，其余三大基础数据库的建设和完善都遇到了许多现实困难。不仅涉及数据库建设的技术因素，还面临从宏观角度出发的许多共同问题。主要表现在以下三方面：

一是数据格式的多元性。随着信息电子技术的快速发展，许多政府部门都建立了自己的信息化系统。但是就发展来看，各个部门信息化系统建设基本都是自上而下进行统筹，对于各部门间的信息共享和协同推荐很少考虑，处于一种纵强横弱的状态。因此，多部门进行数据共享时，数据格式、储存模式等技术问题上往往存在着较大的差异，导致即使进行了物理连接也很难实现真正意义上的共享。

二是信息分类多样性。由于规章制度、政策法规、行业标准等方面的影响，我国政府部门对于信息采集的分类标准和分类要求各不相同，数据项难以对应，数据共享难以实现。比如，各部门对相同数据定义的名称不同，导致实质相同的数据之间无法建立对应的关联，也无法通过软件准确地找出数据存储的位置。再比如，各部门使用的数据分类方法也不相同，即使数据项可以对应，由于分类不同也不能实现共享。

三是数据结构的异构性。对信息资源进行整体规划一直是我国信息管理部门的弱项。就目前的状况来看，各系统、各省市基本按照本系统、本省市、本行业的个性化需求独自开发相应的应用系统。各系统之间缺乏沟通，总体设计、总体规划也不相同，数据结构体系各成一派，为各行业、各领域、各层次之间的数据共享造成了巨大的困难。例如，当前银行系统虽然利用了公安部门的人口数据系统，但是系统的兼容性导致公安系统数据在银行系统上不能显示，给银行业务带来很多困扰。

随着技术发展和我国政府建设的不断深入，整合各大系统的数据，有效避免"信息孤岛"和数据浪费现象迫在眉睫。因此，政府部门要联合各方技术力量尽快制定一套统一的数据标准，打造相连通、相推进的协同基础数据库。

4. 自然资源和地理空间基础信息库

自然资源和地理空间基础信息库作为城市空间信息基础设施建设项目，主要包括建设基础地理空间信息资源目录服务体系，全国性地理空间信息共享交换服务体系以及制定相应的规范标准、管理制度和服务技术支撑体系。自然资源和地理空间基础信息库能为用户提供以下服务：

一是基于社会和电子政务对具有地理要素特征的基础地理信息的需要，向电子政务提供基础性框架综合信息产品。

二是基于电子政务对生态资源等动态要素数据的需求，提供以遥感为手段的区域资源、环境生态等动态信息。

三是基于人与自然协调发展、区域和谐发展等方面的需求，提供与自然保护、生态环境和可持续发展等相关的综合信息。

四是基于灾情评估、防范灾害的需要，提供灾害监测、突发事件应急处理等决策支持。

五是基于主体功能划分和区域规划的需求，提供资源环境、区域规划和产品分析等相关信息。

六是基于重点项目和工程效益的需求，提供重要基础设施及工程的相关信息。

（二）专业数据库

自然资源、社会经济、环境生态等多个方面的数据构成了专业数据库。专业数据库的主要功能是为政府决策、可持续发展和社会公众提供专业的数据服务。

1. 土地资源数据库

土壤、水文、地质、地貌、气候等自然因素数据以及土地利用相关数据构成土地资源数据库。土地资源数据库作为一种信息系统，以土地评价、土地分类以及土地的规划利用和管理为目的。

2. 城市规划数据库

城市规划数据库涉及城市规划设计的每个环节，是一项巨大的系统工程。城市规划数据库所包含的数据是海量的，并随着城市的发展和进步而不断变化调整。特别是近几年来科技飞速发展，新的技术应用不断丰富着城市规划数据库的内容。所以，多时相、多尺度、多层次、多类型成为城市规划信息的主要特点。从总体来看，城市规划信息的用途可以分为以下五个方面：为城市提供统一空间参考的城市基础地形图；为城市规划提供客观依据的自然资源与环境条件；为城市规划提供现实依据的经济社会发展状况；为城市规划提供空间载体的土地利用；为城市规划提供内容的城市建筑与公共设施。

3. 城市房产管理数据库

城市房产管理数据库以房屋为核心，采用先进的地理技术和网络技术，突出了房地产管理的业务特点，建立了市场分析等一整套完整的数据体系，实现了房屋的最小单元化管理，方便了各个部门联动和广大市民查询。

4. 城市管网数据库

城市管网数据库主要由给水排水、电力、热力、电信、燃气、工业管道数据组成，都是城市基础设施的重要组成，是城市生存和发展的物质基础。当前运用 GIS 技术可以有效地对城市管网进行平行和交叉等内容的综合管理。城市管网信息系统是一项巨大的系统工程，其中，建立空间数据库尤为重要。建立空间数据库的基础是对城市的管网进行全面的普查，制定综合动态管理机制，实现数据的动态更新，有效地推动智慧城市建设和发展。

5. 水资源数据库和气候资源数据库

水资源是城市地表水以及地下水的总量。水资源数据包括供水、用水、需水等状况和规划的数据以及相关的水文信息。气候资源数据库主要包括降水温度、湿度等信息。

6. 生物资源数据库（中国森林、中国草地、野生动植物）

生物资源数据库包括森林资源数据库、草地资源数据库和野生动植物数据库。

7. 农业经济数据库

农业经济数据库包括农业基本情况、生产条件、畜牧业情况、主要农作物、农产品产量和农业总产值等情况的信息。

8. 环境污染治理与环境保护数据库

环境污染治理与环境保护数据库主要包括污染情况、水土流失及治理、三废排放及处理等相关信息。

9. 导航地图数据库

导航地图数据库既包括智能交通系统，也包括定位服务应用。它的特点是数据准确性好、覆盖范围广。

（三）企业数据库

企业数据库主要分为企业信息库和企业内部数据库两部分。其中，企业内部数据库主要由企业内部数据组成。例如，企业的员工人数、注册信息、场地、薪酬、企业生产能力和技术类型等。企业信息库用于行业研究和普查，企业信息库用于行业研究和普查，是国家为了掌握宏观经济状况而建设的信息库。

在运营企业数据库的过程中，社会用户数据库也同时建立起来。比如，银行的个人储蓄数据库、通信公司的用户数据库都包含了社会用户数据库，内容涵盖用户姓名、电话、地址等。

四、服务层（信息共享服务体系）

服务平台的作用是进行数据共享交换、建设信息目录、统一数据标准，实现各行业、各领域、各部门之间的数据互联互通。服务平台将各个类型的数据库和业务库连成一个有机整体，方便客户利用，可为客户提供有价值的信息。

建立信息资源共享系统是一个复杂的综合性问题，要建立强有力的协调保障综合机制。除了管理体制、法律法规等方面的因素，当前还需要构建一个规范、统一、合理、科学、先进的资源共享技术体系。共享体系的建立是实现各种信息、数据良性流动、合理配置的关键。

服务平台可以解决各部门、各系统、各层次在信息资源交换共享过程中面临的主要问题。例如，资源通过什么技术能够共享，资源存在什么地方，哪些资源可以共享，怎样才能共享到这些资源，等等。

服务平台的应用模式是给予各类用户平台使用权，将平台的资源分配给不同的用户使用，利用平台软件系统帮助用户构建各自的应用系统，同时实现对系统应用资源的实时监控。

信息共享服务体系可以较好地服务于智慧城市发展，广泛应用于任务执行、建模流程管理、数据访问以及调度等工作。

五、应用层（业务应用系统）

以城市空间信息为中心的城市信息系统体系叫作智慧城市的应用层。应用层对数据进行采集、整合和应用。当前智慧城市的业务应用系统使用广泛。比如，制造体系、管理体系、公共服务体系、交通体系、保障体系、文化服务体系等，都属于业务应用系统。

六、决策层

决策层也叫作决策支持系统，主要利用城市基础数据库、各种决策模型以及各种模拟技术，以人机交互的方式对数据进行深入的分析，通过分析结果为决策者提供有力参考，是信息管理系统的更高发展，能为决策者提供模型建立、问题分析、决策模拟和方案提供等一系列帮助，可以有效地提高决策者的决策水平和质量。决策支持系统由多个系统协调组合而成，主要包括数据库、知识库、模型库等。

（一）数据库

数据库主要是指智慧城市建设中所拥有的基层数据。

（二）知识库

知识库来源于两个不同的领域。一个是人工智能的分支——知识工程领域；另一个是传统的数据库领域。知识库的主要功能是：促进知识和信息的有序化，方便查找和调取；推进信息和知识的流动，有利于交流和共享；有助于实现沟通和协作；可以通过知识库对知识进行高效管理。

（三）模型库

模型是对某种事物本质运动规律的描述，一般分为两种：一种是原子模型；另一种是复合模型。决策支持系统的核心部件就是模型库，这也是最复杂、最难实现的部分。

第四节　智慧城市的技术框架

一、物联网技术

（一）物联网概念

物联网是指将所有物品通过信息传感设备与 Internet 连接起来，形成智能化识别并可管理的网络，即依托 RFID 技术的物流网络。物联网包含物物互联和人物互联，物物互联的应用有智慧物流、智慧能源、车联网、智能制造、公共事业和安全领域；人物互联有智能可穿戴设备、智慧医疗、智慧建筑、智慧家居等。

（二）物联网的四要素

POD 物联网的四要素包括感、联、知、控。

感：指通过多种感知器，感知物理世界的状态。即通过光纤、读卡器、摄像头、RFID、声光电传感器等传感设备，获取外部数据。感是物联网的第一步。

联：即联结，通过互联网、网关等网络连接信息世界和物理世界，将感知设备搜集的数据传输到网络，实现数据的交换、分析、协同和控制。

知：通过感知数据的计算、推理，深入分析和正确认识物理世界。

控：根据认知结果，确定控制策略，发送控制指令，指挥各执行器控制物理世界，与服务层对接，提供应用服务。

（三）物联网通信与组网技术

根据传输距离和传输速率，物联网通信和组网技术可分为近距离传输、中距离传输、远距离传输。RFID、蓝牙、UWB 属于近距离传输技术；ZigBee、Wi-Fi 属于中距离传输；LPWA（Low Power Wide Area，低功耗广域技术）中的 Lora 和 NB-IoT 技术，以及我们熟知的 2G、3G、4G、5G 网络（统称为 LTE 技术）属于远距离传输技术。

1.RFID 技术

RFID 是最早，也是最广泛地应用于物联网的技术，早在智慧地球概念提出时，信息采集和传输就是基于 RFID 技术进行的。RFID 是一种非接触式的自动识别技术，运用射频信号和空间耦合的传输性，实现对静止或移动物品的自动识别。射频识别又称为感应式电子芯片或近接卡、感应卡、电子标签、电子条码。

RFID 具有数据读写功能，通过 RFID 读写器可以直接读取卡内数据到数据库，也可以将数据写入电子标签。RFID 在读取上不受尺寸大小和形状的限制，可以向小型化和多样化发展。RFID 对水、油渍、药品具有较强的抗污性，也可在黑暗和脏污的环境中读取数据。同时 RFID 承载的是电子式数据，其数据可由密码加密保护，具有安全性和可靠性。RFID 是目前应用最广泛的近距离物联技术，可用于动物芯片、门禁管理、生成自动化和物料管理。

2. 蓝牙技术

蓝牙技术是一种全球应用广泛的无线数据和语音传输技术，它基于低成本的近距离无线连接，可以提供10m以内的固定设备或移动设备之间的无线接口，如移动电话、平板电脑、无线耳机、笔记本电脑、相关外设等，在众多设备之间进行无线信息交换。利用"蓝牙"技术，可以进行移动通信终端设备之间的通信，也能够进行因特网与设备之间的通信。

蓝牙适用设备多，无需电缆，信号可通过无线传输；工作频段全球通用，使用方便，可迅速建立两个设备之间的联系，传输速率高于RFID；不受国界的限制，在软件的控制下，可进行自动传输；兼容性和抗干扰能力强；蓝牙技术具有跳频的功能，可以避免ISM频带遇到干扰源；兼容性较好，可以在各种操作系统中实现良好的兼容性能；传输距离短、传输速率快。蓝牙技术的传输距离是10m左右，增强射频功率后可达到100m，但传输速度不快。

蓝牙技术目前应用的领域有车载免提系统、车辆远程状况诊断、汽车蓝牙防盗系统、工业生产无线监控、零部件磨损检测、数控系统运行状态监控、医药诊断结果输送、病房监控。

3.ZigBee技术

ZigBee是一种在短距离和低速率下应用的无线通信技术，适合在距离短、功耗低且传输速率不高的各种电子设备之间进行数据传输。ZigBee的传输距离大于RFID和蓝牙并支持无限拓展，可用于间歇性数据、周期性数据和低反应时间数据的传输。Zigbee的工作原理类似蜂群的交流方式：蜜蜂在发现花丛后，会将新发现的食物源位置等信息通过一种特殊的肢体语言告知同伴，这种肢体语言就是ZigZag舞蹈，是蜜蜂之间一种简单的传达信息的方式。ZigBee的命名也是由此而来。ZigBee是一种高可靠的无线数传网络，类似于CDMA和GSM网络。ZigBee数传模块类似于移动网络基站。

ZigBee具有功耗低、成本低、时延短、网络容量大等特点。它是为工业现场自动化控制数据传输而开发的，目前已经广泛应用于智能电网、智能交通、智能家居、金融、移动POS终端、供应链自动化、工业自动化、智能建筑、消防、公共安全、环境保护、气象、数字化医疗、遥感勘测、农业、林业、水务、煤矿、石化等领域。

4.NB-IoT技术

NB-IoT技术的全称是窄带物联网（Narrow Band Internet of Things）。窄带与宽带相对，是物联网长距离传输的一个重要分支，是一种广覆盖、低功耗的物联网技术，也是LPWA中最重要的一支。NB-IoT具有消耗带宽窄、覆盖距离广、功耗低的优点。NB-IoT可构建于蜂窝网络，只消耗大约 180 千赫的带宽，可直接部署于 GSM 网络、UMTS 网络或 LTE 网络，使用方便，如今已经成为物联网最重要的技术。目前，NB-IoT 的商业应用有共享单车、智能抄表、智能可穿戴设备、智能路灯、智能停车等。

5. LoRa 技术

LoRa（Long Range）是美国 Semtech 公司采用和推广的一种基于扩频技术的超远距离无线传输方案。LoRa 是 LPWA 领域重要的另一支，与 NB-IoT 一样，具有低功耗和可远距离传输的特点，在同样的功耗下比传统的无线射频通信距离扩大 3 ~ 5 倍。在城市中无线传输距离范围是 1 ~ 2km，在郊区无线传输距离最高可达 20km。

LoRa 网络由终端（可内置 LoRa 模块）、网关（或称基站）、Server 和云四部分组成，应用数据可双向传输。目前，LoRa 已经应用于智能电表、交通跟踪、智能家电和智能医疗的演示。在荷兰，电信运营商 KPN 已经部署了覆盖整个国家的 LoRa 网络，韩国的 SK 电信也是如此。

综上所述，物联网为智慧城市的建设提供了技术场景，使智慧城市的建设迈入新时代。随着智慧城市、大数据时代的到来，物联网的连接数量将会达到千亿级。

（四）物联网架构

物联网的架构可以分为四个层次，分别是感知层、网络层、平台服务层、应用服务层。

感知层通过底层各种传感器、执行器、摄像头、二维码、RFID、智能装置等获取环境、资产或运营状态等信息，适当处理后，将数据传回网络层。各智能子系统的执行器和传感器，也是物联网的接口。

网络层是通过传感网络与现有网络（如互联网、4G / 5G 移动网、专网等）混合，使用统一的通信协议，实现数据的进一步处理和传递。网络层中的物联网节点是具有数据转发功能的"内在智能"网关，各个区域的感知层传感器经物联网节点直接接入互联网，与云端服务器互联互通。

平台服务层是通过数据中心、服务器、存储设备、云计算、中间件、操作系统，将感知层获得的数据进行集中处理。物联网平台是物联网产业链中的重要环节，通过平台实现对终端设备的"管、控、营"一体化，向下连接感知层，向上向应用服务商提供应用开发能力和统一接口。

应用服务层通过第三方平台，提供业务应用、业务经营、数据挖掘、机器学习、专家诊断等服务，依据统一的标准服务接口，实现物联网在政府、企业、消费三类群体中的多样化的应用。

二、云计算技术

（一）云计算概述

就目前来看，云计算在世界范围内还没有统一的标准定义，还处于快速发展的阶段。维基百科将云计算定义为：按照计算机和其他设备需求提供数据资源。NIST（美国国家标准与技术研究院）认为云计算的基础是互联网，能实现硬件和软件的资源共享，是一种通过网络获取大量数据形成数据共享，并对这些数据资源进行快速有效支配的方式。虽然云计算的定义多种多样，但共同点是云计算的所有数据存放于云端，用户可以通过网络获取自己所需要的数据和资源。

智慧城市的快速发展有利于形成城市特色，提高创新能力，推动城市信息化进程。云计算具备扩展性强、虚拟化强、部署快速等一系列特点，可以很好地解决智慧城市建设中数据基数过大、数据利用效率不高等问题，促进智慧城市的健康建设和发展。云计算是智慧城市基础建设的技术支撑，智慧城市各个系统的数据协调和应用都需要云计算数据中心的处理，以此提高利用效率、降低运行成本，提高智慧城市建设速度。

智慧城市建设中各个系统是相互依赖、互相合作的。云计算数据中心可以通过虚拟化技术将各个系统上传的大量数据形成庞大的数据库，实现整体资源的利用和共享。通过近几年的运行，以云计算为技术基础的政务平台不仅提高了政府的管理能力，而且大大提升了工作效率。通过云计算大数据建立的智慧医疗公共卫生服务系统使每位市民都拥有自己的健康档案，市民所有的健康记录都储存在云端，都可以使用和调取，医务工作者可以通过网络便捷地查找相关的数据和信息。金融服务中大量使用云计算技术实现了移动支付、信息推送等一系列功能，方便了用户的交易和信息的获取。同时，能源行业、机械行业、交通行业等都在大量地使用云计算技术。

（二）云计算架构

基础云层、平台云层和应用云层构成了云计算架构的三个基本层次。

顶层的应用云层是软件服务。软件服务可以部署云应用，通过外部的云平台给客户提供所需要的软件。供应商在自己的服务器上传软件，云计算中心会通过互联网将软件提供给需要的用户，而用户只需要支付一定的费用，节省了购买硬件和软件的资金。

平台云层能够为客户提供一个完全托管的服务平台。客户不需要使用资源来开发和推广自己的应用程序，只需要按照相应的规则将程序托管到云服务平台。

基础云层是最底层的服务模式。它的特征是将基础设施整合虚拟成一个资源库。它主要由计算机资源、网络资源和存储资源组成，还包括数据资源和应用程序资源。这样的构成模式方便用户根据自己的需要对资源进行监控、分配和利用。按照服务方式，基础云可分为公有云、混合云和私有云三类。

公有云可以为外部用户提供计算服务。它的特点是规模比较大、成本比较低。公有云的安全管理和日常管理由公有云的提供商完成，用户数据的安全系数不高。

私有云是私有化的云计算环境。它是由企业在内部独立构建的，可以对数据安全性提供最有效的管控。私有云是一个密闭的环境，内部会员有权访问所有资源，而外部成员不能进入。私有云通过建立数据中心防火墙来确保数据安全，并由企业人员或者以服务外包的模式来对私有云进行管理。

混合云是一种混合模式，由两个及两个以上的私有云和公有云相互组合而形成。在这种模式下，公有云不存储核心数据，私有云负责存储核心数据和运行中心程序。公有云和私有云相互协作，以提高效率。

（三）云计算关键技术

1.虚拟化技术

虚拟化技术是云计算的关键技术之一。虚拟化技术的目的是创建相关的虚拟产品，是一个在虚拟资源上运行的过程。虚拟化技术不仅仅是虚拟机，还包括多种抽象的资源数据计算。从不同的资源类型出发可以将虚拟化技术分为以下三种：

（1）系统虚拟化

系统虚拟化是将计算机物理主机和操作系统分离，在一台物理计算机上同时运行多个虚拟操作系统。虚拟操作系统中运行的程序和物理计算机上运行的程序是一致的。为实现虚拟系统的运行，必须建立虚拟环境，包括虚拟处理器、虚拟内存和虚拟网络接口等。虚拟环境还能为虚拟操作系统提供很多特性，比如硬件共享、系统隔离等。

（2）服务器虚拟化

服务器虚拟化可以实现多个相互独立的服务器同时被划分，这种划分是利用虚拟化技术实现的。服务器虚拟化形成了一个完整的硬件抽象资源，其中有虚拟处理器、虚拟内存。

（3）计算资源虚拟化

计算机资源的虚拟化是一种对物理资源进行抽象化的技术，它的基础是虚拟化。这种模式可以改善数据中心的硬件兼容性不同造成计算机资源难以统一管理的情况。通过这种模式构建云计算的数据环境，可以为各种资源的统一管理提供科学的解决方案。

虚拟化技术的本质是创造一个统一的大型数据库，实现对所有云计算数据中心的数据的统一管理。这种可扩展性可以满足智慧城市各系统对数据的需要。

2. 快速部署

快速部署作为云计算数据中心的一个重要特征和基本功能，面临着越来越高的要求。第一，云管理程序必须在任何时段满足用户的任何要求和应用程序的数据需求；第二，不同层次的云计算部署模型根据环境、服务来说的不同也存在差异。在数据部署过程中软件系统结构不尽相同，这要求部署程序必须适应部署数据的变化。

并行部署和协同部署技术在云计算环境中可以同时部署多个虚拟机。并行部署技术不同于传统的顺序部署，可以在不同物理机器上执行多个任务，成倍地减少部署所需要的时间，但网络带宽的限制会对文件存储服务器的部署产生影响。协同部署技术能够将物理机的虚拟影响传输至网络，改变了服务器和部署对象间传输的模式，大大提高了部署速度。

3. 资源调度

资源调度是一种资源分配的过程。它是云计算对大数据的调拨和使用。在资源调度过程中，用户对应相应的计算任务。每一个计算任务存在于相应的操作系统。实现资源调度计算任务一般有两种方式。一是直接在计算机上分配它的计算任务；二是直接将任务分配给其他机器。

云计算的关键环节是资源的调度。云计算通过大量的计算实现对数据库中所有资源的调度和分配。这种调度和分配可以有效地利用数据资源，充分发挥异构资源的优势，还可以更好地提高系统的容错性，提升服务质量。

三、人工智能技术

（一）人工智能简介

人工智能技术简称 AI 技术，于 1956 年由麦卡西（人工智能之父）提出。人工智能技术是混合了计算机、控制理论、信息传播学、神经学、心理学、哲学、语言文字学等多种理论的一种边缘性学科。但是对于人工智能技术，至今还没有一个全球认可的统一描述。

通常认为，人工智能是一种通过机器体现人类智慧的行为。

从当前的发展形势来看，人工智能技术可分为两大类：弱人工智能技术和强人工智能技术。其中，弱人工智能技术是一种被动的技术，一般是指给机器一种事先设计好的固定程序或指令，机器只能对一定的外部刺激做出固定的相关反应，没有思考、发展和改变的能力。

而强人工智能技术则会产生自我意识，并且这种自我意识会随着外界的刺激或环境的变化而改变，甚至能给出相应的判断。通常强人工智能技术又分为两种。其一，是模仿人类的人工智能技术，这种类型的机器有着和人类极为相似的思考方式和推理模式；其二，是非人类的人工智能技术，这类机器本身拥有知觉和自我意识，同时自身也具有推断能力和思维模式。

当前，由弱人工智能技术转向强人工智能技术已非难事。但是如何全方位评估人工智能技术，如何利用好人工智能技术为我们服务，怎样处理人工智能技术给我们带来的各种问题，也许这才是接下来人类在人工智能技术领域要解决的难题。

（二）人工智能技术的主要应用领域及影响

1. 人工智能技术的主要应用领域

随着技术的提升，人工智能技术的应用领域已经越来越广泛，主要包括专家系统、定理证明、模式识别、机器学习、程序设计、语言处理、解决问题、人工神经网络以及决策系统，等等。随着心理学、数学、哲学、生理学、神经学等学科的发展与相互作用，人工智能技术必然会成为一门综合性非常强的跨领域的学科。

（1）专家系统

专家系统是一种应用前景非常可观的系统。它能够模拟人类某些领域的专家来解决很多复杂的问题。其本质是一种计算机程序系统，通过对人类专家的知识类型和解决问题的方法模式进行复杂的计算和推理，从而给出解决问题的方式。现在已有越来越多的律师、医生、工程师等使用专家系统来辅助工作。

（2）模式识别

模式识别系统通过计算的方法来研究模式的处理和判断，从而使计算机有效地感知声音、文字、图像、振动、温度等信息资料，并通过这些信息资料，做出自身的判断或给出相应的结果。其应用也非常广泛，例如，我们经常用到的在线翻译系统，公共安全案件侦破中的指纹鉴定也离不开它。模式识别系统是智能机器最为关键的突破口，同时也为人类

全面认识自身的智能提供了全新的途径。

（3）自动程序设计及自然语言理解

现在的人工智能已经可以自动编写简单的程序，这些程序在感知到外界的文字材料后，还具备将材料翻译为多种语言的能力。除此以外，人工智能自动程序设计和自然语言理解还能自己发出指令，以此获得知识。

（4）人工神经网络

人工神经网络就是通过对人类大脑结构的研究，将模拟生物神经元的元件进行组合，并且形成相应的网络来代替人脑认识外部世界和进行相关的智能控制。人工神经网络系统目前广泛地应用于识别信号、分析磁共振、分析光谱、研究工程和研究光学信号等方面，还在医学治疗、教育教学中起着越来越重要的作用。

（5）机器人学

机器人学是人工智能应用领域较为热门的门类。机器人在社会的各个方面也正在起到越来越重要的作用，比如工业、农业、国防、旅游、医疗等领域。不过，当前的机器人大多属于弱人工智能技术下的机器人。它们只是按照人类设计好的指令和程序，进行着简单的重复工作。强人工智能下的机器人是当前各国的主要研究方向。这种机器人有自我学习、自我提高和不断变化思维的能力，但也必然会带来伦理问题。

2. 人工智能技术对人类社会的主要影响

当前，人工智能技术已经逐步深入无人驾驶、保安、识别图像、分析股票、军事、太空、生物等领域，对人类社会产生了不可估量的影响，以后这种影响还将逐步深化和扩大。这主要表现在以下四方面：

（1）人类社会整体

人工智能技术是一门综合性的技术。它的发展促进了人与人之间的接触，产生的结果是人类的生活节奏越来越快，劳动生产能力却会降低。

（2）人类社会结构

随着技术的发展，未来一定会有更多的智能机器进入人类社会，智能机器也会代替越来越多的脑力劳动。人驱动机器的社会结构在未来也许会变为人驱动智能机器再由智能机器驱动机器。在这种趋势下，人类必须处理好与智能机器的关系。

（3）社会经济效益

纵观全世界，人工智能技术创造了越来越多的经济效益。专家系统就是一个非常典型的例子。

（4）人类的思维方式和生活方式

例如，智能保姆、智能服务员、智能护士等的出现，使人类社会越来越智能化，给人类的生活增添了很多新鲜的元素。

（三）人工智能在智慧城市中的应用

1.政务智能化

智能政务系统有两大作用：一是做出复杂决策。智能政务系统可以对政府提供的大数据进行分析和演算，从而进行相对复杂的决策。同时它还可以对社会公共事件和社会热点问题存在的潜在风险做出相关的反应和提示；二是成为智能政务助手。政府对重点问题的回应向来是政务工作中的难题，而智能助手则可以突破这一难题。居民可以对智能机器人提出任何的问题，智能机器人可以根据自身数据做出相应的回应而不受时间和数量的限制。

2.交通的智能化

积极构建无人驾驶的交通模式是未来智能交通发展的趋势。未来，无人驾驶的公共交通和智能出租车能够很好地解决交通拥堵、环境污染和停车难问题。同时，由于数据的交换，智能出租车能够较好地避免交通事故的发生。

3.医疗的智能化

医疗智能化是将来城市公共卫生水平提升的主要方向。公共卫生服务的均等化一直是一个难以破解的问题。就我国来看，超大城市或者大城市聚集了较高水平的医疗能力和服务，小城市或者村镇则比较难享受到优质的医疗服务。要破解这一难题，最有效的手段是智能医疗。可复制和可推广是智能医疗的重要特性。比如，某一个智能诊断领域取得突破后，只要利用特定的设备，同等医疗服务就可以完全复制到其他区域。这样那些小城市、村镇等也可以享受到优质的医疗服务。另外，智能医疗的分类系统可以使居民的一般性疾病在家庭社区医院或者基层医院就得到解决，而那些治疗相对困难的疾病则交给医疗资源相对丰富的较大医院来解决，这将极大提高医疗资源的利用率。

4.安全的智能化

当今社会人口和各种资源的流动日趋频繁，安全问题不容忽视。当前，我国很多城市对于公共安全以及流动人口管理一直没有取得重大突破。一个微不足道的突发事件，就很有可能引发整个城市的危机和混乱。近年来，大型城市通过不断增加摄像头和传感器的数量提高管理的能力。但采集的数据量过大，给数据分析造成了很大的压力。因此，城市必

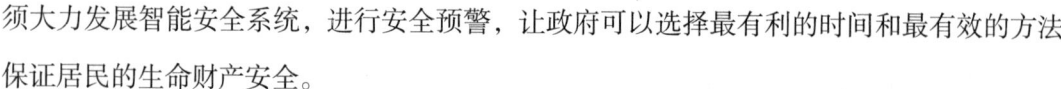

须大力发展智能安全系统，进行安全预警，让政府可以选择最有利的时间和最有效的方法保证居民的生命财产安全。

5. 教育的智能化

在人工智能时代，教育最需要被重新塑造。在未来，教育的两大新兴主题——创新教育和终身教育的规模将会远远超过初等教育、高等教育和幼儿教育等传统教育。其中，创新教育的核心就是智能教育。在 AI 时代，许多简单、标准化的工作都可由智能机器、机器人来完成，这样就大大解放了人类的时间和精力，使人的创新能力和发明能力更容易被激发。另外，在人工智能时代，受教育者可以在任何地方，通过智能化教育平台远程互动来完成教育，而不一定通过现有的教育机制或者教育机构。

四、区块链技术

（一）区块链技术概述

区块链是一个信息技术领域的术语。从本质上讲，它是一个共享数据库，存储于其中的数据或信息，不可伪造、全程留痕、可以追溯、公开透明、集体维护。它使用密码学方法产生数据块，每一个数据块包含网络交易信息，用于验证信息的有效性，然后生成下一个数据块。区块链的最大特点是去中心化。目前中心化的记账方式是，谁的账谁来记，如阿里巴巴负责对钉钉的记账，腾讯负责对 QQ 的记账，百度负责对百度搜索的记账，数据是汇集到网络中心进行处理的。而区块链里没有这样一个中心，数据一旦出现，每个人都可以进行记账，由系统选择最优者将内容记录下来，然后交由所有人备份，系统中的每一个人都有一个完整的账本，然后再产生下一个数据块。

（二）区块链的类型

1. 公有链

公有链是指世界上任何个体或者团体都可加入或退出的区块链，任何人都可以参与链上的数据读写，不存在中心化的服务端。公有链是最早的区块链，也是应用最广泛的区块链，以比特币为代表的虚拟数字货币就是公有区块链。

2. 私有链

私有链，又被称作专有链。这种区块链是专属的，各个节点的写入权限归个人或者企业内部控制，读取权限有选择性地对外开放。目前，私有链的研究尚在摸索之中。

3. 联盟链

联盟链又称为行业链，是由几个不同的机构一起组成的区块链。联盟链中的节点通过契约形式建立信任和共识机制，一般只允许几个组织中的节点访问，但在某些情况下，也会限制性对外开放。

（三）区块链的运行机制

区块链网络是一个分布式网络，在网络中存在众多节点，每一个节点都参与数据维护。当有新的数据加入时，所有节点对数据进行验证，节点间对处理结果达成一致才能将新加入的数据写入各自维护的区块链中，形成新的数据块，目的是让网络中每个节点都拥有一套完全一致的数据记录。交易过程如下：

在一个区块中，包含两种哈希值。哈希值可以理解为数据的一个"指纹"。在区块链中的每个区块都包含了上一个区块的哈希值，所有的区块就依次连成了一条（逻辑上的）链。

如果一个区块上的交易信息被恶意篡改的话，"本区块的哈希值"就会改变。因为下一个区块包含了本区块的哈希值，为了让下一个区块能连接到本区块，就要修改下一个区块。而这又导致下下个、下下下个区块也必须修改。由于区块链本身的计算机制，计算一个区块的哈希值非常困难，修改多个哈希值，会难上加难，这就使得篡改区块链中的交易信息几乎成为不可能，区块链也就具有了不可篡改性。

（四）区块链在智慧城市建设中的广泛应用

1. 金融行业

区块链起源于比特币，因此，金融领域是区块链最早应用的领域。区块链的去中心化、去信任、分布式存储、集体维护等特性使得区块链天然拥有重塑金融领域的基因。在传统意义上，金融领域是中心化程度最高的产业，金融市场中交易双方的信息不对称，使得在交易中存在大量的中介机构，如银行、券商、结算商、咨询商。但金融中介机构在保证金融系统正常运行的同时，也降低了运行效率，增加了运行成本。区块链去中心化的信任机制，彻底改变了金融机构的基础架构。在区块链中，金融资产可以整合到区块链账本中，成为链上的数字资产，代替中介机构。区块链的开放性，使人们可以在链上自动撮合交易，减少了中间环节，这都使其在金融领域中具有广阔的前景。

2. 医疗卫生领域

目前，医疗领域普遍面临着医患关系差、就医体验差、药物研发周期长、医疗资源紧张、保险理赔效率低、伪劣药横行等问题，这主要是由于医疗行业信息不通畅。而区块链技术，可以在保证患者隐私的情况下，将医疗数据上链，解决医疗信息共享问题，从而重建医患关系，提高就医效率，缓解医疗资源，助力医药研发和供应链溯源，打击伪劣产品。

区块链通过创建电子健康记录，也可以解决患者的数字化档案问题，从而颠覆现有的公共健康管理。

3. 政务领域

目前，区块链在政务落地上的应用相对成熟，区块链技术可以用来打破"信息孤岛"、检查政府腐败，提高效率和透明度。从发票、电子票据到司法存证、公益扶贫，区块链技术都有广泛的应用。

另外，区块链技术也可以广泛地应用在教育、能源市场等领域。

第三章 智慧城市总体规划

第一节 智慧城市总体规划目标与原则

一、智慧城市总体规划目标

（一）智慧城市总体规划要求

智慧城市建设以"运营管理中心"信息基础设施建设为起点，以信息基础设施、智慧政务、智慧民生、智慧生态、智慧产业五大重点任务建设和发展为实施主线，突出智慧城市建设的特色和亮点。

一是率先建设城市级"网络融合与安全中心""大数据资源中心""运营管理中心"和"公共信息一级平台"。"运营管理中心"是打通信息壁垒、实现信息互联互通和数据共享交换的信息基础设施。

二是智慧政务，根据智慧城市的特点和现状，以智慧政务大数据规划为重点，以实现智慧政府协同办公平台的网络互联、信息互通，以及人口、法人、经济、政务管理、公共服务等基础数据库的数据共享和交换。建设智慧城市智慧政务大平台、承载、管理与融合智慧城市内涉及行政、政务、民政等管理信息应用系统集成，以实现综合信息资源、数据管理与民生服务高度统一为目标，推动智慧城市政务管理与服务创新，实现"智慧政务"与"智慧服务"的协同，为智慧城市提供更加方便快捷、完善、优质的政务服务和公共服务。

三是智慧民生，智慧城市建设顶层规划，突出以智慧民生为出发点和立足点，以智慧城市、智慧社区、智慧医疗、智慧教育、智慧养老、智慧环境、智慧建筑、智慧停车、智慧商贸、智慧旅游等智慧民生建设为重点。实现城市级的智慧市民卡、智慧健康医疗、智慧教育、智慧安全、智慧交通、智慧应急等行业级信息平台的网络互联、信息互通和数据共享。建设完善的信息惠民和信息消费一体化的智慧民生服务体系。将政务服务、公共服务、商业服务覆盖智慧城市内的社区、园区、家庭和公众。

四是智慧生态，生态环境是智慧城市公众工作和生活的基本条件。以智慧生态、智慧水务、智慧低碳、智慧能源等智慧生态建设为重点，实现与智慧城市级的环境保护、海绵城市、绿色低碳、能耗监测、市政公用事业管理等行业级信息平台的网络互联、信息互通和数据共享。

五是智慧产业，智慧产业是智慧城市经济发展的推动力，须构建智慧城市智慧产业链和生态产业环境，支撑智慧城市智慧企业、智慧产业的可持续发展。以"互联网＋大数据＋智慧产业"发展为导向，大力发展智慧科技、智慧商贸、智慧物流、智慧园区等智慧产业重要领域为重点，实现智慧城市经济与企业转型创新和科学化可持续发展。

（二）智慧城市总体规划要点

智慧城市总体规划是智慧城市建设的总纲领、总目标、总原则、总路线、总框架，是智慧城市实施的思路、方法与应用的指南和标准，涵盖需求分析、可行性研究、体系框架、重点任务、建设方案、计划安排、运营维护和经费预算等，并对智慧城市各实施项目的专项工程规划和工程设计起到指导、规范和约束的作用。

智慧城市顶层规划编制内容，主要回答、体现、描述智慧城市"做什么""怎么做"和"如何做"。通过顶层规划明确智慧城市建设的目标、原则、任务、框架、体系、结构、计划、预算、运维、扩展等内容。

第一，智慧城市"做什么"？

就是从认识论观点出发，通过对涉及智慧城市五大建设目标和"六个一"核心要素，以及国家三部委联合发布的《智慧城市评价指标》，以智慧城市评价指标的共性要求和本地区信息化应用的现状和发展目标，进行需求调研、需求分析、可行性研究，明确智慧城市的建设目标（指标）和实施任务（成果）等内容。

第二，智慧城市"怎么做"？就是应用系统工程方法论的理论，根据智慧城市"做什么"的目标（指标）、实施任务（成果），进一步确定智慧城市系统工程建设的框架、体系、结构、平台、数据、系统、应用，及网络融合、信息互联、数据共享、业务协同的框架体系结构。确定智慧城市建设的总体框架体系结构，以及建设重点任务和专项工程。

第三，智慧城市"如何做"？就是应用实践论的理论，在考察、学习、借鉴智慧城市建设的实践、经验、知识的基础上，确定智慧城市建设的组织架构、阶段性实施任务和实施步骤、系统工程项目实施的阶段划分、各实施阶段和项目建设费用的估算、具体系统工程项目实施的方法和措施、实施的保障体系、验收成果后的评估，以及智慧城市建成平台系统的运行维护和建设成功经验及技术应用的推广与发展等。

二、智慧城市总体规划原则

（一）智慧城市总体规划制订原则

智慧城市总体规划应遵循以下总原则：

（1）推进国家治理体系和治理能力现代化。信息是国家治理的重要依据，要发挥其在这个进程中的重要作用，要以信息化推进国家治理体系和治理能力现代化。

（2）分级分类推进智慧城市建设，打通信息壁垒，构建全国信息资源共享体系，更好地使用信息化手段感知社会态势、畅通沟通渠道、辅助科学决策。

（3）要加强信息基础设施建设，强化信息资源深度整合，打通经济社会发展的信息"大动脉"。

（4）以推行电子政务、建设智慧城市等为抓手，以数据集中和共享为途径，建设全国一体化的国家大数据中心。推进技术融合、业务融合、数据融合，实现跨层级、跨地域、跨系统、跨部门、跨业务的协同管理和服务。

（二）遵循智慧城市建设系统工程方法论

智慧城市建设属开放性复杂巨系统，是多种系统形态、多层次、多重子集、多子系统、多要素应用功能的组合、交叉，是集合的、动态的、开放的、具有反馈环节的、非线性的，包括实体系统和概念系统的复合性社会系统体系；须遵循体系建设规律，运用系统工程方法，构建开放的体系架构；通过"强化共用、整合通用、开放应用"的思想，指导各类智慧城市的建设和发展。智慧城市内涵和要素涉及自然、经济、社会、人文、科技、系统、工程等各个学科领域；同时智慧城市建设具有全局性、系统性、长期性、复杂性、先进性、可持续性的特性，因此，选择正确的规划、路径、实施的方法论至关重要。

智慧城市建设系统工程方法论是研究智慧城市建设的一般规律、一般程序，它高于方法，并指导方法的使用。系统工程方法论可以是哲学层面上的思维方式、思维规律，也可以是操作层面上开展系统工程项目的一般程序，它反映系统工程研究和解决问题的基本思路或模式。智慧城市方法论描述了从总体规划开始到项目运行整个生命周期中的活动秩序，它由重要的活动节点来分隔，分隔点之间的区间称为阶段。通常智慧城市建设全生命周期分为七个阶段：顶层规划（总体方案规划）、专项工程规划（执行项目详细规划）、工程设计（执行项目施工图设计）、项目实施（生产及建造）、验收（分阶段测试）、运营（使用）、提升（可持续扩展）。

智慧城市系统工程方法论应用的原则，就是从综合集成的顶层高度来将智慧城市所涉及的政府、管理、民生、经济目标进行分解、分级、分类，基于总集成目标的数据化与信息化进行组织归类和集成管理。以系统工程结构原理，建立基于智慧城市总集成目标的系统结构体系，构建小系统、大系统、巨系统和复杂巨系统之间关系的分层级和分类型的结构体系。智慧城市系统工程方法论体现在智慧城市框架体系结构的顶层规划，包括总体框架，知识与建设体系，战略级、战役级、战术级信息与数据的体系架构，信息平台结构和数据库结构等方面，是构建智慧城市要素与要素、要素与局部、局部与全局之间的数据与信息的总集合（总集成）的框架体系结构。

（三）以"信息栅格"技术应用为基本原则

"信息栅格"被称为第三代互联网技术，是当今全球网络化、信息化研究和应用的方向。中央网信办在智慧城市"六个一"核心要素中提出："要构建一张天地一体化的城市信息服务栅格网。""信息栅格"是构建在互联网上的一组新兴技术，它将高速互联网、高速计算机、大型数据库、传感器、远程设备等融为一体，提供更多的资源、功能和交互性。"信息栅格"让人们更透明地使用网络、计算、存储等信息资源。

智慧城市"信息栅格"技术框架，基于 SOA 的资源集成框架，以"资源共享策略"和"资源集成架构"为核心。"信息栅格"包含多个组织、信息平台、应用系统及资源的动态集合，是提供灵活、安全、协同的资源共享的一种框架。"信息栅格"技术框架与传统分布式技术框架的根本区别在于资源与节点的关系。"信息栅格"技术框架是将资源与节点分离，而传统的分布式技术框架是将资源与节点绑定在一起。利用"信息栅格"技术框架可以通过以资源为中心来实现更广泛的资源组织和管理，这在传统分布式技术框架中是很难做到的。

智慧城市"信息栅格"的各种元素高度分散在城市的各个行业、业务和应用中，它依托现有的互联网和专用网络基础的各种链路，实现系统中各个单元（节点）的互联，为系统的协同工作提供通路与带宽的保证，同时制定"信息栅格"各元素之间的信息交互标准规范，确保它们之间以相互能够理解的方式交互信息。网络的互联及信息互通的规范是互操作的基础。智慧城市"信息栅格"提供了统一的运行平台、接口标准以及交互流程。实现了不同系统之间的信息互联互通，使得节点之间可以自动完成互操作，保证了整个"信息栅格"系统内部信息的一致性、整体性和完整性。

智慧城市"信息栅格"技术应用体现了分级分类集成的特点,改变了以往树形、集中式、分发式的信息共享方式,取而代之的是按级分布、网状互联、按需索取式的信息共享模式。在智慧城市"信息栅格"中不再强调集中式的信息中心,取而代之的是多中心(网络、数据、运行"运营管理中心")和分布在城市中具有不同行业的多级专业信息中心(二级平台)。这些专业信息中心(二级平台)的访问接口是统一的,所提供的信息也都是经过严格规范的。一方面,传感器、过程数据、应用信息可以把不同种类的信息汇集到专业信息中心(二级平台);另一方面,任何一个栅格节点上的用户都可以按照需求自动访问不同的专业信息中心(二级平台),并将各种来源的信息自动综合为针对某一目标或任务的虚拟化应用与服务。除了按需获取信息以外,还可以按需预定信息。

采用"信息栅格"技术可以实现智慧城市范围内所有信息系统的大集成。集成的范围越大,网络的范围也就越宽,加之信息流量在网络上能够很好地分布,故集成的规模可以任意扩展。同时"信息栅格"采用了动态集成技术,可以任意增加和删除节点,因而集成具有相当大的灵活性。智慧城市"信息栅格"所采用的分级分类集成的信息共享机制,克服了传统信息共享机制的不足和弱点。

(四)构建基于 SOA 资源集成的开放体系架构

框架体系结构技术是构成智慧城市开放性复杂巨系统工程的关键和核心技术。它是智慧城市顶层规划的重要内容,是确定智慧城市总体框架,知识与建设体系,平台与数据结构,平台、数据库、应用系统的组成,各组成部分之间的关系以及系统工程设计与发展的指南和标准;它对智慧城市顶层规划、专项工程规划、工程设计和系统工程项目实施,具有指导性和规范及约束的作用。制定智慧城市总体框架、知识与建设体系、平台与数据库结构及相关领域的发展规划,就要大力推进智慧城市框架体系结构的开发与应用。

智慧城市框架体系结构理念、思路与策略,就是以"信息栅格"技术为支撑,以智慧城市网络融合与安全中心、大数据资源中心、运营管理中心和一、二级平台建设为总体框架,以智慧城市现代化科学的综合管理和便捷有效的民生服务为目标,大力促进政府信息化、城市信息化、社会信息化、企业信息化。建立起智慧城市基础数据管理与存储中心、各级信息平台及各级数据库的智慧城市顶层规划模式。结合智慧城市规划、交通、道路、地下管网、环境、绿化、经济、人口、街道、社区、企业、金融、旅游、商业等各种数据形成一体化统一的云计算与云数据中心,建设智慧城市级的信息互联互通和数据共享交换的超级信息化系统，建立起智慧城市综合社会治理和公共服务要素的城市级一级平台、二级平台专项工程和应用级三级平台及应用系统，如智慧政务、智慧大城管、智慧社区、智慧应急、智慧民生、智慧产业等。

智慧城市基于 SOA 的资源集成架构融于智慧城市框架体系结构之中。智慧城市框架体系结构应满足分级分类，即多平台、多数据库和多重应用的开放性复杂巨系统规划的要求。特别体现智慧城市整个框架体系结构规划中的网络互联、信息互通、数据共享、业务协同，同时遵循"信息栅格"统一规划、统一标准、统一开发、统一部署、统一应用的原则，将消除"信息孤岛"，打通信息壁垒和避免重复建设作为智慧城市项目实施的根本要求。

智慧城市基于 SOA 的资源集成具有以下特点：

1. 采用分级分类结构模式

智慧城市资源集成架构，采用分级集成的模式，从满足整体需求出发，根据系统建设的规划原则和技术路线，以 SOA 面向应用、面向服务、面向数据的系统架构设计方法作指导，重点是共享组件与中间层和平台层的设计创新。协同集成架构将以系统业务服务为核心，形成智慧城市系统集成架构中各层级之间的信息互联互通、各类型数据之间的共享交换、各行业业务之间共融共用的协同。

2. 统一框架结构易于扩展和部署

智慧城市资源集成架构采用统一组件结构，简化了应用服务的结构，避免了因为存在异构的应用服务可能引起的不易集成。采用统一的组件结构封装底层的应用服务，便于将来增加新的应用。采用统一开发的标准接口，易于高层应用服务通过标准接口调用底层应用服务，降低重复开发成本，保证新应用的兼容性和集成性。

3. 统一大数据易于利用

智慧城市资源集成架构基于公共信息一级平台和大数据库体系，以及二级平台专项工程及主题数据库的"信息栅格"节点式集成模式，为决策提供一体化的信息与数据的支撑，满足智慧城市社会与城市综合治理和民生服务的需求。

三、智慧城市新技术应用

智慧城市以"信息栅格"技术为核心应用，基于"信息栅格"开放的体系架构决定了智慧城市网络、数据、信息的基础设施、各级信息平台和各级数据库系统的技术应用。支撑智慧城市一级平台、二级平台专项工程、三级平台（含应用系统）、一级大数据、二级业务主题数据库、三级应用数据库的顶层规划、专项工程规划、工程设计的先进性、安全性、经济性和可靠性。

智慧城市新技术应用，以智慧城市信息体系与功能体系决定各级信息平台和各级数据库系统的构成和应用。统一智慧城市标准体系，全面指导、规范和约束智慧城市信息基础设施、分级分类信息平台、分级分类数据库系统的组成、技术应用和网络与信息安全等。智慧城市新技术应用，应选择成熟、实用、主流的技术，以目前国际上先进的"信息栅格"技术、云计算技术、大数据技术、物联网技术、移动通信技术、自动化技术、人工智能技术、地理空间信息（GIS）和建筑信息模型（BIM）可视化技术等构成智慧城市新技术应用体系。

（一）"信息栅格"技术应用

21 世纪由于互联网科技的高速发展，人们面临的是一个信息爆炸的时代，各种信息成指数地快速增长，而现时的互联网上的信息服务器只能分别独立地面对用户，相互之间不能进行信息交流和融合，就好像一个个孤立的小岛。信息的特点与物质和能量不同，信息不会因为使用量和用户的增加而被消耗，因此如果将信息当成物质和能量一样使用，把信息局限在一个个孤岛范围里，就会造成极大的浪费。"信息栅格"（IG）是 20 世纪 90 年代中期发展起来的下一代互联网科技。"信息栅格"技术的核心就是能对现有互联网进行良好应用和管理，消除"信息孤岛"。"信息栅格"将分散在不同地理位置上的资源虚拟为一个空前的、强大的、复杂的、巨大的"单一系统"，以实现网络、计算、存储、数据、信息、平台、软件、知识和专家等资源的互联互通和全面的共享，从而大大提高资源的利用率，使得用户获得前所未有的互联网应用能力。

第一代互联网实现了计算机硬件的连通；第二代互联网实现了网页的互联；而第三代互联网的栅格则试图实现网上所有资源全面的互联互通，其主要特点是不仅包括计算机和网页，而且包括各种信息资源。被称为第三代互联网的"信息栅格"技术是当今全球研究和应用的热点。

"信息栅格"已成为人类社会至今为止最强的互联网的应用"工具"，它支持各种信息平台、数据库系统、应用功能、应用软件和程序系统综合集成为"单一"平台和技术设施。包括支持信息系统综合集成的网络平台、数据平台、信息平台、共性基础设施、基础共性软件等。"信息栅格"是在信息技术和互联网技术迅速发展的背景下，基于网络化技术推进国家信息化、国防信息化、城市信息化建设的新概念、新模式、新科技、新举措。

"信息栅格"技术应用的特点就是利用现有的网络基础设施、协议规范、互联网技术和数据库技术，为用户提供一体化的智能信息集成平台。在这个平台上，信息的处理是分布式、协作式和智能化的，用户可以通过单一入口访问所有信息。"信息栅格"追求的最终目标是能够做到让用户按需获取信息和服务。"信息栅格"的核心技术是：如何描述信息、存储信息、发布信息和查找信息；如何将异构平台、不同格式、不同语义的信息进行规范和转换，从而实现信息无障碍交换；如何将"信息栅"格环境中众多的服务功能，按照用户的需求进行有机集成，形成自动完成的工作流程，向用户提供一步到位的服务。要利用"信息栅格"技术运行手段和策略来整合现有资源，解决信息平台及数据库系统建设中资源共享与协同工作难、信息壁垒、重复建设和资源浪费严重的问题，实现信息平台及数据库系统之间相关信息与数据的共享、交换、协同。

"信息栅格"是一种信息基础设施，它包含所有与信息和数据相关的网络及通信设施、计算机设备、感知传感器、数据存储器和各种信息平台及数据库系统。"信息栅格"技术应用的技术特征主要体现在网络自动融合、分布式、按需获取信息、实现机器之间的互操作等方面。在"信息栅格"技术的支撑下，智慧城市可以开发出各种分级分类的信息平台和数据库系统，如智慧城市公共信息一级平台、行业级二级平台、业务级三级平台，一级大数据库、二级主题数据库、三级应用数据库等。"信息栅格"一体化综合资源集成 SOA 开放的体系架构是智慧城市"信息栅格"技术应用的核心。"信息栅格"开放的体系架构将分布于智慧城市"信息栅格"的各个节点，集成为一个统一的互联、互通、共享、协同的复杂巨系统。

（二）云计算技术应用

智慧城市云计算技术应用，将智慧城市一级平台和二级平台专项工程的软硬件统一部署在云平台上；将智慧城市一级平台和二级平台专项工程的软硬件设备虚拟化、集群化、大数据化；通过对云平台的一级平台、二级平台软硬件资源的网络池化、服务器池化、数据存储池化的统一平台集成为一个相互关联、完整和协调的信息基础设施运行与管理的大系统。

智慧城市采用云处理技术应用，将一级、二级平台数据存储与处理资源池化，既可以在一套硬件资源中虚拟出多套操作系统，达到硬件资源的充分利用，也可以将多台硬件设备虚拟成为一台存储或处理性能更加强大的平台。云处理虚拟化包括桌面虚拟化以及服务器虚拟化云计算技术应用。

智慧城市云存储技术应用，包括一级平台大数据库、二级平台城市基础设施监控与管理主题数据库、城市地下管线监控与管理主题数据库、城市社会民生服务主题数据库、城市基础设施可视化应用主题数据库。实现了集中云存储与分布式各应用系统数据库的结合，通过 BIM+3DGIS 方式可快速查询和调用智慧城市一级平台、二级平台专项工程和各应用系统数据，并实现存储、优化、共享、应用，以及以网络浏览器方式快速连接和接管各业务及监控系统的浏览、查询和互操作界面。

（三）大数据技术应用

智慧城市大数据技术应用，建立了多种形式的数据库系统，如一级平台大数据库、二级平台专项工程主题数据库及各三级应用系统数据库等。各级数据库应实现数据的共享和交换。智慧城市大数据库通过电子政务外网，实现与智慧城市各主题数据库的数据共享和交换。智慧城市业务级主题数据库与各应用系统数据库可通过互联网、无线网、智能化物联网实现数据的共享和交换。

智慧城市统一平台采用大数据技术应用，将各应用系统监控、管理、服务运行过程所产生的过程数据进行分类，对分散及重复的数据进行筛选、清洗、抽取、汇总，建立过程数据与管理信息间的逻辑关联并存入业务级二级主题数据库。对主题数据库再经过进一步的挖掘和分析，进而形成对智慧城市监控与管理有价值的知识数据，并存入一级平台大数据库。智慧城市监控与管理知识数据应用于智慧城市的业务协同和决策管理。

（四）物联网技术应用

智慧城市物联网技术应用，建立以物联网平台为核心的基础设施监控智能化感知物联网络，实现与互联网、城市无线网、业务办公网、工业以太网、各类监控感知网（现场总线）的互联互通。通过分布的智慧城市三级应用系统监控与管理系统，实现对各类基础设施感知传感信息的采集和传输、监控节能过限报警与突发事故的应急处置的协同指挥调度。

智慧城市物联网技术应用，通过射频识别（RFID）、红外感应器、全球定位系统、激光扫描器等信息传感设备，按照统一的通信标准协议，实现对各类基础设施的智能化识别、定位、跟踪、监控和管理。各类地下管网应部署具有感知能力的流量、压力等智能传感器，监测管网管道内气液体的压力、流量、流速、温度等各种运行参数，以及过压、过温、过流、泄漏等报警信号。通过智能化物联网获取和传输地下管网运行的实时信息。

（五）无线通信技术应用

智慧城市无线通信技术应用，建立了多种形式的无线网络、互联网、电信网、物联网、控制网、感知网之间的互联互通。结合智慧城市无线网络，可提供智慧城市基础设施监控系统内嵌感知传感器、智能终端等设备监控信息的无线通信服务。无线通信技术应用包括

4G／5G、蓝牙、Wi-Fi、GPS、LTE 以及 WiMax 等，使智能传感器、智能终端、智能控制器具有无线通信的能力，实现对智慧城市基础设施中各类智能设备的可移动、可遥控、可集群管控。

（六）自动化技术应用

自动化技术，是指在人类的生产、生活和管理的一切过程中，通过采用一定的技术装置和策略，仅用较少的人工干预甚至做到没有人工干预，就能使系统达到预期目的的过程，从而减少和减轻人的体力和脑力劳动，提高了工作效率、效益和效果。由此可见，自动化几乎涉及人类活动的所有领域。

（七）人工智能技术应用

人工智能（AI）是研究、开发用于模拟、延伸和扩展人的智能的知识、方法、技术及应用系统的一门新兴技术科学。人工智能是计算机科学的一个分支，可生产出一种新的能以类似于人类智能的方式做出反应的智能机器，该领域的研究包括机器人、语言识别、图像识别、自然语言处理、机器深度学习和专家系统等。人工智能从诞生以来，其理论和技术日益成熟，应用领域也不断扩大，可以设想，未来人工智能带来的科技产品，将会是人类智慧的"容器"。人工智能可以实现人的意识、思维信息过程的模拟。

（八）地理空间信息（GIS）技术应用

智慧城市 GIS 技术应用，将相互关联又彼此独立的基础设施监控与管理应用系统、现场监测管理控制器、功能模块、装置（部件）进行组合和集成。采用 GIS 技术可实现对智慧城市基础设施监控与管理数据及信息的获取、存储、显示、编辑、处理、分析、输出和应用等功能。

智慧城市 GIS 技术应用，是一个基于数据库管理系统（DBMS）的分析和管理空间对象的信息系统。以地理空间数据为操作对象，以三维图形方式展现和标绘智慧城市基础设施监控与管理的数据和信息。

智慧城市 GIS 技术应用，以地理空间数据库为基础，在计算机软硬件的支持下，运用系统工程和信息科学的理论，科学管理和综合分析具有空间内涵的地理数据。实现统一时空基准、二三维一体化、室外室内一体化、地上地下一体化、静态与动态信息一体化、时空多媒体信息一体化等功能，以提供智慧城市基础设施监控、管理、决策等所需信息的可视化和技术的支撑。

（九）建筑信息模型（BIM）技术应用

BIM 是基于三维模型的一种信息可视化共享展示技术，以智慧城市监控与管理相关数据和信息作为模型分析展现的基础进行模型的建立，模拟监控与管理所具有的真实数据与信息。其允许智慧城市基础设施在设计、建设、维护的不同阶段信息在 BIM 中插入、提取、更新、修改、展示，支持和反映各自职责范围内信息的可视化展示和查询。在智慧城市基础设施建设过程中作为服务对象，BIM 须具备模型信息的完整性、关联性、一致性，满足信息数据互换的要求，具有可视化、协调性、模拟性、优化性和可展示的特点。

智慧城市基础设施的设计、建设、维护、改建应用 BIM 技术，可提升和优化工程质量、成本以及工期。管线 BIM 的实施应以基础设施设计和建设阶段的 B1M 可视化设计为前提。在智慧城市地下管线设计阶段，二维图纸无法充分表达管道立体的情况，即可利用三维 BIM 设计对规模大、功能复杂、项目净高要求高、管网结构复杂的情况进行三维模型的设计，解决与管道结构专业的配合问题。对设计后的图纸进行防碰撞校验和各专业管线配合检查，碰撞信息可反馈给设计及时做出调整，从而避免由管道管线碰撞而引起的拆装、返工及浪费。智慧城市基础设施监控系统运行时，基于 BIM 的信息可视化展示功能，应考虑采用实现 BIM 动态规模一体化的应用。通过三维动态模型可直观显示地下管线内气液体监控、检测及视频图像，显示管网监控点位置、数据和状态。

第二节　智慧城市架构与体系规划

一、智慧城市架构规划

（一）智慧城市总体架构规划

智慧城市总体框架以智慧城市"六个一"，以及构建一个"开放的框架体系结构"为核心要素。要充分认识到智慧城市是一个复杂巨系统，须遵循体系建设规律，运用系统工程方法论，构建开放的框架体系，通过"强化共用、整合通用、开放应用"的思想，指导智慧城市的建设和发展。

智慧城市总体框架顶层规划，就是以信息技术为支撑，以智慧城市"运营管理中心"

和二级平台专项工程建设为中心，以智慧城市现代化的、科学的综合管理和便捷有效的民生服务为目标，大力促进智慧城市政府智慧政务、智慧城市社会治理化、智慧民生、智慧企业经济的发展。结合智慧城市在新城区的规划、安全、交通、道路、海绵城市、综合管廊、环境、绿化、经济、人口、街道、社区、企业、金融、旅游、商业等各种数据形成一体化统一的网络融合与安全中心、大数据资源中心、运营管理中心，建设智慧城市信息互联互通和数据共享交换的公共信息一级平台，建立起智慧城市综合社会治理和公共民生服务要素的数字化与智能化二级平台专项工程。

智慧城市采用面向资源集成的技术架构（SOA），使用广泛接受的标准（如 XML 和 SOAP）和松耦合设计模式。基于 SOA 的技术架构和开放标准将有利于整合来自相关系统的信息资源，并对将来与新建第三方系统平台应用和信息资源进行整合提供手段，构建易于扩展和可伸缩的弹性系统。

智慧城市总体框架的构成有以下十个方面：

1. 网络层

包括互联网、电子政务外网、无线网络、物联网。

2. 基础设施层

包括云平台、云数据、应用软件、信息与数据机房、基础设施、其他设备等。

3. 云数据层

包括应用数据库、主题数据库、大数据库。

4. 云组件虚拟服务器层

主要由两个层次构成，包括支撑云组件层和基于 SOA 架构基础中间件层。云支撑组件由七个部分组成：数据交换组件、统一认证组件、门户组件、报表组件、系统管理组件、资源管理组件和分析（OLAP）展现组件。

（1）数据交换组件提供了数据适配器、数据组件、路由管理、配置工具等应用支撑服务。

（2）统一认证组件提供了身份管理、认证管理、日志管理、登录管理等支撑服务。

（3）门户组件提供门户网站模板、内容管理、展现组件、协同办公等应用支撑服务。

（4）报表组件提供了报表订制、统计分析、展现管理、报表管理应用支撑服务。

（5）系统管理组件提供了权限管理、日志管理、配置管理、接口管理等系统管理的应用支撑服务。

（6）资源管理组件提供了数据分类、目录管理、标准管理、编码管理、元数据等应用支撑服务。

（7）分析（OLAP）展现组件提供模型管理、模型构建、展现组件、数据连接等应用支撑服务。

基于 SOA 资源集成架构的中间件包括 MOM J2EE、LDAP、ESB、PORTAL 等基础运行支撑环境。

5. 平台

由城市级一级平台、二级平台专项工程、应用级三级系统组成。

6. 展现层

提供了智慧城市统一平台应用门户（含 APP），为用户进行信息查询和信息互动提供统一的入口和展示。

7. 标准与规范体系层

标准与规范层包含了系统的标准规范体系内容。

8. 法律法规系列标准体系层

法律法规系列标准体系贯彻于整个体系架构，是整个项目建设的基础，并指导其他平台系统的建设。

9. 运营及管理维护体系层

智慧城市"一级平台"的两个支柱之一，贯穿于整个体系架构各层的建设过程中，并指导其他平台系统的建设。

10. 网络与信息安全体系层

智慧城市总体框架的安全规范，并指导其他平台系统的建设。

（二）智慧城市业务架构规划

智慧城市一体化整合业务平台在智慧城市治理与服务运行中的作用至关重要，即须通过智慧城市各级信息平台的互联、集成、共享、应用，实现科学和合理的深度综合开发和高效集成应用智慧城市信息资源。

1. 城市级一级业务平台

城市级一级业务架构或称城市级公共信息平台，是智慧城市最顶层的信息交互和数据共享的平台，由政府信息、城市治理信息、社会民生信息、企业经济信息的各行业级二级架构组成。能够实现城市级一级业务架构与各行业级二级业务架构和三级业务架构之间的信息互联互通和数据共享，促进智慧城市信息资源的开发与利用。避免在一个城市范围内政府各部门之间，政府与社会、企业、公众之间形成"信息孤岛"，造成网络融合、信息交互、数据共享、业务协同各方面的障碍和瓶颈以及信息资源的浪费。

2. 行业级二级业务平台

行业级二级业务平台架构，分别由政府信息化、城市治理信息化、社会民生信息化、企业经济信息化各业务信息平台及应用级应用平台（系统）组成。各行业级二级业务架构平台通过信息、系统、网络集成和通信协议接口，实现与城市级一级业务架构的信息互联互通和数据共享交换。行业级二级业务架构平台同时实现对应用级三级业务架构（系统）的信息与数据的汇集、存储、交互、优化、发布、浏览、显示、操作、查询、下载、打印等功能。

3. 应用级三级业务平台

应用级三级业务平台（系统）架构是各行业级二级业务平台架构信息管理、应用和功能的底层平台，提供所属各应用系统在执行任务和实现功能过程中所需的信息和数据。应用级三级业务架构（系统），以实现确定的应用功能，将相互关联又彼此独立的子系统、功能模块、装置（部件）进行组合和集成，按一定秩序和内部联系集成为一个可应用的功能系统。

智慧城市运用"信息栅格"开放的体系架构，采用"以平台为中心"的分级分类的总体结构，以城市级一级业务架构平台为核心，形成与行业级二级业务架构平台、应用级三级业务架构平台的分级和政府政务、城市社会治理、社会民生、企业经济的分类的数据与信息紧密相连的智慧化信息应用的整体，全面提升智慧城市高效、互联、共享、协同管理与服务的能力。智慧城市大平台的分级分类架构体系，可以有效消除"信息孤岛"、打通信息壁垒和避免重复建设，大大降低投资成本和缩短智慧城市建设周期。智慧城市三级业务平台架构，完美体现了智慧城市信息化与智能化建设的蓝图。

（三）智慧城市数据架构规划

智慧城市大数据资源的开发和综合应用已经成为智慧城市规划与建设的核心需求。智慧城市大数据通过对政府政务、城市治理、社会民生、企业经济的管理、服务、生活、生产运行中所产生的海量、重复、无关联的过程数据，经过数据采集、清洗、抽取、汇集、挖掘、分析后，获取具有经验、知识、智能、价值的数据和信息。智慧城市大数据具有全局性、战略性、决策性的特点。

形成政务数据共享交换和数据服务体系，实现政务数据资源的高效采集、有效整合，政务数据共享开放及社会大数据融合应用取得突破性进展，形成以数据为支撑的治理能力，提升宏观调控、市场监管、社会治理和公共服务的精准性和有效性。智慧城市共享交换大数据运用"信息栅格"开放的体系架构，以"智慧城市大数据资源共享交换平台"为中心的分级分类的总体结构，以城市级一级大数据为核心，形成与行业级二级主题数据库、应用级三级数据库的分级和政府政务、城市社会治理、社会民生、企业经济的政务数据资源与社会数据资源的分类数据与信息紧密相连的一体化大数据开发应用的整体。

1. 城市级一级大数据库

智慧城市一级大数据由知识类数据构成，知识类数据也可称为概念数据。城市级大数据库由人口基础数据库、法人基础数据库、宏观经济基础数据库、地理信息基础数据库、电子政务基础数据库、智慧民生基础数据库、智慧治理基础数据库、智慧企业经济基础数据库八大基础数据库构成，并汇集各相应行业级二级业务平台主题数据库数据资源，将与智慧城市综合管理与公共服务具有全局性、战略性、决策性相关联的数据，经数据挖掘和智能分析后汇集到城市级一级业务平台大数据库中。支撑智慧城市决策管理和优化服务的数据也可称为城市级大数据库之知识类数据。

2. 行业级二级主题数据库

智慧城市行业级二级主题数据库由经验类数据构成，经验类数据也可称为逻辑数据。其从应用系统数据库中，将与本行业二级业务平台管理和服务有关联的数据，经数据清洗、抽取和加工后汇集到行业级主题数据库中。由于其支撑行业管理与服务，是建立相互之间逻辑关系的数据，故又被称为行业级主题数据库的经验类数据。

3. 应用级三级业务数据库

智慧城市应用级三级数据库由过程类数据构成，过程类数据也可称为物理数据，由在管理、服务、生活、生产现场应用系统运行和控制、生产等过程所产生的大量分散、重复和无关联性的，由内部模式描述的操作处理的位串、字符和字组成。过程类数据是用于生产和运营加工的对象。

（四）智慧城市网络架构规划

建设智慧城市安全可控大网络要遵循新型智慧城市"六个一"核心要素中的关于"构建共性基础一张网，实现城市的精确感知、信息系统的互联互通和惠民服务的无处不在，要构建一张天地一体化的城市信息服务栅格网，夯实新型智慧城市建设基础"的要求，实现电子政务外网、公共互联网（包括电信、移动、联通等运营商网络）、新型智慧城市辖区内无线网、物联网（包括公安视频专网）之间的网络互联和传输信息及数据的互通，以及网络与信息的安全保障。新型智慧城市"网络融合与安全中心"的建立，是实现政府各部门之间办公协同，以及政府与社会、企业、公众之间信息的互通和数据资源共享的网络融合与统一集中的安全防护体系。凡不需要在电子政务涉密内网上运行的业务系统和政务公开信息及数据，以及社会民生的行业应用都应通过"网络融合与安全中心"进行互联、交换、共享，同时对互联网公众提供政务和公共信息的发布、展示和应用服务。

1. 网络融合

智慧城市安全可控大网络能够实现对不同厂家、不同类型的传输、业务应用设备进行统一管理，在内外网之间构建单向传输光闸物理隔离，通过统一网管平台实现业务管理、安全管理、路由管理、配置管理、物联网管理、流量管理、故障管理、运维管理，实现网络融合与自动化监测和高度的网络互联与集成，提供高质量业务分级的 QoS 保障。承载综合网络语音、数据、视频、多媒体、无线（3G、4G、5G、Wi-Fi）等网络的互联和网络传输数据与信息的互通。

2. 网络安全

智慧城市安全可控大网络满足《政务云安全要求》的规范和要求，按照国家第三级等级保护的要求进行建设。其采用万兆自免疫防火墙、单方向传输光网闸物理隔离、万兆入侵检测（IDS）、安全扫描、互联网接入口检测、账号集中管理与安全审计、数据库审计、数据库运维管理、数字证书及统一身份认证、智能安全管控（SOC）、虚拟化 Web 应用防护（WAF）、大数据安全综合管理、万兆防病毒网关等，构建全方位立体化，多手段、多技术的信息与网络安全防护体系。

（五）智慧城市系统集成架构规划

智慧城市规划和建设的过程就是建立信息互联互通、数据共享交换、业务功能协同的过程。智慧城市大数据、大平台、大网络、大系统是智慧城市信息化建设的一个整体。大数据是大平台的信息源和提供有价值知识数据的支撑；大平台提供大数据的加工、处理、应用、展现与共享的环境；大网络是信息与数据传输的通道和安全保障；大系统是信息互联互通和数据共享交换的基础设施。智慧城市大系统结构体现了数据、信息、网络相互之间的物理与逻辑互联互通的关系和应用及功能协同的关系。

智慧城市系统集成，以跨部门、跨地区协同治理大系统协同联动为智慧城市建设的主要形态，要建成执政能力、民主法治、综合调控、市场监管、公共服务、公共安全等大数据共享的大系统工程，形成协同治理新格局，满足跨部门、跨地区综合调控、协同治理、一体服务需要。协同联动大系统分级分类结构，由城市级信息共享一级业务平台、行业级二级业务平台、应用级三级平台、城市级大数据库、行业级主题数据库、应用级数据库，以及互联网、无线网、政务外网、政务内网共同构成。

（六）智慧城市应用架构规划

智慧城市应用架构采用统一组件（封装）结构，简化了应用的结构，避免了因为存在不同的应用结构所可能引起的不易集成。采用统一组件结构，使得将来容易增加新的应用。统一开发新应用，可以降低开发成本，保证应用的兼容性和集成性。

智慧城市应用架构的规划强调标准化、平台化、组件化。总体业务结构主要反映系统的业务功能结构，描述一级业务平台与二级业务平台中主要业务系统平台间的相互作用关系。智慧城市总体业务结构共分为三大部分：智慧城市公共信息应用门户、智慧城市一级业务平台业务应用和智慧城市行业级二级业务平台架构业务应用。

1. 智慧城市城区级应用门户

智慧城市城区级应用门户提供了信息发布和信息交换等功能，并将管理平台业务应用系统集中到管理网站中。

2. 智慧城市一级业务应用

智慧城市信息采集共享一级业务平台业务应用，包含信息与系统集成、统一数据管理、统一认证、数据交换分析、管理和数据加工等。这些业务应用构成了用户进行具体业务操作的应用支持。

3. 智慧城市二级业务应用

智慧城市二级业务平台业务应用，由数据的来源系统和未来可能进行数据交换的系统构成。包括城市综合管理平台、应急指挥平台和电子政务应用平台等。

（七）智慧城市逻辑架构规划

智慧城市总体逻辑架构描述应用系统的组成结构，反映了满足应用系统业务和系统需要的软件系统结构，明确了应用系统的基本构成及功能。

1. 总体逻辑架构

（1）数据库系统智慧城市一级业务平台

数据资源主要来源于行业级二级业务平台业务应用系统和其他业务系统的数据交换，

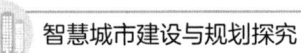

包括数据整理数据库、业务数据库、数据交换数据库等。

（2）数据交换平台

基于 EBS 技术提供了与智慧城市行业级二级业务平台及其他相关应用系统间数据交换的接口管理和交换实现。

（3）智慧城市一级平台业务应用

业务应用进行相应的业务操作和业务管理，并进行数据分析和数据抽取。

（4）总体逻辑架构优于智慧城市一级平台

采用基于浏览器门户、应用服务器和数据库的三层架构。该种架构目前已经成为业界开发应用系统的主流模式。在这种架构模式下，整个系统的资源分配、业务逻辑组件的部署和动态加载、数据库操作等工作均集中于中间层的应用服务器上，能够实现系统的快速部署，降低管理成本。

2. 总体逻辑架构特点

在面向服务的体系结构中，总体逻辑架构提供了实现的透明性，并将基础设施和现实发生的改变所带来的影响降到最低。通过提供针对基于完全不同的应用系统构建的现有信息与数据资源的服务规范，集成变得更加易于管理。

（八）智慧城市接口架构规划

智慧城市总体架构是基于 SOA 资源集成的规划思路，各系统内部通过 ESB 总线实现信息集成整合。系统接口关系从总体上可以分为智慧城市信息共享一级业务平台和智慧城市行业级二级业务平台，及业务应用系统之间和相关系统之间的交换。

智慧城市平台系统可以分为公共信息应用门户、数据抽取和数据管理、智慧城市一级业务平台业务应用、基于 ESB 的基础服务中间件、基础应用支撑、交换数据库和共享数据库、业务数据库和多媒体数据库、智慧城市二级业务平台业务应用系统等几大逻辑系统部分。各逻辑系统部分均通过接口调用基于 ESB 的基础服务中间件的相关接口与其他系统相应的业务交互和信息交换，因此，平台系统的总体接口即为基于 ESB 的基础服务中间件所开放的公共接口，该公共接口是构成智慧城市一级业务平台的总体接口。可以采用多种形式的接口标准，支持基于栅格技术应用的服务封装接口等。

（九）智慧城市基础设施架构规划

智慧城市信息基础设施建设遵循新型智慧城市建设六大核心要素，将"信息栅格"技术应用于智慧城市。通过"天地一张栅格网"构成一个"虚拟化的复杂巨系统",实现网络资源、计算资源、存储资源、数据资源、信息资源、平台资源、软件资源、知识资源、专家资源等的全面共享共用。智慧城市信息基础设施主要由"网络融合与安全中心""大数据资源中心""运营管理中心",以及"信息共享一级业务平台"组成,即信息基础设施是信息与系统集成基础设施的应用创新。

二、智慧城市体系规划

(一)智慧城市安全体系规划

智慧城市安全体系,包括以下要素:

1. 树立正确的网络安全观

当今的网络安全,有五个主要特点:一是网络安全是整体的而不是割裂的。在信息时代,网络安全对国家安全牵一发而动全身,同许多其他方面的安全都有着密切关系。二是网络安全是动态的而不是静态的。信息技术变化越来越快,过去分散独立的网络变得高度关联、相互依赖,网络安全的威胁来源和攻击手段不断变化,那种依靠装几个安全设备和安全软件就想永保安全的想法已不合时宜,要树立动态、综合的防护理念。三是网络安全是开放的而不是封闭的。只有立足开放环境,加强对外交流、合作、互动、博弈,吸收先进技术,网络安全水平才会不断提高。四是网络安全是相对的而不是绝对的。没有绝对安全,要立足基本国情保安全,避免不计成本追求绝对安全,那样不仅会背上沉重负担,甚至可能顾此失彼。五是网络安全是共同的而不是孤立的。网络安全为人民,网络安全靠人民,维护网络安全是全社会共同的责任,需要政府、企业、社会组织、广大网民共同参与,共筑网络安全防线。

2. 信息基础设施安全保障

金融、能源、电力、通信、交通等领域的关键信息基础设施是经济社会运行的神经中枢,是网络安全的重中之重,也是可能遭到重点攻击的目标。"物理隔离"防线可被跨网入侵、电力调配指令可被恶意篡改、金融交易信息可被窃取,这些都是重大风险隐患。不出问题则已,一出就可能导致交通中断、金融紊乱、电力瘫痪等问题发生,具有很大的破坏性和杀伤力。我们必须深入研究,采取有效措施,切实做好国家关键信息基础设施安全防护。

3. 全天候全方位感知网络安全监控

知己知彼,百战不殆。必须意识到安全风险是最大的风险。网络安全风险具有很强的隐蔽性，一个技术漏洞、安全风险可能隐藏几年都发现不了，结果是"谁进来了不知道、是敌是友不知道、干了什么不知道"，长期"潜伏"在里面，一旦有事就发作了。维护网络安全，首先要知道风险在哪里、是什么样的风险、什么时候发生风险，正所谓"聪者听于无声，明者见于未形"。感知网络安全态势是最基本、最基础的工作。要全面加强网络安全检查，摸清家底、认清风险、找出漏洞、通报结果、督促整改；要建立统一高效的网络安全风险报告机制、情报共享机制、研判处置机制，准确把握网络安全风险发生的规律、动向、趋势；要建立政府和企业网络安全信息共享机制，把企业掌握的大量网络安全信息用起来，龙头企业要带头参加这个机制。在数据开放、信息共享方面要加强论证，发挥 1+1 大于 2 的效应，以综合运用各方面掌握的数据资源，加强大数据挖掘分析，更好地感知网络安全态势，做好风险防范。

4.增强网络安全防御能力和威慑能力

网络安全的本质在对抗，对抗的本质在攻防两端能力的较量。要落实网络安全责任制，制定网络安全标准，明确保护对象、保护层级、保护措施。哪些方面要重兵把守、严防死守，哪些方面由地方政府保障、适度防范，哪些方面由市场力量防护，都要有本清清楚楚的账。人家用的是飞机大炮，我们这里还用大刀长矛，那是不行的，攻防力量要对等，要以技术对技术，以技术管技术，做到魔高一尺，道高一丈。

（二）智慧城市标准体系规划

智慧城市建设总体设计是智慧城市建设的起始点，是智慧城市建设思路、策略和实施行动的总路线。智慧城市总体设计引用文件和系列标准则是智慧城市总体设计的"顶"，是智慧城市科学化、集约化、可持续建设的基础。

智慧城市建设是一个复杂巨系统工程，所涵盖的范围之大、体系之复杂、系统类型之多、应用及功能之广，不是一般管理信息系统（MIS）可以比拟的。建立智慧城市标准体系的目的，就是从标准的角度确定智慧城市管理与服务的信息架构、分类与集成，以及信息平台及应用系统的信息属性、边界、接口和应用。以往一些智慧城市建设失败的教训，就是由于没有通过智慧城市标准体系来指导和规范智慧城市总体设计及应用系统的设计，没有从智慧城市信息互联互通和数据共享交换这一根本原则的顶层高度来考虑，更不具备从信息集成、系统集成、软件集成、应用集成等实际需求出发的基本认识，而忽略了智慧城市标准体系规划这项基本而重要的工作所造成的。

如果没有科学的和全面的智慧城市标准体系规划，将会导致智慧城市各领域、各行业、各业务、各应用信息平台及应用系统在整个信息体系中的逻辑位置和相互之间信息需求的不明确，信息平台与应用系统的边界不清晰，各信息平台与应用系统在系统及信息集成时的通信接口方式不确定。这也是为什么一些智慧城市建立了那么多的"信息孤岛"，业务应用功能重复叠加，不但影响了信息资源的合理利用，也造成了智慧城市建设成本大大增加，以及城市可用信息资源的浪费。

智慧城市标准体系可采用深圳市地方团体标准《智慧城市系列标准》。《智慧城市系列标准》由四级四类标准构成，这四类标准之间存在相互之间的关联性、信息与数据接口的一致性、技术应用的统一性、应用与功能的协同性。

第一级：指导类标准，由"指南"等组成，对智慧城市行业信息化建设和总体设计具有指导性的作用。

第二级：规范类标准，由"实施规范""规划导则"等组成，对智慧城市行业或业务平台规划与设计具有规范性和约束性的作用。

第三级：应用类标准，由"设计规范""应用导则"等组成，对智慧城市业务信息化应用系统的工程设计具有规范性和约束性的作用。

第四级：技术类标准，由"技术标准""技术要求"等组成，是对智慧城市应用系统的产品选型提供标准化和技术要求的规范。

（三）智慧城市信息与数据体系规划

随着智慧城市信息化的深入推进，信息资源规划在智慧城市运行中的作用日益重要，信息资源的深度开发和综合利用已经成为智慧城市建设的核心内容。信息管理的过程已经经历了传统管理时期、技术管理时期、信息资源管理时期，现在正逐渐向网络信息资源管理即大数据的阶段演进。这种演进和发展对信息管理工作模式和服务模式势必造成巨大的变化。对智慧城市信息资源进行统筹规划，有利于搭建大数据的应用环境，促进信息资源的深度开发和高效应用。

信息体系建立了政府各部门、各行业、各业务、各应用之间信息互联互通、数据共享、业务协同的长效机制，打破部门壁垒造成的"信息孤岛"，为智慧城市大平台和大数据建设提供了基础。制定信息管理准则，为现有政府各部门、各行业业务应用系统数据及未来共享大数据提供元数据管理、数据质量管理、主数据管理、数据生命周期管理、数据安全管理等。

信息体系的建设是智慧城市建设规划的重要内容。为了避免在智慧城市建设中"信息孤岛"的产生，必须建立信息资源管理基础标准。信息资源规划过程就是开始建立数据标准的过程，从而为整合信息资源，实现应用系统集成奠定坚实的基础；同时信息体系规划也是智慧城市云计算和大数据中心建设的基础。信息资源规划成果主要包括信息模型（功能模型、数据模型、架构模型）和数据标准体系（概念数据模型、逻辑数据模型、数据元素、信息分类编码、用户视图），可以在实施云计算中心之前勾画云计算模式下城市信息化蓝图，并建立确保云计算提供的软件系统之间能够集成化、标准化和一体化的数据标准体系，提供信息平台与数据系统之间相应关系的模型，很好地补齐当前智慧城市建设缺乏解决"信息孤岛"手段的"短板"。

信息体系框架可以根据智慧城市一级、二级业务平台、三级应用系统与大数据库、主题数据库、应用数据库架构，来组织信息资源支撑智慧城市决策、协同、应用的信息体系。以此可以将信息资源分为战略信息、战术信息、业务应用信息，对应与信息互联互通数据共享"分级集成"。实质上就是通过一、二级平台和三级应用平台（系统）实现在决策、管理、应用不同层级"横向"系统的信息集成与数据共享交换。

对所涉及的所有管理与服务信息进行分级分类、汇总和集成，是智慧城市规划与建设的重要内容和要求。智慧城市建设的实质是建成一个支撑现代城市运营、管理、服务的超大型信息系统。涉及范围涵盖政府信息化、城市信息化、社会信息化、企业信息化各领域的信息平台、行业管理平台、业务应用系统等各种类型的信息和数据。涉及的这些不同的领域和行业主要是政府职能、城市治理、社会服务、企业经济。从公共信息互联互通数据共享的角度，信息分类涉及政府管理与政务、城市监控与管理、社会政务服务、公共服务、商业服务、企业管理、生产、市场、财务、人事等信息；从城市治理与公共服务的需求出发，信息与数据流向有纵向、横向，甚至斜向。要实现这些错综复杂、功能各异的信息系统分类、汇总和集成，首先必须制定相应的信息分类原则和方法。

（四）智慧城市管理与运行体系规划

城市是一个复杂的组织，具有各种复杂的功能和业务需求，这些需求涉及政府、城市治理、社会民生、企业经济的方方面面。城市需要一个有序且有效的城市治理与公共服务体系，实现城市复杂功能和业务之间跨领域、跨部门、跨业务平台的协同。智慧城市将通过城市治理与公共服务体系有效提高城市日常运营效率，及时处理突发事件。

管理与公共服务是智慧城市建设的重要内容。为了满足智慧城市现代化管理和公共服务的需求，智慧城市管理与公共服务体系涉及功能、任务、职责、工作相关联的所有政府部门、政府有关机构，根据其职责分工确定各分管行业在城市治理与公共服务中的角色，梳理城市治理运行的业务及信息，构建统一的数据库和应用平台，进一步规划和完善城市治理与公共服务信息系统建设，最终实现整个城市的管理与运行数字化、信息化和智能化。

管理与公共服务要以智慧城市电子政务二级业务平台与上一级政府已经建立的信息基础设施、数据库、数据交换平台、应用支撑平台、视频监控系统、公共视频会议系统信息互联、数据共享、业务协同为基础，要在智慧城市总体设计框架下以实现智慧城市管理与公共服务为目标。因此，必然要考虑设计科学合理的管理和公共服务的流程，这些流程在覆盖性、有效性、时效性以及安全性上都要进行细致的分析和论证。

智慧城市建设是以城市治理与公共服务体系为出发点和立足点。智慧城市通过管理体制创新和服务模式转变来提升城市综合服务能力。智慧城市管理与公共服务体系，实质是通过对现有管理与公共服务流程的梳理和优化，以适应智慧城市治理与公共服务复杂功能和业务之间跨领域、跨部门、跨业务平台协同的新需求。智慧城市管理创新就是应用现代技术手段建立统一的城市综合管理平台，充分利用信息资源，实现科学、严格、精细和长效管理的新型城市现代化管理模式。目前，智慧城市管理已经从前几年的"数字城管"扩大到一个城市综合管理"大城管"的概念，"大城管"涵盖了城市的市政管理、市容管理、公共安全管理、交通管理、公共及基础设施管理、水电煤气供暖管理、"常态"下事件的处理和"非常态"下事故的应急处置与指挥等。实行智慧城市管理后，城市的每一个管理要素和设施都将有自己的数字身份编码，并被纳入整个数字化城市综合管理平台数据库中。

智慧城市综合管理平台通过监控、信息集成、呼叫中心等数字化技术应用手段，在第一时间内将城市治理下的"常态"和"非常态"各类信息传送到城市综合监督与管理中心，从而实现对城市运行的实时监控和科学化与现代化的管理。

智慧城市管理创新以建设公共信息综合监控与管理信息中心为基础，重点实现城市在市政、城管、交通、公共安全、环境、节能、基础设施等方面信息的互联互通与数据共享。以在一个城市范围内建立数字化与智能化的城市综合管理体系为目标，大力推进城市信息化的建设和发展。

智慧城市服务创新以智慧城市智慧社区建设为前导，以建立城市公共服务平台为基础，整合智慧社区、智慧医疗、智慧教育、智慧房产、智慧商务、智慧金融、智慧旅游，以及网络增值服务、现代物流、连锁经营、专业信息服务、咨询中介等新型服务业的信息资源，实现信息互联互通、数据共享，打造以智慧城市为代表的现代服务业新模式和新业态。

（五）智慧城市产业体系规划

智慧产业体系，以智慧建设目标和"互联网＋"的产业发展为基础，结合新技术、新产业、新业态、新模式的发展趋势，基于城市产业基础，提出城市智慧产业发展目标，规划产业生态体系。在智慧民生产业、智慧服务产业、智慧园区产业等涉及"互联网＋智慧"的产业，采用结合智慧城市建设的创新性、融合性、引领性、集聚性、信息化、互联化和现代化的建设模式。

智慧产业体系，以生态优先为前提，科学处理保护与开发的关系。以科技创新为原则，运用全球领先的生态规划、低碳环保、智慧园区、智慧建筑等关键科技，以"互联网＋电子商务"和"互联网＋高端物流"产业发展为导向，以国际化的规划视野和前瞻性的发展理念，高起点规划、高标准建设智慧产业园区。

智慧产业体系，以建立智慧产业基础数据库为基础，实现与智慧产业各新型产业业务主题数据库中的管理数据、企业生产数据、经验数据的汇集、共享、交换，为智慧产业大数据提供应用环境。智慧产业基础数据库提供数据挖掘、分析、应用、展现与共享的环境。智慧城市智慧产业基础数据库由智慧民生产业主题数据库、智慧服务产业主题数据库、智慧商务与物流产业主题数据库和智慧园区产业主题数据库组成。智慧产业大数据资源的开发和综合应用已经成为智慧城市总体设计与建设的核心需求。智慧产业基础数据库通过将企业经济的管理、生产、制造、商务、物流运行中所产生的海量、重复、无关联的过程数据，进行数据采集、清洗、抽取、汇集、挖掘、分析后获取的具有经验、知识、智能、价值的数据和信息，来全面支撑智慧产业大数据应用。

智慧产业体系构成之一是以智慧民生为智慧城市建设目标的细分产业领域。智慧民生产业是智慧产业的新应用，引导传统民生服务企业与智慧城市涉及智慧市民卡、智慧社区、智慧医疗健康、智慧养老、智慧旅游、智慧电子商务与物流等企业的资源整合，支撑民生服务链协同转型和生产制造企业面向个性化，根据民生消费需求深化电子商务应用。支持设备制造企业利用电子商务平台开展民生服务，支持中小微企业扩大民生服务和电子商务在市场化和现代化服务方面的应用。

智慧产业体系构成之二是以智慧服务为智慧城市建设目标的细分产业领域。智慧服务产业是智慧产业的新应用，构建智慧城市政务服务、公共服务、商业服务的信息与数据共享互通的体系；发挥互联网信息集聚优势，聚合各类服务信息资源，整合骨干服务型企业和政府服务机构搭建面向社会综合服务平台和综合服务大数据基础数据库；整合电子商务、现代物流、仓储、运输和配送信息，开展综合服务全程监测、预警，提高综合服务安全、环保和诚信水平，统筹优化社会综合服务资源的配置。

（六）智慧城市架构与体系规划特点

智慧城市框架体系结构顶层规划涉及一个城市中的政府、管理、民生、经济的各领域、各行业、各业务、各应用的方方面面。通过现代云计算、物联网、大数据、无线通信、自动化、智能化等高新科技，整合城市所涉及的综合管理与公共服务信息与数据资源，包括地理环境、基础设施、自然资源、社会资源、经济资源、教育资源、旅游资源和人文资源等。以数字化的形式进行采集和获取，通过智慧城市大平台和大数据进行统一的存储、优化、管理、展现、应用。实现城市综合管理和公共服务信息的互联互通、数据共享交换、业务功能协同。智慧城市内涵和要素涉及自然、经济、社会、人文、科技、系统、工程等各个学科领域，同时，智慧城市建设具有全局性、长期性、可行性、先进性、可持续性、动态性、开放性、稳定性的特性。智慧城市框架体系结构对于智慧城市建设具有重要意义，起到关键、必要的作用。

1. 智慧城市规划与建设的蓝图

智慧城市框架体系结构是智慧城市规划和建设的有效办法。在智慧城市总体设计阶段，通过框架体系结构可以有效地指导、规范、约束智慧城市所涉及各行业、各业务、各要素之间的网络互联、信息互通、数据共享和业务协同，全局系统化地满足智慧城市的需求、功能、任务，从而为智慧城市信息平台和应用系统的重点工程与工程设计奠定一个坚实的基础。同时，框架体系结构是认识已建现有信息系统的最佳途径，对于已建系统相关被集成的数据、信息、应用，通过框架体系结构，可以从各自功能需求的角度对现有系统进行全面充分的认识和选择正确集成的策略。框架体系结构是指导智慧城市平台系统进行演化的最佳手段，通过框架体系结构可以有效地对平台与数据系统的演化进行规划，使得智慧城市平台与数据系统在随时间和技术进步而演进的同时，其总体性能满足可持续发展的需求。因此，框架体系结构在智慧城市建设过程中，既起到了指导新平台系统规划与设计蓝图的作用，又提供了对已有平台与数据系统可集成的策略与方法。

2. 智慧城市信息互联与数据共享

智慧城市规划与建设的核心是网络互联、信息互通、数据共享、业务协同。智慧城市是一个开放性复杂巨系统工程，信息化的程度越来越高、功能结构日趋复杂、新信息平台和新应用系统不断涌现，解决平台与数据系统间的互联、互通、互操作是至关重要的问题。智慧城市互联、互通、互操作要求所有新建平台与数据系统要实现数据与信息的无障碍流动。通过框架体系结构产品提供的统一、一致的体系建设"蓝图"，可以明确平台与数据系统之间的物理和逻辑的关系。智慧城市框架体系结构是根据智慧城市建设的理念、思路、策略构造出来的，描述了网络层、基础设施层、数据资源层、共享组件层、平台层、应用层之间相互关联和集成应用之间的关系，提供框架体系结构之间统一的互联互通标准和通信接口规范，为实现平台系统之间的互联互通和业务功能的协同提供了根本的保障。因此，框架体系结构作为智慧城市建设总体设计，依据任务需求，统筹和明确智慧城市整个框架、体系、结构之间的分级、分类、互联的关系，从而确保智慧城市涉及政府、管理、民生、经济的网络互联、信息互通、数据共享、业务协同。

3. 智慧城市避免重复建设的重要措施

如果智慧城市总体设计缺乏框架体系结构的设计，将会造成智慧城市信息系统大多处于各自为政的"信息孤岛"的状态。各独立的信息系统都追求系统的完备性，这就难免在建设过程中造成重复建设，造成大量资源的浪费；而且各系统之间的业务信息无法互联互通，系统标准化程度很低。为了彻底解决智慧城市信息系统标准化程度低、业务功能和数据资源严重重复、缺乏有效协同的机制等问题，应以智慧城市框架体系结构顶层规划为手段，提供框架体系结构描述业务主要的任务、系统所需功能、系统之间的物理与逻辑关系，以及各专业信息平台及业务系统所采取的技术标准，如信息类型、信息流动、用户类型、访问方式类型等，明确专业平台及业务系统中诸要素之间的关系，理顺业务共性和个性化的流程，掌握好"共性"与"个性"之间的逻辑关系。系统之间存在着非常重要的"共性"的关联关系，要在基于"共性"的基础上，解决好各自系统"个性"的问题，这就要把信息平台和应用系统的业务与功能进行梳理。平台是"共性"的、基本的，可以通过统一开发、部署来建设，而"个性"的应用则要依据各实际的业务与功能需求，从最迫切需要解决的问题入手，定制、开发各自的业务应用系统，从而避免"共性"与"个性"的重复与叠加，以及系统之间无法互联互通的弊端。通过智慧城市框架体系结构的总体设计，可以有效避免平台与系统之间的重复建设。框架体系结构对智慧城市各专业信息平台和业务应用系统的建设进行统一规划设计、统一标准、统一开发、统一部署，可实现系统建设的完备性，又可避免重复投资带来的资源浪费。

三、智慧城市总体规划编制指南

（一）智慧城市总体规划阶段与步骤

智慧城市总体规划包括顶层规划、专项规划、工程设计三个阶段。三个阶段相互衔接，前一个阶段是下一个阶段的规范和要求；下一个阶段是上一个阶段的深化和持续，从而构成智慧城市总体规划体系。

新型智慧城市总体规划要处理好顶层规划与专项规划和工程设计的关系；要在顶层规划的框架体系结构的规范下，搞好规划与设计上下左右、方方面面的衔接；要把握好顶层规划与专项规划和工程设计之间的主次关系及各自阶段规划与设计的重点；要把新型智慧城市关系全局的框架体系结构的规划与设计放在突出的位置。确保新型智慧城市总体规划的顶层规划、专项规划、工程设计三个阶段的相互衔接、相互促进、相得益彰。

智慧城市顶层规划内容包括智慧城市建设目标、原则、内容、任务、框架、体系、平台、系统等。通过顶层规划具体内容的描述和相互之间的关联性，自上而下地建立起相互间的框架模型和系统集成的体系架构。顶层规划满足智慧城市纲领性和路线性的建设目标、原则、网络、平台、总体框架、工程实施计划等。

智慧城市专项规划遵循顶层规划在目标、原则、内容、任务、框架、体系、平台、系统上的完整性、一致性和可实施性。专项规划编制的重点是行业级二级平台的总体结构、技术应用、实现功能、信息互联互通与数据共享交换、网络与信息安全，以及应用系统工程设计的规范和要求。

在专项规划的基础上，进行应用系统工程设计。工程设计提供系统工程建设所需系统结构原理图、管线施工平面图和系统设备配置设计等，满足工程实施要求。

（二）智慧城市顶层规划

智慧城市顶层规划是制定本城市、本地区智慧城市建设的总纲领、总路线、总目标、总原则、总框架。顶层规划是智慧城市建设的蓝图和标准，对后续的专项规划和工程设计起到指导性、规范性和约束性的作用。

智慧城市顶层规划包括三个步骤，即需求分析、可行性研究、顶层规划方案。

顶层规划需求分析包括建设目标、知识体系、建设体系、实施计划、组织结构、技术应用、实现成果等要素的需求分析，提供《智慧城市需求分析报告》。

顶层规划可行性研究包括技术可行性、操作可行性、经济可行性、效益与风险评估等内容的研究和评估，提供《智慧城市建设可行性分析研究报告》。

顶层规划方案编制包括智慧城市建设目标、原则、内容、任务、框架、体系、平台、系统等内容的规范和总体要求。

顶层规划方案编制的重点是智慧城市建设指标和成果评估体系、总体业务架构、总体逻辑架构、总体接口架构、知识和建设体系、大平台体系、大数据体系、信息资源共享体系、工程实施组织体系等。

顶层规划应为总体规划后续的专项规划和工程设计提供指导、规范和约束，实现顶层规划、专项规划、工程设计的衔接性、一致性和整体性。

（三）智慧城市专项规划

智慧城市专项规划是顶层规划的延伸和深化，应遵循和对接《顶层规划方案》在目标、原则、内容、任务、框架、体系、平台、系统上的完整性、一致性和可实施性的原则。专项规划编制的内容主要是，各专项业务二级平台的建设目标、建设原则、应用分类、技术分类、信息平台规划、应用系统工程设计规范要求等。

智慧城市专项规划的重点是专项业务信息平台的总体结构、平台支撑系统、平台技术应用、平台实现功能、平台信息互联互通与数据共享交换、平台网络及信息安全等。专项规划提交规划成果包括专项业务二级平台建设目标、建设原则、应用分类、技术分类、信息平台规划、应用系统工程设计规范要求等，以及专项信息平台系统结构图、平台功能结构图、数据与信息结构图、数据与信息流向图等。

（四）智慧城市工程设计

智慧城市工程设计是专项规划的延伸和深化，工程设计应在对接《智慧城市专项规划》的基础上，进行专项工程设计的工作。专项工程设计的深度，应满足本专项系统工程建设所有要素的实施要求，并以满足行业管理和业务服务的功能需求为工程设计目标。工程设计将业务级三级平台相互关联又彼此独立的应用系统、功能模块、装置（部件）进行组合和集成，按一定秩序和内部联系集成为一个可应用的功能系统。

智慧城市工程设计以实现应用系统、信息、功能、应用的功能需求为目标。应用系统工程设计的重点是以系统集成为核心，强调系统工程设计的先进性、合理性、经济性、可靠性、可扩展性和可实施性。工程设计提交成果包括技术应用和实现功能技术方案，网络综合和各应用系统的结构原理图、系统工程施工图、软硬件配置及工程量清单、系统集成商及设备选型推荐一览表等。

（五）智慧城市系统工程项目实施

智慧城市系统工程项目实施包括编制项目实施方案、实施项目管理、实施系统工程建设近中远期阶段划分、近中远期阶段建设内容及实施步骤、时间进度计划、近中远期阶段建设系统工程预算等内容。

智慧城市系统工程项目实施应在各专项工程设计所提供的技术文件、施工图纸、软硬件及工程量清单的基础上，组织招投标选定信息化工程顾问单位和系统工程集成商。项目实施的重点是以系统工程项目实施为核心，制定项目实施组织机构、项目管理、系统集成、工程验收及成果评估、系统工程维护保养及运营服务等工作内容、任务、时间进度、资金保障和项目实施流程及工程执行程序等。

第三节　智慧城市区块链集成创新与深度融合应用

一、区块链基本概念

从狭义上来理解，区块链是一种按照时间顺序将数据区块以顺序相连的方式组合成的链式的数据结构，并以密码学方式保证的不可篡改和不可伪造的分布式账本。从广义上来理解，区块链技术是利用块链式数据结构来验证与存储数据，利用分布式节点共识算法来生成和更新数据，利用密码学的方式保证数据传输和访问的安全，利用由自动化脚本代码组成的智能合约来编程和操作数据的一种全新的分布式基础架构与计算范式。

区块链技术的传统应用包括以下三个基本功能：

①交易（Transaction）。一次对账本的操作，导致账本状态的一次改变，如添加一条转账记录；

②区块（Block）。记录一段时间内发生的所有交易和状态结果，是对当前账本状态的一次共识；

③链（Chain）。由区块按照发生顺序串联而成，是整个账本状态变化的日志记录。如果把区块链作为一个状态，则每次交易就是试图改变一次状态，而每次共识生成的区块，就是参与者对于区块中交易导致状态改变的结果进行确认。

区块链技术要点包括分布式数据存储、点对点传输（P2P）、共识机制、加密算法等计算机技术的新型应用模式。区块链本质上是一个去中心化的数据库系统。区块链传统的应用是作为比特币的底层技术，是一串使用密码学方法相关联产生的数据块，每一个数据块中包含了一批次比特币网络交易的信息，用于验证其信息的有效性（防伪）和生成下一个区块。

区块链的核心技术优势就是去中心化、分布式数据存储、点对点网络互联与访问、加密算法和数据加密、分布式共识等技术应用。区块链技术应用也存着安全风险，频频发生的安全事件为业界敲响警钟。目前，区块链技术主要应用于金融领域和比特币，且应用场景单一，有一定的局限性；同时区块链应用系统与第三方系统的集成和技术融合也存在一定的壁垒。因此，要推动区块链底层技术服务和新型智慧城市建设相结合，探索区块链与新型智慧城市、物联网、云计算、大数据和人工智能的集成创新和深度融合应用。实现区块链技术在政务、治理、民生、经济的全领域、全社会、全行业可持续深度融合应用的战略思维。

区块链归纳起来主要有以下核心技术应用：

（一）点对点分布式技术（P2P）

点对点技术（Peer-To-Peer，简称P2P）又称对等互联网络技术，它依赖网络中参与者的计算能力和带宽，而不是把依赖都聚集在较少的几台服务器上。P2P技术优势很明显。点对点网络分布特性通过在多节点上复制数据，也增加了防故障的可靠性，并且在纯P2P网络中，节点不需要依靠一个中心索引服务器来发现数据。在后一种情况下，系统也不会出现单点崩溃。

（二）非对称加密技术（加密算法）

非对称加密（公钥加密）在加密和解密两个过程中使用了不同的密钥。在这种加密技术中，每位用户都拥有一对钥匙：公钥和私钥。在加密过程中使用公钥，在解密过程中使用私钥。公钥是可以向全网公开的，而私钥须用户自己保存，这样就解决了对称加密中密钥需要分享所带来的安全隐患。非对称加密与对称加密相比，其安全性更好。对称加密的通信双方使用相同的密钥，如果一方的密钥遭泄露，那么整个通信就会被破解；而非对称加密使用一对密钥，一个用来加密，一个用来解密，而且公钥是公开的，私钥是自己保存的，不需要像对称加密那样在通信之前先同步密钥。

（三）哈希算法（信息与数据转换）

哈希算法又叫散列算法，是将任意长度的二进制值映射为较短的固定长度的二进制值，这个小的二进制值称为哈希值。它的原理其实很简单，就是把一段交易信息转换成一个固定长度的字符串。

（四）共识机制（中间件封装技术）

由于加密货币多数采用去中心化的区块链设计，节点是各处分散且平行的，所以，必须设计一套制度，来维护系统的运作顺序与公平性，统一区块链的版本，并奖励提供资源维护区块链的使用者，以及惩罚恶意的危害者。这样的制度，必须依赖某种方式来证明，是由谁取得了一个区块链的打包权（或称记账权），并且可以获取打包这一个区块的奖励；又或者是谁意图进行危害，就会获得一定的惩罚，这就是共识机制。

二、分布式架构与集中式架构

信息系统架构分为物理架构与逻辑架构两种，物理架构是指不考虑系统各部分的实际工作与功能结构，只抽象地考察其硬件系统的空间分布情况；逻辑架构（或称为虚拟化）是指信息系统各种功能子系统的综合集成体。按照信息系统硬件在空间上的拓扑结构，其物理架构一般分为集中式架构与分布式架构两大类。

（一）集中式架构

集中式架构是指物理资源在空间上集中配置。早期单机系统是最典型的集中式结构，它将软件、数据与主要外部设备集中在一套计算机系统之中。由分布在不同地点的多个用户通过终端共享资源的多用户系统，也属于集中式架构。集中式架构的优点是资源集中、便于管理、资源利用率较高。但是随着系统规模的扩大，以及系统的日趋复杂，集中式架构的维护与管理越来越困难，也不利于用户发挥在信息系统建设过程中的积极性与主动性。此外，资源过于集中会造成系统的脆弱性，一旦主机出现故障，就会使整个系统瘫痪。在大型信息系统（如智慧城市、大数据）建设中，一般很少使用集中式架构。

（二）分布式架构

随着数据库技术与网络技术的发展，分布式架构的信息系统开始产生。分布式系统是指通过计算机网络把不同地点的计算机硬件、软件、数据等资源联系在一起，实现不同地点的资源共享。各地的计算机系统既可以在网络系统的统一管理下工作，也可以脱离网络环境利用本地资源独立运作。由于适应了新一代信息技术发展与应用的趋势，即信息化系统组织架构朝着扁平化、网络化方向发展，分布式架构已经成为信息系统的主流模式。分布式架构的主要特征是，可以根据应用需求来配置资源，提高信息系统对用户需求与外部环境变化的应变能力，系统扩展方便，安全性好，某个分布式节点所出现的故障不会导致整个系统的停止运作。然而由于资源分散，且又分属于各个子系统，分布式系统须采用统一的分布式节点之间的共识机制，如"信息栅格"采用基于 SOA 分布式资源集成架构，统一分布式资源的注册、监测、发现、协调、调用、协同。分布式架构又可分为一般分布式与客户机／服务器模式。

1. 一般分布式系统

服务器只提供软件与数据的文件服务，各计算机系统根据规定的权限存取服务器上的数据文件与程序文件。

2. 客户机／服务器模式

网络上的计算机分为客户机与服务器两大类。服务器包括文件服务器、数据库服务器、打印服务器等；网络节点上的其他计算机系统则称为客户机。用户通过客户机向服务器提出服务请求，服务器根据请求向用户提供经过加工的信息。

（三）信息系统的逻辑架构

信息系统的逻辑结构包含其功能综合体和概念性框架。由于信息系统种类繁多、规模不一，功能上存在较大差异，其逻辑结构也不尽相同。例如，一个工厂的管理信息系统，从管理职能角度划分，包括供应、生产、销售、人事、财务等主要功能的信息管理子系统。一个完整的信息系统支持组织的各种功能子系统，使得每个子系统可以完成事务处理、操作管理、管理控制与战略规划等各个层次的功能。在每个子系统中可以有自己的专用文件，同时可以共用系统数据库中的数据，通过接口文件实现子系统之间的联系。与此相类似，每个子系统有各自的专用程序，也可以调用服务于各种功能的公共程序，以及系统模型库中的模型。

（四）信息系统结构的综合集成

从不同的侧面，人们可对信息系统进行不同的分解。在信息系统研制的过程中，最常见的方法是将信息系统按职能划分成一个个功能子系统，然后逐个研制和开发。显然，即使每个子系统的性能均很好，也并不能确保整个系统的优良性能，切不可忽视对整个系统的全盘考虑，尤其是对各个子系统之间的相互关系应做充分的考虑。因此，在信息系统开发中，应强调各子系统之间的协调一致性和整体性。要达到这个目的，就必须在构造信息系统时注意对各种子系统进行统一规划，并对各子系统进行综合集成。

1. 横向集成

将同一管理层次的各种功能综合在一起，使业务处理一体化。

2. 纵向集成

把某种功能的各个管理层次的业务组织在一起，这种综合沟通了上下级之间的联系。

3. 纵横综合

主要是从信息模型和处理模型两个方面来进行综合，做到信息集中共享，程序尽量模块化，注意提取通用部分，建立系统公用数据库和统一的信息处理系统。

（五）SOA分布式架构

SOA面向服务的分布式架构，可以根据需求通过网络对松散耦合的粗粒度应用组件进行分布式部署、组合和使用。服务层是SOA的基础，可以直接被应用调用，从而有效控制系统中与软件代理交互的人为依赖性。SOA是一种粗粒度、松耦合服务架构，服务之间通过简单、精确定义接口进行通信，不涉及底层编程接口和通信模型。SOA可以看作是B/S模型、XML（标准通用标记语言的子集）/Web Service技术之后的自然延伸。SOA将能够帮助软件工程师们站在一个新的高度理解企业级架构中的各种组件的开发、部署形式，它将帮助企业系统架构者更迅速、更可靠、更具重用性地架构整个业务系统。较之以往，以SOA架构的系统能够更加从容地面对大型信息系统业务的急剧变化。

（六）"信息栅格"分布式架构

"信息栅格"基于SOA分布式资源集成架构，采用分层结构模式，满足信息系统整体的需求，根据信息系统建设的设计原则和技术路线，采用SOA面向应用、面向服务、面向数据、面向分布式系统集成的体系架构设计方法作指导，重点是底层技术通用服务的共享组件与中间层和平台层的数据、信息、页面、服务"四大"封装的创新设计。协同和联动系统集成的体系架构将以系统业务服务为核心，形成大型信息系统或复杂巨系统分布式集成架构中各层级聚合点、分布式节点之间的信息互联互通、数据共享交换、业务功能协同、系统集成调用。

"信息栅格"基于SOA分布式资源集成架构是信息系统集成的关键。资源（包括数据、信息、页面、服务）共享与系统集成实际上是指资源共享的接口，即定义如何将资源以一种通用接口的方式接入到一体化信息系统平台上来。资源共享接口是信息系统集成的重要部分。"信息栅格"与传统的分布式系统不同，其将资源与节点分离，可以以资源为依据对之进行有效管理。而如何将资源与节点分离成为"信息栅格"技术的关键。"信息栅格"技术制定一系列相应的通用服务，通过这些服务完成资源封装的功能，这些服务包括资源封装、资源注册、资源监测、资源发现、资源调用、资源管理、安全管理等功能模块。这些模块正是"信息栅格"基于 SOA 分布式资源集成架构的核心技术和基础。

三、区块链技术集成创新

区块链的技术核心是分布式架构、点对点通信（P2P）、去中心化。区块链技术集成创新的实施路径，就是加快区块链和人工智能、大数据、物联网等前沿信息技术集成创新的深度融合应用，将区块链底层技术服务和新型智慧城市建设相结合，落实在智慧城市各个行业级领域，如信息基础设施、智慧交通、能源电力等的推广应用，提升城市管理的智能化、精准化水平。推动区块链分布式数据共享模式，实现政务数据跨部门、跨区域共同维护和利用，促进业务协同办理，深化"最多跑一次"改革，为人民群众带来更好的政务服务体验。区块链技术集成创新发展和深度融合应用的趋势必然是新一代信息技术战略性发展的方向。

区块链与信息栅格集成的优势如下：

（一）增强区块链系统集成能力

区块链与信息栅格技术集成创新系统的优势主要是：应用"信息栅格"在互联网和物联网各种链路的互联互通的机制，实现区块链各个分布式节点之间（P2P）的互联互通，为区块链的系统集成应用和协同工作提供通路与带宽的保证。同时通过制定基于"信息栅格"各节点之间的信息交互标准规范，确保点对点（P2P，或称端到端）之间以相互能够理解的方式交互信息。网络的互联及信息互通的规范是信息互操作的基础，"信息栅格"为"区块链"提供了统一的开放式平台、接口标准以及交互流程，实现了不同节点应用系统之间的信息互联互通，使得区块链各分布式节点之间可以自动完成系统集成的互操作，同时保证了整个"区块链"各个节点内部信息的一致性、整体性、完整性和安全性。

（二）增强区块链节点资源共享能力

区块链与信息栅格集成创新节点资源共享的优势主要包括多传感器数据融合，异构数据库、分布式数据库（包括结构化数据库、非结构化数据库和多媒体数据库）的数据共享交换，以及应用程序的共享共用三个方面。多传感器数据融合包括两个层次：一个是指"区块链"节点内的传感器之间的实时集成；另一个是指不同"区块链"节点传感器之间的实时集成，在同一个"信息栅格"开放式平台下的传感器数据集成可以通过 API 接口定义来实现。各节点"异构数据库共享交换"根据数据库多源性、异构性、空间分布性、时间动态性和数据量巨大的特点，提供数据存储标准、元数据标准、数据集（数据封装）的交换标准，数据存储与管理、远程数据传输的策略。"应用程序共享共用"根据信息平台和应用系统具有共性需求的封装组件及中间件、平台支撑模块、平台接口模块、应用数据挖掘分析和协同操作等软件程序，在"区块链格"中共享已开发、已拥有和已运行的共性软件程序，使得"区块链"中其他节点信息平台和应用系统都可以通过远程共享共同使用或下载安装这些软件程序。

（三）增强区块链分布式资源处理能力

区块链与信息栅格集成创新分布式资源处理的优势主要体现在有效的资源注册、资源发现、节点资源组织与协同；处理各种应用请求，为执行远程应用和各种活动提供有力的区块链底层技术服务支持。"面向服务"是区块链底层技术服务集成创新的关键，它把一切分布式节点资源（数据、信息、页面、应用）均表达为节点服务，这些节点服务通过协同实现分布式节点自治、自处理、自适应、自学习，最终发布到统一的"区块链云平台"开放式、分布式节点集成服务平台上。服务请求者通过访问服务、接口服务、业务流程服务、资源管理服务等与一体化分布式节点集成服务平台实现交互。一个分布式节点资源服务可以包含一个或多个接口，每个接口上定义一系列因消息程序或封装组件的调用、映射、交换、共享而产生的操作，不仅包括接口地址发现、动态服务创建、生命周期管理、消息通知、可管理性、规则地址命名、可升级性，还包括地址授权和并发控制。为了实现节点资源服务提供者与服务请求者之间的交互区块链云平台，开放式资源服务平台还提供安全防护、服务质量（QoS）等功能。

（四）实现区块链自适应信息传输能力

区块链与信息栅格集成创新自适应信息处理的优势是采取了"信息栅格"的传输机制，使得"区块链"具备信息传输的自适应性。在"信息栅格"环境中，不再需要把数据全部下载到本地节点才能使用，而是针对不同用户应用的需要，采用相应的传输策略。常用的传输包括并行传输、容错传输、第三方控制传输、分布传输和汇集传输。这些传输策略可以保证在互联网或物联网环境中可靠地传输数据以及实现大量数据的高速移动、分块传输和复制、可重启、断点续传等。栅格文件传输协议（GridFTP）是保证信息节点中不同传输方式的兼容性，提供安全、高效的数据传输功能的通用数据传输协议。该协议通过对 FTP 协议的栅格化扩展，侧重于在异构的存储系统之上提供统一的访问接口，以及解决大量数据传输的性能和可靠性问题。

（五）实现区块链即插即用按需服务能力

区块链与信息栅格集成创新即插即用按需服务的优势主要体现在能够集成所有的信息系统（如新型智慧城市级一级平台、行业级二级平台和业务级三级平台），以及各种各类应用系统（如监测监控系统、决策指挥系统、可视化系统、数据分析系统等），而每个独立的信息节及统一的技术服务接口将底层的各种应用程序资源进行封装。"区块链"用户对各种底层技术服务的使用是完全透明的，对资源的访问、数据的存储、作业的提交就像使用本地节点资源接入一样方便、快捷、高效。因此只要符合"区块链"底层技术服务的标准和权限，任何区块链用户都可以方便地接入各个节点和应用系统，按需提取自己所需的信息与服务。

（六）实现区块链去中心化信息集成能力

区块链与信息栅格集成创新去中心化信息集成的优势是改变了以往树形、集中式、分发式的信息共享方式，取而代之的是网状、分布式、按需索取式的信息共享模式。"信息栅格"为满足去中心化信息集成应用，采用信息节点和资源分离的分布式技术，改变了传统分布式技术将节点和资源绑定在一起的做法。其通过各个节点的信息、数据、页面(URL)、服务的封装组件（中间件），实现了信息栅格全域内的需求调用、映射、交换、集成、共享。区块链与信息栅格技术集成创新，不再强调集中式的信息中心，取而代之的是无中心或多中心和分布在各个信息节点中具有不同应用的信息系统。这些信息节点或信息系统的访问接口是统一的，所提供统一封装的信息、数据、页面（URL）、服务等组件和中间件也都是经过严格规范的。一方面，传感器、过程数据、应用信息可以把不同种类的信息汇集到各自信息节点中；另一方面，任何一个信息节点上的用户都可以按照需求点对点(P2P)地自动访问不同信息节点的底层技术服务，包括信息、数据、页面（URL）、应用等，并将各个节点来源的底层技术服务自动集成为针对某一目标和任务的虚拟化应用与服务。除了按需获取信息以外，还可以按需预定信息。"区块链"所采用的去中心化信息集成的共享机制，克服了传统集中式信息共享机制的弱点。

（七）提高区块链综合安全防护能力

区块链与信息栅格集成创新综合安全防护的优势是其区别于一般传统安全防护的模

式，在区块链在区块链无中心或多中心的条件下，具有顽强抗毁的能力，信息和网络安全渗透于"区块链"的各个信息节点、平台、应用系统和各组成部分、信息流程的各个环节。信息获取与感知、传输与分发、分析与处理、开发与利用都存在着激烈的对抗，这些激烈的对抗始终都是围绕"区块链"信息节点的安全防护系统展开的。因此，安全防护能力既提高信息节点及应用系统的运行效率、精度和反应能力，同时又面临着电子干扰与破坏的威胁。安全防护能力一旦遭到破坏，整个"区块链"系统将失去原有的功能甚至完全瘫痪。为此区块链与信息栅格综合安全防护技术的集成创新，必然会增强区块链安全防护能力；能够采用有效措施，使之具备良好的抗毁性、抗干扰性和保密性能。

四、区块链＋新型智慧城市深度融合应用

区块链技术的集成创新在新的技术革新和产业变革中起着重要作用。要把区块链作为核心技术自主创新的重要突破口，明确主攻方向，加大投入力度，着力攻克一批关键核心技术，积极推动区块链技术和产业创新发展。区块链技术应用已延伸到数字金融、物联网、智能制造、供应链管理、数字资产交易等多个领域。目前，全球主要国家都在加快布局区块链技术发展。我国在区块链领域拥有良好基础，要加快推动区块链技术和产业创新发展，积极推进区块链和经济社会融合发展。

（一）区块链＋新型智慧城市深度融合应用意义

1. 区块链技术集成创新和深度融合应用能够充分发挥区块链在智慧城市数据共享、优化业务流程、降低运营成本、提升协同效率、建设可信体系等方面的作用

在智慧城市社会治理和公共服务中，区块链有广泛的应用空间，将有力推动社会治理数字化、智能化、精细化、法治化水平。随着大数据、云计算、5G 技术的广泛应用，人与人的联系拓展到人与物、物与物的万物互联，数据已成为数字时代的基础要素。区块链将为智慧城市多个领域的管理者和服务者提供可靠数据和决策信息。

2. 区块链能够提升智慧城市社会治理智能化水平

区块链中的共识机制、智能合约，能够打造透明可信任、高效低成本的应用场景，构建实时互联、数据共享、联动协同的智能化机制，从而优化政务服务、城市管理、应急保障的流程，提升治理效能。依托区块链分布式架构建立跨地区、跨层级、跨部门的监管机制，有助于降低监管成本，打通不同行业、地域监管机构间的信息壁垒。

3. 区块链能够助推智慧城市社会治理精细化。数字时代，社会治理须透过海量数据发

现真问题，区块链能有效集成经济、文化、社会、生态等方面的基础信息，并通过大数据进行深度挖掘和交互分析，将看似无关联的事件有序关联起来，从而提升实时监测、动态分析、精准预警、精准处置的能力。深度分析单位时间物资、资本的集中流向，可以对经济社会发展的热点领域提前预判，为推进供给侧结构性改革、防范化解重大风险等提供决策参考。

4.区块链能够推动智慧城市社会治理法治化。在司法、执法等领域，区块链技术与实际工作具有深度融合的广阔空间。运用区块链电子存证，可解决电子数据"取证难、示证难、认证难、存证难"等问题。将区块链技术与执行工作深度融合，把区块链智能合约嵌入裁判文书，后台即可自动生成未履行报告、执行申请书、提取当事人信息、自动执行立案、生成执行通知书等，完成执行立案程序并导入执行系统，有助于破解执行难。区块链还有助于更好厘清开放共享的边界，明确数据产生、使用、流转、存储等环节和主体的权利义务，实现数据开放、隐私保护和数据安全之间的平衡，进而促进科技与社会治理的深度融合。

（二）探索和推动区块链＋新型智慧城市深度融合应用

新型智慧城市区块链深度融合应用采用面向资源管理的区块链技术、"信息栅格"技术和云计算 IaaS、SaaS、PaaS 3S 服务的总体架构，使用广泛接受的标准和松耦合设计模式。新型智慧城市区块链云平台基于区块链的技术和"信息栅格"架构，以区块链和人工智能、大数据、物联网等前沿信息技术的深度融合为技术总路线，推动集成创新和融合应用。

要探索"区块链＋"在民生领域的运用，积极推动区块链技术在教育、就业、养老、精准脱贫、医疗健康、商品防伪、食品安全、公益、社会救助等领域的应用，为人民群众提供更加智能、更加便捷、更加优质的公共服务。

要推动区块链底层技术服务和新型智慧城市建设相结合，探索在信息基础设施、智慧交通、能源电力等领域的推广应用，提升城市管理的智能化、精准化水平。

要探索利用区块链数据共享模式，实现政务数据跨部门、跨区域共同维护和利用，促进业务协同办理，深化"最多跑一次"改革，为人民群众带来更好的政务服务体验。

采用云计算、大数据、互联网、物联网、边缘计算、人工智能技术集成应用，整合来自智慧城市各行业级平台的信息资源，并为将来与新建第三方系统平台、应用和信息资源节点进行系统集成提供手段，构建易于节点扩展和可伸缩的弹性系统。

五、新型智慧城市区块链总体架构

新型智慧城市区块链总体架构由区块链分布式节点设施层、区块链底层技术服务层、区块链云平台层和智慧城市虚拟化应用层构成。

（一）区块链分布式节点设施层

智慧城市区块链总体架构分布式节点设施层分别由网络融合与安全物理平台和区块链分布式节点物理平台构成。网络融合与安全物理平台是由互联网络、5G 无线网、物联网络、电子政务外网的软硬件组成，提供区块链各分布式节点（P2P）之间，以及各分布式节点与区块链云平台之间的通信和带宽的网络基础设施。区块链分布式节点物理平台由节点内部的网络、数据、信息、安全的软硬件设施设备组成，提供各分布式节点内部的底层技术服务。

（二）区块链底层技术服务层

智慧城市区块链总体架构底层技术服务层由分布式节点资源平台和分布式节点接入平台构成。分布式节点资源平台由分布式数据库系统、分布式业务应用系统、分布式密钥系统和分布式共识系统组成，提供分布式节点各自的数据、信息、安全、服务等资源。分布式节点接入平台由节点数据封装、节点信息封装、节点页面封装和节点服务封装组成，其对分布式节点资源进行分类组装，并进一步采用容器技术对数据类、信息类、页面类、服务类进行组态（俗称"打包"），形成区块链底层技术服务的组件（或称"构件"），包括业务组件、通用组件、安全组件和中间件组件，为区块链云平台上层功能需求提供调用、映射、交换、集成、共享等底层技术服务。

（三）区块链云平台层

智慧城市区块链总体架构云平台层，根据新型智慧城市应用需求结合区块链底层技术服务，提供区块链各分布式节点之间的信息互通、数据共享、业务协同、服务调用等底层服务功能；同时集成创新构建新型智慧城市虚拟网络中心、虚拟数据中心、虚拟运营管理中心和信息共享集成平台，实现对区块链各分布式节点进行有效管理和集成应用。通过区块链云平台可实现与新型智慧城市政务服务、城市治理、社会民生、企业经济等领域第三方已建、在建和未建的行业级业务平台及应用系统的集成和深度融合应用，以及区块链和人工智能、大数据、物联网等前沿信息技术的深度融合；通过集成创新和融合应用，更加注重在社会民生涉及医疗健康、养老、教育、就业、食品药品安全、社会救助等领域的广泛应用，提供更加智能、更加便捷、更加优质的公共服务。

（四）新型智慧城市虚拟化应用层

智慧城市区块链总体架构虚拟化应用层，通过区块链底层技术服务和新型智慧城市的结合，以及区块链云平台的服务支撑，将智慧城市分散在不同地理位置上的分布式节点资源虚拟为一个空前强大、复杂巨大的"单一系统"，以实现新型智慧城市网络、计算、存储、数据、信息、平台、软件、知识和专家等资源的互联互通和全面的共享融合应用。提供新型智慧城市公共服务 APP、政务服务网站、可视化集成展现、大数据分析展现、决策与预测信息、城市治理综合态势场景、应急指挥调度救援、人工智能深度学习等功能集成应用；为人民群众提供更加智能、更加便捷、更加优质的公共服务；为城市综合治理提供智能化、精准化的超能力；为政务服务提供协同办理，"最多跑一次"，给群众带来更好的政务服务体验。

六、新型智慧城市区块链云平台技术结构

新型智慧城市区块链云平台总体架构技术路线，基于新型智慧城市总体框架所表述的知识与建设体系、标准体系、平台与数据结构、信息平台、数据库、应用系统的组成，以及各组成软硬件部分之间的物理与逻辑关系。区块链总体技术结构对新型智慧城市顶层规划具有指导性、规范性、统一性和约束性的作用。

新型智慧城市区块链云平台总体技术结构的理念、思路与策略，以"区块链"和"信息栅格"技术为支撑，以新型智慧城市网络融合与安全中心、大数据资源中心、运营管理中心和一、二级平台（"三中心一平台"）区块链信息基础设施为总体框架，以智慧城市现代化科学的综合管理和便捷与有效的民生服务为目标，大力促进政府信息化、城市信息化、社会信息化、企业信息化，建立起智慧城市基础数据管理与存储中心和各级信息平台（信息节点）及各级数据库（分布式数据库）的新型智慧城市顶层规划模式。结合智慧城市规划、交通、道路、地下管网、环境、绿化、经济、人口、街道、社区、企业、金融、旅游、商业等各种信息与数据，形成一体化的、统一的（物理的）、虚拟化的（逻辑的）、去中心化的（P2P）云计算与云数据体系。建设智慧城市级的信息互联互通和数据共享交换的复杂巨系统，建立起智慧城市综合社会治理和公共服务的城市级一级平台、行业级二级平台和业务级三级平台及应用系统，如智慧政务、智慧大城管、智慧社区、智慧应急、智慧民生、智慧产业等。

新型智慧城市区块链云平台总体技术结构，基于"信息栅格"SOA 的资源集成架构，融于新型智慧城市框架体系结构之中。新型智慧城市框架体系结构应满足区块链分级分类，

即多平台、多数据库和多重应用（即无中心）开发的复杂巨系统规划的要求。特别体现智慧城市整个框架体系结构规划中的网络互联、信息互通、数据共享、业务协同，遵循"信息栅格"统一规划、统一标准、统一开发、统一部署、统一应用的原则，将消除"信息孤岛"打通信息壁垒和避免重复建设作为智慧城市项目实施的根本要求。

新型智慧城市区块链云平台总体技术结构采用了分布式节点（P2P）结构模式，对接新型智慧城市整体的智慧政务、智慧民生、智慧治理、智慧经济、智慧网络安全五大领域的需求。须确定新型智慧城市区块链的总体架构和总体技术结构，以及各信息节点（P2P）采用面向对象、面向服务、面向应用和统一底层技术服务的组件式结构。

（一）新型智慧城市区块链云平台统一技术结构

统一区块链 SOA 资源集成架构和新型智慧城市区块链云平台总体技术结构，易于扩展和部署。

统一区块链各个信息节点的数据、信息、页面、服务封装，实现跨平台、跨系统、跨业务的系统集成。

统一可视化数据、信息、页面、服务的调用、交换、管理、共享、分析和展现。

统一新型智慧城市区块链云平台、身份认证、服务 APP 和应用门户。

统一新型智慧城市区块链各分布式节点的数据、信息、处置、预案、指挥、调度、救援等的业务应用。

统一采用区块链系统化、结构化、标准化、平台化、组件化的技术应用。

（二）新型智慧城市区块链云平台统一技术路线特点

为了实现新型智慧城市区块链大数据整合，消除"信息孤岛"，避免重复建设，要在新型智慧城市区块链云平台上，分别建立城市级平台、业务级平台和应用级系统，实现新型智慧城市区块链各分布式节点的网络融合、信息互联、数据共享和业务协同。

新型智慧城市区块链云平台总体技术结构分别由城市级平台、业务级平台及应用级系统构成。城市级及业务级平台采用共性的技术路线，可有效消除"信息孤岛"和避免重复建设。

新型智慧城市区块链云平台基本设置应包括门户网站、数据库系统、网络中心、基础网络、服务器组、应用软件、网络安全、系统与数据通信协议接口等。

用户通过统一的浏览器方式访问新型智慧城市区块链云平台各级信息平台（信息节

点），实现对新型智慧城市区块链云平台及业务级平台（信息节点）的信息、图片、视音频进行显示、操作、查询、下载和打印。

重点实现基础设施监控与管理、综合管网监控与管理，以及社区社会民生综合服务等。新型智慧城市区块链云平台是实现新型智慧城市综合管理和公共服务等应用系统间（P2P）的信息互联互通、数据共享交换、服务应用功能协同的技术支撑。

新型智慧城市区块链云平台大数据库系统分别由城市级大数据库、业务级主题数据库和应用级数据库构成，采用云存储方式，实现各级数据库系统之间的数据交换、数据共享、数据业务支撑、数据分析与展现、统一身份认证等。各业务级主题数据库在物理上相互独立，在逻辑上则形成一体化的共享大数据库系统。

七、新型智慧城市区块链底层技术服务结构

区块链与新型智慧城市的集成创新和深度融合应用，关键是区块链底层技术服务的集成创新。区块链底层技术服务应能够支撑新型智慧城市与区块链各个分布式节点的集成应用。其核心技术是通过区块链各分布式节点将节点底层资源，包括数据、信息、页面、服务资源进行统一的封装。采用容器封装技术屏蔽各个分布式节点底层资源的异构性，从根本上消除"节点孤岛"造成的各分布式节点之间互联互通和互操作的难题。对于区块链分布式各节点资源中的数据、信息、页面、服务资源，采用基于信息栅格 SOA 系统集成架构统一封装的策略和技术，将各分布式节点资源封装为业务组件、通用组件、安全组件和中间件组件的共享策略的方法，使区块链底层技术服务的各类组件满足上层需求应用的组织管理和组件的调用、映射、交换、集成与共享。对于信息设备资源以及信息处理资源，则可以通过资源管理服务来进行封装。由于不同功能的资源其接口的调用也各不相同，可以通过资源注册与发现服务将本地资源的调用接口以及服务质量相关信息注册到上层资源发现模块之中，供用户发现和调用。

新型智慧城市区块链底层技术服务主要由通用组件、业务组件、安全组件和中间件组件构成，为满足区块链云平台信息与数据的调用、映射、交换、集成、共享和组件组织管理、组件标准化及组件应用提供引擎和接口。通用组件、业务组件、安全组件和中间件组件采用统一的标准和规范进行开发和组态。根据新型智慧城市区块链云平台与各分布式节点（P2P）互联互通和数据共享交换的要求，将统一开发的各类组件部署在区块链底层技术服务的接入层中。新型智慧城市区块链底层技术服务层主要由分布式节点接入平台的通用组件、业务组件、安全组件和中间件组件，以及分布式节点资源平台组成。

（一）通用组件

基于 SOA 系统集成架构，根据新型智慧城市区块链云平台所需的通用功能，采用系统化、结构化、标准化的方式，构建新型智慧城市区块链云平台各业务二级平台（信息节点）通用的数据交换组件、统一认证组件、门户组件、报表组件、数据分析组件、视频分析组件、机器学习组件、系统管理组件、资源管理组件和可视化组件等通用组件层。共享组装结构是异构平台互操作的标准和通信平台。通用组件结构是"即插即用"的支撑结构。通过一定的环境条件和交互规则，通用组件结构允许一组组件形成一个封闭的"构件"，可以独立地与第三方平台或其他异构的系统进行交互、调用和协同，因此，通用组件结构及其内含的"构件"也可以视为一组独立的构件组合体或通用组件层。通用组件通过不断地迭代和合成，可以为一个框架体系结构复杂的大系统或巨系统提供跨平台、跨业务、跨部门的应用调用和系统集成，同时避免各业务平台软件及服务程序的重复开发与建设。

（二）业务组件

业务组件层应满足新型智慧城市跨平台、跨业务、跨部门可视化集成的调用与场景展现，通过新型智慧城市各行业级二级平台（信息节点）的系统集成，进行新型智慧城市各业务类应用服务的组织、采集和应用信息资源分类、综合与集成。采用分布式（节点与资源分离）多源异构的容器封装共享机制，将新型智慧城市各类数据、信息、页面、服务资源按照智慧城市管理与服务各业务应用类型进行分类、集合、组织、封装，从应用的供需角度组织数据、信息、页面和服务资源。建立新型智慧城市系统集成"四大"封装的业务类目录和业务应用组件调用体系，实现各类封装的业务组件之间（即业务数据、业务信息、业务页面、业务服务的供需之间）的跨平台、跨业务、跨部门、跨应用需求的调用、映射、交换、集成和共享。

（三）安全组件

区块链采用 P2P 技术、密码学和共识算法等技术，具有数据不可篡改、系统集体维护、信息公开透明等特性。区块链提供一种在不可信环境中，进行信息与价值传递交换的机制。区块链的价值是信任，所以，可信是区块链的核心价值，是构建未来区块链价值的基石。区块链信任的核心是密码算法，密码算法的核心是算法本身和密钥的生命周期管理。密钥的生命周期包括密钥的生成（随机数的质量）、存储、使用、找回等。虽然区块链协议设计非常严谨，但作为用户身份凭证的私钥安全却成为整个区块链系统的安全短板。通过窃取或删除私钥，就可轻易地攻击数字资产权益，给持有人带来巨大的损失。这样的恶性事件已经不止一次地出现，足以给人们敲响警钟。

区块链安全机制采用与信息栅格安全保障体系集成创新的方式。安全组件实现对区块链云平台和分布式节点实施双重安全防护。对于区块链云平台的安全采用公有密钥的方式，集成分布式节点安全认证、PKI／CA认证，为每个区块链分布式节点发放数字认证，确保区块链每个分布式节点是通过安全注册和认证的，区块链云平台与分布式节点之间的互联是可信任、可靠的。对于区块链分布式节点的安全采用私有密钥的方式，集成SM2／SM3密钥算法、共识算法、数据加密，通过私钥对访问者进行安全认证，确保在点对点（P2P）获取分布式节点资源时是安全的、可信任的、可靠的和数据不可篡改的。

（四）中间件组件

中间件是一种独立的系统软件或服务程序，分布式信息节点应用软件借助这种软件在不同的技术之间共享资源。中间件位于客户机／服务器的操作系统之上，管理计算机资源和网络，是连接分布式节点（P2P）之间独立的应用程序或独立系统的软件。相连接的分布式节点的业务平台或应用系统具有不同的接口，但通过中间件相互之间仍能交换信息。执行中间件的一个关键途径是信息传递。通过中间件，应用程序可以工作于去中心化的多节点或OS环境。新型智慧城市区块链云平台基于SOA系统集成架构的基础中间件层包括MOM、J2EE、LDAP、PORTAL、ESB等。

八、新型智慧城市区块链分布式节点结构

新型智慧城市区块链分布式节点结构将区块链分布式P2P结构和信息栅格资源管理技术结合在一起。该结构既可以实现分布式节点之间的互联和信息交换，又可以通过新型智慧城市区块链云平台实现对分布式节点的资源管理。区块链资源管理是区块链云平台的核心功能，其对区块链各分布式节点进行统一的组织、调度和管理，通过各分布式节点底层技术服务对各类资源进行封装和提供统一提交作业的引擎和接口。特别对于一些综合任务和多目标须协调多个分布式节点的资源协同时，则须通过区块链云平台的资源管理将综合任务和多目标有效、合理地分配到分布式节点的业务平台及应用系统上进行运行。各个分布式节点底层技术服务封装的是大量的元数据（类）信息，这些元数据（类）描述了节点资源的语义、功能、调用。如何对这些信息进行有效的组织和管理，是分布式节点底层技术服务的基础，该功能通过信息栅格的资源发现来实现。信息栅格系统集成中的资源发

现与一般系统信息服务不同，除了具有信息获取和发布的基本功能之外，更重要的是可保证信息是当前需要的、可用的、可信任的。

上述新型智慧城市区块链分布式节点结构，是一个典型的"去中心化""去集中化"的分布式结构。传统的智慧城市或数字政府将政府各业务系统和应用功能集中部署在一个软硬件环境中进行集中式的应用和管理；而新型智慧城市采用区块链分布式结构，将政府各业务系统和应用功能部署在政府各部门（分布式节点）中进行分布式的"自治"应用和管理。区块链"自治化"的特点有助于政府摒弃传统的"管理—规制"的模式，而遵循"治理—服务"理念。所谓政府各部门运行与管理的"自治化"是指所有参与到区块链分布式结构中的政府各部门节点均遵循同一"共识机制"，不受外部的干预，自由地、自主地进行各部门（节点）之间的信息与数据交换、共享和应用，自发地、共同地维护政府各部门业务系统的信息与数据的可用性、可靠性和安全性。因此，政府各部门分布式节点的"自治化"也可称为"共治化"，即政府各个部门并非是完全分散的、独立的"个体"存在，而是通过"共识机制"形成逻辑上虚拟化的统一性、协同性、一致性的一个有机整体。不同的政府部门分布式节点（或称为"组织域"）可以通过电子政务外网实现其相互之间的互联和收集其他部门节点的信息和数据，同时又可以通过区块链云平台来调度、组织和管理各个分布式节点的资源，在逻辑上形成虚拟化的一个整体。由于是基于区块链分布式（P2P）的结构，因而不存在系统瓶颈，并提高了系统的可扩展性、可靠性及安全性。新型智慧城市区块链分布式节点（P2P，去中心化）结构与信息栅格资源管理技术的结合方式，可以方便对分布式节点访问权限的管理。各个政府部门分布式节点将本节点资源注册到区块链云平台的全局资源管理与服务之中并定期更新，当客户端需要通过资源发现服务搜索相应的信息和数据时，先从区块链云平台的全局资源管理搜索相关信息和数据；如果没有搜索到相关信息和数据，则通过 P2P 方式访问任何一个分布式节点底层技术服务来获取。区块链云平台则负责维护所有政府部门分布式节点底层技术服务封装组件。

新型智慧城市区块链分布式节点结构具有下列特点：

1. 实现对分布式节点资源的管理。满足信息系统集成中的安全性要求，而且有效地减小了网络数据流量。

2. 基于 P2P 结构的区块链云平台提供全局信息和数据服务，可以有效消除系统瓶颈，同时提高系统的可扩展性和安全性。

3. 提高分布式节点资源管理的一致性和统一性，基于 P2P 结构，减少了整个系统的层次结构，提高了对分布式节点访问的有效性。

4.方便对各个分布式节点底层技术服务的组织和调用。各个分布式节点底层技术服务首先可以组织节点内部资源，然后再统一汇总到区块链云平台全局资源管理中，可有效减少全局信息服务的负担。

九、新型智慧城市区块链云平台实现功能

新型智慧城市区块链云平台是城市级平台与各业务级平台及应用系统与信息集成的统一平台，是新型智慧城市统一的核心信息枢纽。城市级区块链云平台位于整个新型智慧城市统一信息化应用的最顶层，各个业务级平台（信息节点）与城市级区块链云平台相连接形成一个星型结构的分布式系统体系，各业务应用系统与业务级二级平台（信息节点）相连接，从而形成一个以城市级平台为核心的"雪花"型的点对点的结构。城市级区块链云平台作为新型智慧城市统一信息与数据的中心节点，承担业务级二级平台及应用系统节点的系统集成、数据交换、数据共享、数据支撑、数据分析与展现、身份统一认证、可视化管理等重要功能。新型智慧城市区块链云平台由以下业务支撑系统组成：

（一）综合信息集成系统

综合信息集成门户网站定位为新型智慧城市区块链云平台级 APP，其功能是将城市级平台和各业务级平台相关的应用系统的管理和服务信息，通过系统与信息集成和 Web 页面的方式连接到"门户网站"上来。网络注册用户（实名制）可以通过网络浏览器方式，实现对整个新型智慧城市区块链云平台管理与综合服务信息进行浏览、可视化展现、查询和下载。城市级平台综合信息门户网站是全面提供新型智慧城市区块链云平台管理与服务的人机交互界面。

（二）数据资源管理系统

数据资源管理系统实现信息资源规划相关标准的管理、元数据管理、数据交换管理等功能，是实现新型智慧城市区块链云平台数据共享的前提和保证。数据资源管理系统是对信息资源规划提供辅助作用，并方便普通用户使用规划成果，维护规划的成果、数据的工具平台。其提供用户直接浏览和查询的界面，并将该成果进一步规范化管理，将数据元目录、信息编码分类、信息交换标准等进一步落实，以指导支持一级平台的大数据建设，以及新型智慧城市区块链云平台管理与民生服务三级平台的建设。

新型智慧城市区块链云平台数据资源管理系统实现以下功能：

（1）元数据管理功能；

（2）编码管理功能；

（3）数据交换管理功能。

（三）数据共享交换系统

数据共享交换系统是实现和保障新型智慧城市区块链云平台共享分布式数据库之间（信息节点），以及城市级平台与业务级平台（P2P）之间数据交换与共享的功能，能够在应用系统之间实现数据共享和交换。数据交换与业务级平台利用面向服务的要求进行构建，以 WS 和 XML 为信息交换语言，基于统一的信息交换接口标准和数据交换协议进行数据封装、信息封装、页面封装、服务封装，利用消息传递机制实现信息的沟通，实现基础数据、业务数据的数据交换以及控制指令的传递，从而实现新型智慧城市区块链云平台与各业务级平台及应用系统的数据、信息、页面、服务的集成。

（四）数据分析与展现系统

新型智慧城市区块链云平台的数据加工存储分析与展现系统主要由数据仓库（DW）和数据清洗转换装载（ETL）以及前端展现部分组成。通过 ODS 库（主题数据库），将新型智慧城市区块链云平台涉及已建、在建和未建的各个应用系统（视为信息节点）中的数据、信息、页面、服务，按照要求集中抽取到业务级主题数据库中；然后再进一步挖掘到新型智慧城市区块链云平台大数据库系统中，为数据挖掘、数据分析、决策支持等提供高质量的数据来源，为新型智慧城市区块链云平台"管理桌面"和各级业务领导及部门提供可视化信息展现，为领导管理决策提供支撑和服务。数据加工存储分析功能主要是对从数据源采集的数据进行清洗、整理、加载和存储，构建新型智慧城市各业务级主题数据库；针对不同的分析主题进行分析应用，以辅助新型智慧城市区块链云平台管理决策。数据加工管理过程包含 ETCL，即数据抽取（Extract）、转换（Transform）、清洗（Clear）和加载（Load），数据集成实现过程，是将数据由应用数据库到主题数据库系统，再向城市级平台的 ODS 加载的主要过程,是新型智慧城市区块链云平台建设大数据库知识数据过程中，数据整合、挖掘、分析的核心技术与主要手段。

（五）统一身份认证系统

统一身份认证系统采用数字身份认证方式，符合国际 PKI 标准的网上身份认证系统规范要求。数字证书相当于网上的身份证，它以数字签名的方式通过第三方权威认证有效地进行网上身份认证，帮助各个实体识别对方身份和表明自身的身份，具有真实性和防抵赖功能。

（六）可视化管理系统

新型智慧城市区块链云平台可视化应用包括地理空间信息 3D 图形（GIS）、建筑信息模型 3D 图形（BIM）、虚拟现实（VR），以及视频分析（VA）的可视化技术应用集成。各业务级平台及应用系统的数据和信息，通过可视化集成展现，形成数据和信息可视化的集成、共享、展现的场景综合应用。

（七）共享大数据库系统

共享大数据库系统分别由城市级大数据库、业务级主题数据库（信息节点）、应用级数据库（P2P）构成，具有大数据管理的环境和能力。各级数据存储数据库具有数据存储、管理、优化、复制、防灾备份、安全、传输等功能。云存储数据库采用海量数据存储与压缩技术、数据仓库技术、网络化分布式数据云存储技术、数据融合与集成技术、数据与信息可视化技术、多对一的远程复制技术、数据加密和安全传输技术、数据挖掘与分析技术、数据共享交换技术、元数据管理技术等。新型智慧城市区块链云平台监控与管理数据存储，采用分布式数据库与集中的云数据管理和云数据防灾备份。各级信息节点分布式数据存储系统在物理上相互独立、互不干扰，逻辑上形成一体化的共享数据云存储仓库。

十、新型智慧城市区块链深度融合应用特点

新型智慧城市区块链基于 SOA 的系统集成架构借鉴了智慧城市信息栅格信息系统集成框架体系结构（SCIG），率先提出了新型智慧城市区块链总体架构、新型智慧城市区块链云平台总体技术结构和新型智慧城市区块链底层技术服务结构，以满足新型智慧城市框架体系结构矩阵型多平台多数据库和多重应用的去中心化和开放性复杂巨系统框架体系结构的要求。特别注重新型智慧城市整个框架体系结构规划设计中的网络互联、信息互通、数据共享、业务协同，同时强调了统一规划、统一标准、统一开发、统一封装、统一组件、统一部署、统一应用的原则，将消除"信息孤岛"和避免重复建设作为新型智慧城市项目实施的根本要求。新型智慧城市系统集成具有以下特点：

（一）采用分布式节点结构模式

新型智慧城市区块链系统集成架构，采用分布式节点集成的模式，从满足整体需求出

发，根据系统建设的设计原则和技术路线，采用区块链面向应用、面向服务、面向数据、面向系统集成的分布式节点体系架构设计方法作指导，重点是各个信息节点通用组件、业务组件、安全组件、中间件组件和分布式节点接入层的数据、信息、页面、服务"四大"封装的创新设计。协同和联动各个节点资源和系统集成的体系架构将以系统业务服务为核心，形成新型智慧城市系统集成架构中各层级之间的信息互联互通、数据共享交换、业务功能协同与系统统一调用。

（二）统一框架分布式结构易于扩展和部署

新型智慧城市区块链系统集成架构采用分布式和统一规范的通用组件、业务组件、安全组件、中间件组件的系统化、结构化、标准化，简化了应用服务的结构，避免了因为存在异构的信息节点底层技术服务所可能引起的不易集成的困难。采用统一的组件封装结构，封装底层的数据、信息、页面、应用，将来易于增加新的节点和应用。采用统一开发的容器封装技术的标准化结构模型和组件引擎及调用接口（API），便于区块链各个信息节点通过标准组件引擎和接口调用底层技术服务的数据、信息、页面和应用，降低重复开发成本，保证新节点增加和应用的兼容性与集成性。

（三）分布式数据易于利用

新型智慧城市区块链系统集成架构基于新型智慧城市一级区块链云平台及大数据库、业务级二级平台及主题数据库（信息节点）的分布式数据库的模式，为相关决策提供一体化、分布式的信息与数据的支撑，满足新型智慧城市全面社会管理和公共服务信息互联互通、数据共享交换、业务协同联动的需求。

第四节　智慧城市运营管理中心专项规划

一、智慧城市"运营管理中心"建设需要

随着国家治理体系和治理能力现代化的不断推进，随着"创新、协调、绿色、开放、共享"发展理念的全面贯彻，城市被赋予了新的内涵，对智慧城市建设提出了新的要求。中央网信办在全面调查和摸清全国智慧城市建设情况的基础上，面对智慧城市建设遇到的新挑战和新要求，提出了智慧城市的概念。

智慧城市以为民服务全程全时、城市治理高效有序、数据开放共融共享、经济发展绿色开源、网络空间安全清朗为主要目标，通过体系规划、信息主导、改革创新，推进新一代信息技术与城市现代化深度融合、迭代演进，实现国家与城市协调发展。

信息是国家治理的重要依据，要以信息化推进国家治理体系和治理能力现代化，统筹发展电子政务，构建一体化在线服务平台，分级分类推进智慧城市建设，打通信息壁垒，构建全国信息资源共享体系，更好地用信息化手段感知社会态势、畅通沟通渠道、辅助科学决策。

要实现全国、省、地市、区县之间的信息互联互通和数据共享交换。智慧城市要从构建全国信息与数据资源共享体系的全局、高度、整体出发，来实现信息的互联互通、数据的共享交换、业务的协同联动。建设智慧城市"运营管理中心"，就是落实智慧城市建设与国家治理体系和社会治理能力现代化深度融合的大思路、大谋略、大智慧，充分体现了智慧城市可持续发展的总目标和总要求。

二、智慧城市"运营管理中心"建设内容

智慧城市"运营管理中心"建设内容，由"运营管理中心""网络融合与安全中心""大数据资源中心"以及"公共信息一级平台"，简称运营管理中心（OMC）一体化组成。"运营管理中心"是智慧城市的心脏和大脑，没有"运营管理中心"，所谓"智慧城市"将无从谈起。"运营管理中心"是实现网络互联、信息互通、数据共享、业务协同、消除"信息孤岛"、打通信息壁垒和避免重复建设所必需的根本基础设施，是智慧城市规划与建设必须解决的首要问题。

智慧城市"运营管理中心"建设基于中央网信办提出的"构建一张天地一体化的城市信息服务栅格网"的要求。"运营管理中心"创新地将网络中心（NC）、数据中心（DC）、运营管理中心（MC），基于"一级平台"（FIP）集成为一体。通过互联网与电子政务外网的融合构成一个智慧城市"虚拟化的超级复杂巨系统"。实现网络资源、计算资源、存储资源、数据资源、信息资源、平台资源、软件资源、知识资源、专家资源等的全面共享。将"信息栅格"技术应用于智慧城市，"运营管理中心"是信息与系统集成基础设施的应用创新。

中央网信办提出以"方法、网络、数据、运行、平台、标准"六大核心要素，基于"运营管理中心"信息基础设施顶层规划、专项规划，进行智慧城市"运营管理中心"的规划、工程设计、建设、运营的指导思想和方法论。

智慧城市"运营管理中心"是为更好地对智慧城市的综合态势、基础设施、公共安全、交通运输、生态环境、宏观经济、民生民意等状况进行有效掌握和管理。通过智慧城市"运营管理中心"，实现智慧城市综合资源的汇聚共享和跨部门的协调联动，为城市高效精准治理和安全可靠运行，提供大平台、大数据、大系统、大网络"最后一公里"的可视化分析展现的技术与环境支撑。

智慧城市"运营管理中心"以建设"网络融合与安全中心"为核心内容，构建共性基础"一张网"。这是为了实现城市的精确感知、信息系统的互联互通和惠民服务的无处不在，构建一张天地一体化的城市信息服务栅格网，夯实智慧城市建设的基础。

智慧城市"运营管理中心"以建设"大数据资源中心"为核心内容，建立一个应用数据、经验数据、知识数据的大数据体系。海量数据是智慧城市的特有产物，要建立一个开放共享的数据体系，通过对数据规范整编和融合共用，实现并形成数据的"总和"，进而有效提高决策支持数据的生产与运用，进一步提升城市治理的科学性和智能化水平。

智慧城市"运营管理中心"以建设"公共信息一级平台"为核心内容，建立一个通用功能平台，实现各类信息资源的调度管理和服务化封装，进而支撑城市管理与公共服务的智慧化。

智慧城市"运营管理中心"规划及工程设计与建设，依照智慧城市六大核心要素，采用"信息栅格"技术，遵循统一专项规划、统一标准工程设计、统一建设实施的原则。各级"三中心"统一在省、地市、区县采用分布式进行部署，在逻辑上则根据功能需求统一在各级"一平台"上，实现各级"三中心"的网络互联、信息互通、数据共享、业务协同、安全保障，及"一平台"综合系统集成的可视化展现，和大平台、大数据、大系统集成应用的物理与逻辑的运营管理环境。

三、智慧城市"运营管理中心"技术应用

"运营管理中心"技术应用涉及框架、体系、平台、系统上的完整性、一致性和可实施性的原则。技术应用内容主要是将"运营管理中心"与"网络融合与安全中心""大数据资源中心""公共信息一级平台"的功能分类和技术应用等集成为一体。智慧城市运营管理中心采用"信息栅格"技术应用，其重点是"运营管理中心"的总体结构、支撑系统、技术应用、实现功能、信息互联互通与数据共享交换、网络及信息安全等。

智慧城市"运营管理中心"项目技术应用原理，采用"信息栅格"技术框架，并遵循以下的技术路线：

1. 以网络、数据、平台、系统为技术框架的组成要素；

2. 以网络互联、信息互通、数据共享、业务协同为总体技术路线；

3. 以基于 SOA 的资源与服务集成为框架；

4. 以"运营管理中心"为信息基础设施；

5. 以网状、分布式、按需索取式为信息共享模式；

6. 以"应用程序共享共用"为软件开发原则；

7. 以消除"信息孤岛"和避免重复建设为实施原则。

四、智慧城市"运营管理中心"组成

智慧城市"运营管理中心"的组成特点是"资源共享策略"，通过统一的接口将底层的数据资源进行服务封装和应用 Web 页面超链接及中间件技术，接入到一体化集成平台之中。"信息栅格"技术路线在智慧城市中的实践和应用，以实现网络、数据、平台"三位一体"的融合、共享、集成为目标。其目的是整合智慧城市所有的网络、数据、信息平台及应用系统的资源，包括各行业级二级平台、各业务级三级平台和各应用系统。智慧城市资源的整合与共享是一个十分复杂的巨系统工程，"运营管理中心"可以说真正实现了涵盖信息及数据物理与逻辑资源的分析、展现、应用的一体化。"运营管理中心"项目建设的是一个复杂的巨系统工程，对每个被综合集成的网络、数据、信息平台，必须采用统一的接口标准和统一的规范化的框架体系结构。"运营管理中心"正是遵循这些原则而规划、设计和实施的。

（一）网络融合与安全中心

"网络融合与安全中心"是智慧城市建设的核心，是实现政府各部门之间办公协同，以及政府与社会、企业、公众之间信息的互通和数据资源共享的网络传输平台，凡不需要在电子政务涉密内网上运行的业务系统和政务公开信息及数据，均应接入网络融合与安全中心；"网络融合与安全中心"同时对互联网公众提供政务和公共信息发布、展示和应用服务。

"网络融合与安全中心"能够实现不同厂家、不同类型的传输、业务应用设备的统一管理，在内外网之间构建单向传输光闸物理隔离，通过统一网管平台实现网络配置、网络融合、自动化监测和高度的网络互联与集成，提供高质量业务分级的 QoS 保障。承载综合网络语音数据、视频、多媒体、无线（4G、5G、Wi-Fi）等网络的互联和网络传输数据与信息的互通。

"网络融合与安全中心"具有以下功能：

（1）实现与国家、省、市部门电子政务外网的互联互通；

（2）实现与政府各级部门和业务单位纵向和横向间网络互联与信息互通；

（3）为智慧城市"大数据资源中心"的数据交换、网络管理、光闸物理隔离、安全与认证、外网门户、政务资源目录、存储与备份、呼叫中心提供网络支撑和网络应用服务；

（4）网络融合与安全中心通过安全防护，建立公共互联网、电子政务外网、无线网络、智能化物联网、公安视频专网之间的网络融合与互联，以及信息互通；

（5）网络资源管理平台应实现对不同品牌、不同类型的网络资源的实时监控，包括有线／无线网络设备、安全设备、主机、虚拟化、存储设备、数据库、应用服务、机房环境等；支持多种数据采集方式，将所有资源的实时信息纳入同一个运行管理系统中，实现集中、统一管理，支持自动巡检；

（6）网络资源管理平台应满足多种部署架构，满足分域、分级、高可用的管理要求，支持集中、分布、分级等管理架构，满足客户不同的应用场景，支持大规模节点，提供高可用解决方案。

（二）大数据资源中心

智慧城市"大数据资源中心"采用云存储技术，实现集中综合大数据库与分布式各业务及监控系统专业数据库相结合，以便通过 BIM+3DGIS 方式快速查询和调用"智慧城市"业务级二级平台主题数据库和各应用系统业务数据的存储、优化、共享、应用，以及以网络浏览器方式快速连接和接管各业务及监控系统的浏览、查询和互操作界面。

智慧城市"大数据资源中心"云存储基于智慧城市框架体系结构的业务、管理、服务等应用分解为应用服务、流程逻辑、消息传递三个层次，将业务流程逻辑从应用中剥离开来，使业务流程管理人员可以专注于业务流程自身的优化组合。基于流程的集成支持，跨平台、跨系统、跨组织结构的流程自定义，提供简单、易用的图形化流程定义工具；监控流程，查询流程状态，支持工作流超时催办；工作流引擎要支持顺序流程、分支、并发、选择、循环等多种控制逻辑；支持人工任务和自动任务等。

智慧城市"大数据资源中心"云存储包括云存储远程管理、基础设施管理、基础设施资源自动管理、云视频存储、云存储中心设备内容备份与冗余防灾管理系统等，以及计算单元集成机柜和虚拟连接模块（包括万兆 LAN、SAN 模块，万兆光纤接口 16 个以上）。

通过"网络融合与安全中心"将分布在智慧城市辖区内各种各类网络中不同信息节点的数据集成到一起。智慧城市"大数据资源中心"的生成，涵盖政府管理、行政管理、民生服务、经济企业的各领域、各行业、各业务的数据集合，涉及政府行政数据、城市管理数据、民生服务数据和企业经济数据。从政府行政管理数据共享的角度，涉及政府管理与政务、城市监控与管理、社会民生服务、公共服务、商业服务、企业经济等信息与数据，以及保证城市常态和非常态（应急）下运行的基本数据，包括法人、人口、企业、财政、统计、资源、安全、交通、能耗、市政、生产、市场、商务、物流、医疗、卫生、教育、房产、社区等数据的共享。从城市管理和公共服务的需求出发，信息与数据流向有纵向或横向。智慧城市"大数据资源中心"具有对这些错综复杂、结构各异的数据进行分类、清洗、抽取、挖掘、分析、汇集、共享、交换的功能，为"运营管理中心"提供信息与数据的展现、查询、调用和应用。智慧城市大数据为智慧城市各级行政主管部门领导在制定战略决策，编制行政文件和行业计划，进行资源分配等工作时提供信息与数据支撑。

"大数据资源中心"具有以下功能：

（1）海量数据存储和处理的整机柜云处理一体机平台。数据存储一体机为海量数据处理提供智慧城市海量数据管理功能，它能满足智慧城市多业务级平台大数据资源存储和海量数据处理能力，提供存储、检索和挖掘功能，响应快速、高可靠、易扩展，可以满足移动通信数据处理、城市级视频监控等领域内的广泛应用。

（2）支持混合数据库架构模式；关系数据库与分布式处理平台分别处理不同类型；支持多类型业务数据的查询、统计、分析；支持深度数据挖掘和商业智能分析业务；移除／增加硬件节点后，仍能均匀地向各处理节点分发任务数据；开发多个查询任务，均能正常下发执行，且正常返回结果；并发多个查询任务耗时差别均匀；能够根据各平台硬件处理节点负载状况均衡分配查询任务；多次查询条件、数据范围相同情况下，100%返回相同正确结果；软硬件平台能够保障长时间连续 7×24 小时无故障运行；所有周期任务均能够正常执行，且执行结果无误；平台系统无单点故障，任意节点宕机，系统仍可继续正常进行数据处理和应用查询，且不影响结果准确性；系统支持灵活的扩展后端节点规模数量；处理性能、安全可靠性随节点规模增加呈线性上升；支持 Web 访问；支持 WebServices 接口；提供 Web 界面对分布式系统进行监控；支持查看、下载索引文件和元数据文件。

（3）大数据云存储一体机单机内含多台管理节点，包括 2U 标准机架式、双路 Intel E5 6 核处理器、128GB 缓存、2×1Gb 数据接口、2×10Gb 数据接口、2×500G SATA 7200RPM 企业盘、1+1 冗余电源、1×机架角轨套件，内嵌控制器管理软件，负责数据的管理、维护、计算资源分配、负载均衡、在线扩展等。

（4）大数据云存储一体机单机内含多台处理节点：2U 标准机架式、双路高性能 64 位处理器、128GB 缓存（DDR4）、2×10Gb 数据接口、1+1 冗余电源、内置 48TB（12×4TB）共 12 个 3.5″ SAS／SATA 存储容量、2×机架角轨套件，内嵌存储节点管理软件，负责存储节点数据管理、高速存储处理，高可用、高可靠。

（5）采用分布式云存储架构，支持存储系统在线 PB 级 Scale-out 扩展，其性能随存储节点数量增加线性扩展，支持任意一个磁盘或节点失效而不影响系统的使用以及数据的完整性。

（6）支持 Windows、Linux 等操作系统中挂接为一个海量磁盘，用户使用和操作本地文件系统相同：

能够在主元数据服务器故障情况下自动切换至备用元数据服务器；

数据日志本地持久化，可根据元数据日志恢复元数据；

支持元数据日志异机备份，可根据备份日志恢复元数据；

块数据默认为 1：1 备份，系统可任意损坏一个存储节点，数据完整可靠，服务不间断，数据不丢失；

系统整体吞吐量随系统规模增加呈线性增长；

能够在不停止服务的情况下进行扩容或收缩规模，在线增加或减少存储节点；

支持 FTP 服务访问；

支持 NFS 访问方式；

可支持 CIFS 访问方式；

存储节点可兼作服务节点，对外提供数据访问服务；

负载自动均衡，根据空间利用情况进行负载均衡；

并发访问时流量自动分担至不同的存储节点；

自动监控设备的运行状态。

（三）运营管理中心

智慧城市"运营管理中心"遵循智慧城市"六个一"核心要素中关于"建立一个高效的运营管理中心，为更好地对城市的市政设施、公共安全、生态环境、宏观经济、民生民意等状况进行有效掌握和管理，须构建智慧城市统一的运行中心，实现城市资源汇聚共享和跨部门的协调联动，为城市高效精准管理和安全可靠运行提供支撑"的要求，以智慧城市综合资源的汇聚共享和跨部门的协调联动，以及高效精准管理与安全可靠运行为核心要素，实现智慧城市网络、数据、信息的集成与应用的展现、监控、管理、运营、服务的功能。智慧城市"运营管理中心"与智慧城市"网络融合与安全中心"和智慧城市"大数据资源中心"实现网络互联、信息互通、数据共享、业务协同，实现信息资源共享和智慧城市管理与运行的指挥及调度。

智慧城市"运营管理中心"具有大数据应用、大屏幕显示、综合通信调度和综合信息集成的功能，可以全面掌握智慧城市、各片区、智慧园区、智慧社区以及网格化的城市基础设施、服务站点、管理与执法人员、问题处理信息、评价信息等内容，支持智慧城市日常情况下和非常态应急情况下的管理与运行指挥调度，并通过大屏幕可视化（GIS+BIM+VR+VA）实时显示管理与运行所涉及的要素信息，如基础设施、市政地下管网、智慧城市大城管、智慧城市民生服务的状况、监测和控制的状态、信息和数据等。

"运营管理中心"具有以下特点：

（1）通过智慧城市大数据资源中心的数据共享，将涉及智慧城市管理与运行相关联的数据，根据常态和非常态下对数据调用和展示的要求，显示在可视化（GIS+BIM+VR+VA）相应图层上。

（2）显示大屏幕管控的功能。通过大屏幕展现智慧城市管理与运行情况下统一指挥和调度，展现智慧城市常态及非常态下管理与运行信息、基础设施运行监控信息、重点关注信息监测数据、社会民生服务信息等。

（3）实时集成综合通信的能力。通过有线通信系统、无线通信系统、卫星通信系统、多媒体通信系统等系统集成，实现将 VoIP、语音、数据、视频、图形、邮件、短信、传真等各种通信方式整合为一个"单一"的通信功能的应用。

（4）运营管理中心具有指挥调度集成的能力，采用 Web 技术，以及 B／S 和 C／S 相结合的计算机结构模式。远程用户可以通过互联网访问信息系统集成，以浏览器方式显示、控制、查询、下载、打印信息集成系统相关的信息、影像、数据等。

（5）智慧城市运营管理中心具有可视化的展示功能，主要由首页及相关二、三级页面组成。智慧城市管理与运行展示信息与数据主要分为九大模块，分别是首页、国内外新闻、重要资源监测、社会经济动态、突发公共事件、城市监控、重点项目、办公系统及重大活动等内容。

（四）可视化集成平台

智慧城市"可视化集成平台"以智慧城市各类信息资源的调度管理和服务化封装，支撑智慧城市管理与公共服务的智慧化功能为核心要素，采用"信息栅格"技术，构建智慧城市一体化的展现、管理、运行、通信、指挥、调度、操控的通用功能平台，即公共信息的"一级平台"。"一级平台"建设的目的，就是为了实现智慧城市涉及政府政务信息、城市管理信息、社会民生信息、企业经济信息的各业务级二级平台、应用级三级平台和应用系统（包括智慧政府、智慧管理、智慧民生、智慧产业）之间建立信息互联互通、数据共享交换、业务功能协同，促进智慧城市全社会信息资源的开发与利用。避免在一个城市范围内政府各部门之间，政府与社会、企业、公众之间形成一个个的"信息孤岛"，造成在网络融合、信息交互、数据共享、功能协同时的障碍和壁垒，以及在资源上重复配置的浪费。

"可视化集成平台"具有以下功能：

1. 信息平台及应用系统大集成功能

"可视化集成平台"可以实现智慧城市"网络融合与安全中心""大数据资源中心""运营管理中心"和"公共信息一级平台"，即"运营管理中心"的大平台、大数据、大系统、大集成、大应用。

2. 结构化 Web 集成技术应用功能

"可视化集成平台"通过对智慧城市各个行业二级平台和其应用系统结构化、系统化和标准化的 Web 页面超链接，实现了智慧城市信息平台及应用系统 Web 页面的全集成，从而实现了智慧城市各个行业数据与信息的大集成、大数据、大应用。

3. 系统集成无限扩展与信息互联功能

"可视化集成平台"应采用 B／S 软件架构、"信息栅格"和"互联网＋"Web 集成技术综合应用，打通智慧城市各个信息平台及其应用系统的各级业务、功能、操作、设置页面，可以无限扩展和增加第三方信息平台及应用系统、子系统的综合系统集成，可以实现智慧城市已建、在建、未建信息系统 100% 的数据与信息集成。

4. 实现数据与信息的"三融五跨"功能

"可视化集成平台"应采用"信息栅格"技术，采用"四级界面"可视化分析展现结构化体系，实现对各信息平台的业务、功能、操作、设置等页面进行系统化和标准化的服务封装，建设全国一体化的国家大数据中心，推进技术融合、业务融合、数据融合，实现跨层级、跨地域、跨系统、跨部门、跨业务的协同和服务。

5. "线上与线下"大数据应用模式功能

"可视化集成平台"应具有对智慧城市涉及的重点目标和核心要素的数据抓取、采集、清洗、抽取、汇集、挖掘、关联分析、人工智能等一体化的全数据链服务的能力。"可视化集成平台"对被集成的信息平台采用 Web 页面超链接的方式，实现各信息平台 Web 页面的服务封装和业务需求的调用，形成 Web 页面数据采集的统一性和标准化。打通了智慧城市各领域、各行业、各业务、各应用的信息平台、业务系统和应用页面。为智慧城市不同行业、不同应用场景、重点目标和核心要素所需要的数据与信息，提供了各信息平台 Web 页面"线上"（在线）真实使用场景的实时信息与智慧城市各基础数据库、行业级主题数据库、各业务级应用数据库等"线下"（离线）的历史数据，并将其融为一体。实现"线上与线下"全数据链闭环反馈自适应的大数据应用模式。

6. 全数据链人工智能应用功能

"可视化集成平台"通过智慧城市各信息平台及应用系统的页面全集成，采用全数据链闭环反馈自适应模式，对智慧城市的重点目标、核心要素、突发事件等的"线上与线下"的位置、状态、数据、关联、分析等数据与信息进行全面的深度挖掘分析和人工智能应用。实现智慧城市重点目标、核心要素、元数据集等关联信息互联、数据共享、业务协同。当发生突发事件时，可根据相关预案和人工智能分析，实现跨领域、跨平台、跨系统、跨业务等关联真实使用场景的可视化联合分析展现。

7. 快速信息与关联页面的查询功能

"可视化集成平台"采用结构化、系统化、标准化可视化界面，应满足在 1 ～ 2s 内迅速查询到智慧城市各级业务、功能、操作、设置的信息和页面（千万数量级）的要求。

五、智慧城市"运营管理中心"可视化展现功能

智慧城市可视化集成平台是智慧城市建设全生命周期的"最后一公里"。智慧城市可视化集成平台是"运营管理中心"建设的主要内容。其内容包括政府政务及综合行业各信息平台及应用系统的集成，可实现智慧城市各行各业的技术融合、业务融合、数据融合，跨层级、跨地域、跨系统、跨部门、跨业务的信息互联互通、数据共享交换、业务协同联动。"可视化集成平台"实现智慧城市综合信息与大数据的可视化分析展现；"运营管理中心"所关注的重点目标和核心要素的位置、状态、数据、关联、分析等的可视化分析展现；智慧城市综合态势变化的预测与评估等。通过智慧城市"可视化集成平台"，能够以更加精细、精准和动态的方式来运营管理智慧城市所涉及的政府政务、综合治理、社会民生、企业经济，提高社会资源的充分利用、提高生产力水平和民众的感受度，有力推进低碳、节能、环保等，改善人与自然间的关系。

智慧城市"可视化集成平台"具有以下特点：

（1）可视化大场景展现智慧城市的多目标、多要素、多事项、多种类的常态和非常态数据及信息的位置信息、状态信息、数据信息、关联信息、分析信息等；提供智慧政务、智慧民生、智慧治理、智慧经济（企业）各行业级二级平台的Web超链接页面的信息展现、信息集成、数据分析、业务应用，以及监控系统的设置、控制、操作等功能，提高政务服务协同办公的能力。

（2）通过大数据各行业各业务的综合分析模型，预测事情、事件、事态的演变趋势，评估预测可实施的措施与办法，辅助领导智慧决策。

（3）通过智慧城市大数据资源中心的数据共享，将涉及智慧城市管理与运行相关联的数据，根据常态和非常态下对数据调用和展示的要求，显示在各级（省、地市、区县）可视化用户界面（UI）和GIS+BIM图层上。

（4）显示大屏幕管控功能，通过大屏幕展示各级（省、地市、区县）智慧城市管理与运行情况，并统一指挥和调度。

（5）展现各级智慧城市常态及非常态下管理与运行信息、基础设施运行监控信息、重点关注信息监测数据、社会民生服务信息等。

智慧城市"运营管理中心"可视化展示功能主要由以下界面组成：

（一）总览界面

全国各级（省、地市、区县）智慧城市的导览和各级智慧城市运行态势可视化的综合分析展示。

（二）一级界面

本级智慧城市关键要素及重要目标的监测、监控、监管，"网络融合与安全中心""大数据资源中心""公共信息一级平台"以及各行业级二级平台运行态势可视化的监控和管理。

（三）二级界面

本级智慧城市各行业业务应用三级平台关键要素及重要目标的监测、监控、监管，以及各行业级业务应用三级平台运行态势可视化的监控和管理。

（四）三级界面

本级智慧城市业务应用三级平台各信息点、监控点位置信息、状态信息、数据展示、关联信息、分析信息的可视化展现，以及监控点的运行参数设置，操作模式的增加、删除、修改，监控点的启停、调节、控制的操作等。

六、智慧城市"领导桌面"可视化展现功能

（一）新闻栏目

显示本地区新闻及国内、国际新闻内容。本地区新闻来源于本地区新闻办，国内、国际新闻可以通过系统管理员从后台添加。

（二）重大活动

重大活动栏目以图片或新闻列表的方式显示最新重大活动内容动态。该栏目为非固定栏目，栏目内容可由管理员在后台进行管理。

（三）综合态势展示

在 GIS 场景地图上展现本地区各种资源的分布、人口、经济情况的目标数据和要素数据，以及生态环境、公共安全、道路交通、基础设施、民生民意、企业经济的综合态势分析。

（四）重点项目

重点项目栏目在首页显示本地区的重点项目信息，包括项目名称、开展进度、负责人、实施单位、存在的问题及解决办法等。点击此栏目名称，可进入重点项目二级页面。

（五）重要资源监测

1. 每日要报用于简要说明每日经济运行重要数据和形势，给领导提供综合分析报告。使领导每天都能够在第一时间掌握辖区内关键状态形势。

2. 每日监测以数据分析图表方式显示煤、燃气、水、电、成品油等重要资源每日整时的实时监测数据。

（六）监测预警

对智慧城市重点目标和核心要素可能出现的变化和趋势做一个警示性信息分析展现。

为可能发生的事情、事件、事态做好准备以赢得时间和条件。预警级别划分为五个级别，分别称为五级预警、四级预警、三级预警、二级预警和一级预警，并依次用红色、橙色、黄色、蓝色和绿色来加以表示。

（七）大数据综合分析

对智慧城市重点目标和核心要素进行大数据分析等。通过深度挖掘、智能分析和人工智能应用进行多视角、多维度的在线关联大数据分析，利用趋势图、关系图、对比图、结构图等形式全面真实地反映重点目标和核心要素的变化趋势，为政府及各相关部门领导提供宝贵的决策和预测依据。

（八）经济动态

1. 生产总值

以数据分析图表显示季度内的生产总值，包括第一产业、第二产业、第三产业、互联网产业、网络与大数据产业的产值。

2. 生产总值走势图

使用走势图显示近几年的生产总值变化趋势。

3. 经济指标目录

以数据分析图表显示经济指标的目录，点击每个指标可以进入二级页面查看详细的分析结果。经济指标目录包括地区生产总值分析、商业销售分析、企业经济效益、主要工业产品产量、工程进展情况、固定资产投资、房地产开发、商业、物价、社会治安、财政、人民生活、劳动工资、经济主要经济指标对比、经济指标变动情况分析等。

4. 所辖地区的生产总值及排名

以数据分析图表显示各地区生产总值及排名情况。

（九）社会动态

1. 以数据分析图表显示人口统计指标目录，包括常住人口、流动人口、暂住人口、失业人口、入学人口等。

2. 以数据分析图表显示人口出生率、死亡率及自然增长率现状。

3. 以数据分析图表显示社会舆情分析。

4.以数据分析图表显示社区监控状态。

（十）突发事件

1.自然灾害

以数据分析图表显示本地区及国内外自然灾害相关的信息。通过按时间和地区排序，将本地自然灾害事故信息显示在列表最上面；其次是国内自然灾害事故；最后是国际自然灾害事故。

2.安全生产

以数据分析图表显示本地区及国内外安全生产相关的信息。通过按时间和地区排序，将本地区的安全生产事故信息显示在列表最上面；其次是国内安全生产事故；最后是国际安全生产事故等。

3.社会安全

以数据分析图表显示本地区及国内外社会安全相关的信息。通过按时间和地区排序，将本地区的社会安全事故信息显示在列表最上面；其次是国内社会安全事故；最后是国际社会安全事故等。

4.公共卫生

以数据分析图表显示本地区及国内外公共卫生相关的信息。通过按时间和地区排序，将本地区的公共卫生事故信息显示在列表最上面；其次是国内公共卫生事故；最后是国际公共卫生事故。

（十一）城市监控

显示来自公安局、交通局、卫生局、供电局、环保局、煤炭局及其他专业部门的视频监控图像。点击视频监控栏目或在导航栏中选择"城市监控"，可进入视频监控栏目专题显示页面和相关信息。

（十二）每周治安播报

以数据分析图表显示治安播报内容。点击"更多"按钮可以进入二级页面查看更多的治安播报信息。

（十三）重点目标可视化分析展现

智慧城市重点目标可视化分析展示，分别由综合态势、监测预警、突发事件、民生民意、城市治理、要素监测、企业经济八大重点目标构成的比较、分析、统计可视化图表。通过智慧城市可视化大数据"一级界面"可以链接到本级智慧城市各核心要素数据及元数据集的比较、分析、统计的"二级界面"的分析展现。

（十四）业务平台链接

以地理空间信息 GIS 图层连接方式提供链接集成到所有智慧城市业务级二级平台，包括智慧大城市、智慧环境、智慧安全、智慧交通、智慧应急、智慧设施、智慧市民卡、智慧社区、智慧医疗、智慧教育等。

（十五）协同办公系统

以菜单导航方式连接智慧政务"互联网＋政务服务"平台，展现办公自动化、公文管理、绩效考核管理等办公系统业务系统。

第四章 智慧城市建设的思路

第一节 建设要求与难点

一、明确建设要求

（一）基本原则

我国智慧城市建设必须坚持以下原则：

坚持普遍规律和城市特色相结合的原则。我国在破解智慧城市建设困境，推进智慧城市建设过程中必须牢牢遵循智慧城市发展的普遍规律和自身规律。在此基础上，必须体现各城市的自身优势，如区域优势、产业优势、自然资源优势、人文环境优势、创新优势等，切实解决智慧城市的概念、内涵、思路、重点、路径等的智慧城市"中国化"问题，避免盲目崇拜、照抄照搬、千篇一律的智慧城市，将我国智慧城市打造成为既遵循全球智慧城市发展趋势又富有中国特色的智慧城市。

坚持市场调节和政府调控相结合的原则。要紧紧围绕破解智慧城市建设困境这一目标，坚持市场化的改革方向，突出市场机制在智慧城市建设中的基础性、决定性作用，以建立高效、自由、开放、富有活力的市场环境为指引，以激发市场主体积极性为目标，让企业成为智慧城市建设的生力军和主导者。同时，根据我国智慧城市建设面临诸多难题的现实情况，全面强化各级政府职能转变，科学有效地发挥政府在智慧城市建设中的宏观调控功能，不断完善智慧城市建设的宏观发展环境，形成以市场为导向、以制度建设为重点的发展格局。

坚持统筹规划和分级分类推进相结合的原则，破解智慧城市建设困境，加快推进我国智慧城市建设是一项系统工程，涉及科技、财政、工信、发改、城建、国土等不同职能部门，国企、民企、军工等不同所有制经济，研发、转化、生产等不同环节，企业、高校、科研机构、中介机构等不同市场主体。各方利益纵横交错十分复杂，理顺各方关系，使之成为一个有机的整体本身就不是一蹴而就的工作。因此，必须统筹规划，在智慧城市建设的大框架下科学谋划，充分考虑各方主体的利益诉求，在此基础上，合理地设计总体目标、阶段目标以及具体目标，分级分类推进，方能落实创新驱动发展战略最终目标的实现。

坚持自主创新和开放合作相结合的原则。开放创新是推动智慧城市建设的强大动力。持续深化重点领域和关键环节创新，加强政策创新、制度创新、管理创新与服务模式创新，持续完善创新创业平台，不断提升自主创新能力，为智慧城市建设提供重要的技术支撑。推进全方位、宽领域、多层次对外开放，积极推动国外智慧城市与国内智慧城市互动建设，更好地利用两个市场、两种资源，形成内外联动、双向开放的智慧城市建设开放新格局。

（二）建设目标

围绕我国智慧城市建设，建成一批特色突出、功能完善、体系完备的泛在化、融合化、智敏化智慧城市，形成一批智慧生活更加便捷、智慧经济更加高端、智慧治理更加精细、智慧政务更加协同的智慧城市，打造一批智慧城市标杆。

城市生活更加智慧、便捷。有效破解城市发展中的交通拥挤、环境污染、基本公共服务短缺等诸多问题，通过将大数据、物联网等新一代信息技术应用于医疗领域，打造智慧医疗系统，让"看病难"问题得到解决；通过将新一代信息技术应用于教育领域，发展智慧教育，有效破解教育不公平难题；利用物联网、传感器、大数据等推动智慧交通系统建设，有效缓解城市交通拥挤问题；利用新一代信息技术推动智慧养老建设，让老有所养成为现实。

城市经济更加智慧、高端。智慧经济蓬勃发展，让智慧经济成为智慧城市建设的重要支撑。坚持应用为先，统筹规划，鼓励试点示范，以市场需求带动智慧产业发展，努力建成世界领先水平农业，努力实现智能制造，努力构建智慧服务体系；坚持供给为上，引进、培育一批智慧型产业；坚持改革为要，为智慧产业发展提供要素保障、制度保障。

城市治理更加智慧、精细。不断深化智慧治理，逐渐建立网格化的城市综合管理平台。通过互联网、物联网、虚拟现实等信息技术，实现人与人、人与物、物与物间的互联互通和全面感知，实时掌握城市运行状态；通过信息技术应用，促进信息共建共享，实现城市治理一体化与精准化；通过"互联网+"模式，全面整合服务资源和服务渠道，打造智能化政务体系和公共服务体系，实现社会共治共享；通过健全法律法规体系，推进网络空间规范化；充分利用互联网手段畅通市民参与城市治理渠道，提高市民对城市的获得感。

城市政务更加智慧、协同。充分利用"互联网+"思维，推动电子政务体系建设，让政府更好地为市民服务。通过顶层设计和统筹规划，形成协同的智慧政务管理体系；加快大数据、云计算、物联网、互联网的应用，整合各类信息数据，建成统一的网络平台，全

面提升政府服务的智能化水平。

二、把握建设难点

智慧城市的规划与建设是一项长期的系统工程，是一个自下而上的系统性的完善和协作过程。当前，智慧城市建设各环节均有需要突破的难点，这就须各个击破，形成一套完整的运行体系。

（一）把握智慧城市投入难题

基础设施作为保障城市经济活动正常进行的公共服务系统，是社会赖以生存和发展的一般物质条件，在智慧城市的建设中发挥着不可或缺的作用。智慧城市基础设施一般包括新一代信息网络设施、公共服务平台以及城市基础设施三部分。当前，智慧城市基础设施投入主要还是以政府投入为主，通过政府划拨经费推动智慧城市基础设施建设，资金来源还较为单一，投资模式还较为简单，迫切需要破解这一发展难题，更好推动智慧城市建设。

一是要注重扩展资金的来源方式。当前，我国智慧城市的投入主要还是依靠政府投入，但受政府财力、预算限制，其投入远远低于智慧城市建设需要。对比发达国家智慧城市建设投入情况，其投入体系较为健全，形成了一套完整的基础设施投资体系，从投资来源来看，较为丰富，形成了有政府财政投资、发行市政债券、银行贷款、利用私人部门资金、国有企业部分经营权出让、私人资本直接投资等多元投资体系。面对资金投入短板，应加快扩展资金的来源方式，引导、鼓励和支持更多的社会资本、民间资金参与到智慧城市建设中来，破解资金投入不足难题。

二是要注重优化投入方式。政府决策效率低下、审批程序冗长仍是当前我国政府投资的真实写照。智慧城市建设项目立项到真正落地还有漫长的审批手续以待完成，这就须进一步推动"放管服"改革，简化审批流程，缩短审批时间，提高投入决策效率；进一步鼓励政府、企业采取 PPP 模式，推动基础设施投入，缓解投资不足难题。

（二）准确把握技术供给难题

智慧城市是由互联网、物联网等新一代信息技术支撑起来的城市形态，其核心是充分利用现代信息通信技术，对信息和资源进行整合，提升城市的"智慧"能力。自智慧城市推进以来，我国十分重视技术供给问题，并在技术引进和自主创新方面取得了较大成绩。但与此同时，共性技术供给主体缺乏，供给方式单一；研发投入力度不大，技术引进消化吸收效率低；自主研究成果利用率不高等诸多方面还存在不少问题。这就须准确把握技术供给难题，破解智慧城市供给难题。

一是要丰富共性技术供给主体与供给方式。要充分发挥企业创新的主体作用，通过税收优惠、财政奖励等多种途径，让企业成为智慧城市建设的创新主体；要充分发挥政府的激励作用，创新激励方式，加大对企业竞争合作开发模式的支持力度。

二是要转变技术引进方式。技术引进是迅速获得技术资源的重要途径。近年来，我国对智慧城市相关技术引进力度是比较大的，但其方式还是以传统的成品引进为主，鲜有对技术本身的引进，这就导致了我国智慧城市建设的技术对外依存度较高，迫切需要转变技术引进方式，将重点从成套设备、关键设备以及生产线的引进转向专有技术许可、技术咨询与技术服务引进等方式。

三是要加强各主体间的合作与交流。通过完善"政产学研金"合作机制、创新合作方式等破解技术供给难题。

四是要完善知识产权保护制度。为了更好地保护企业核心技术，政府应当完善知识产权保护制度，充分激励企业采取专利技术形式承载企业核心技术，享用专利给智慧城市建设运行带来的便利。

（三）把握智慧城市产业发展难题

产业是经济的命脉，是国家生存发展的重要支撑，是国家综合实力的重要体现。纵观世界近现代城市发展史，产业的发展程度往往决定了国家的发展，并且成为区分不同国家之间竞争力的重要一环。建设智慧城市，首要的任务就是要建立健康合理的城市产业结构及其发展的主导力量。智慧城市是以物联网、互联网、传感网、云计算及数字技术为主的，通过优化城市规划、促进新兴业态发展、改变决策和管理方法、改变政府、企业和居民相互交往的方式，实现城市功能协调运作、经济可持续发展、信息发达、生态高效、人们生活更加美好的一种新的城市发展定位。而作为智慧城市中重要一环的智慧产业是直接或间接利用人的智慧进行研发、创造、生产、管理等活动，形成有形或无形智慧产品以满足社会需要的产业。

一是要完善政策支持机制。重视政策支持，通过财政补贴、税收优惠等措施，加大对智慧产业的支持力度，为智慧产业发展创造机会；重视政策落实，通过落实机制、落实措施等制度安排，进一步落实出台智慧产业相关发展规划政策，让智慧产业发展规划落到实处。

二是要完善投融资机制。加快设立产业风险投资引导基金,鼓励、支持政府、国有资本、民间资本按比例出资,建立智慧产业发展专项基金。一方面,将吸引更多资本进入智慧产业领域,有效破解融资难题;另一方面,将实现风险共担,有效降低了单一主体投资风险。加大对智慧产业的补贴优惠力度,对符合条件的金融机构给予适当的财政补贴和税收优惠,有效降低金融风险,提高民间资本投入的积极性。

三是要健全人才培养机制。加快高端人才引进,围绕智慧产业高端人才需求,有目标、有步骤、有针对性地引进掌握关键技术和核心技术的高端人才,破除技术障碍壁垒,有效提升智慧产业综合竞争力;加快专业技术人才培养,围绕智慧产业技术人才需求,通过校企合作、院企合作等多种方式培养一批专业技术人才,缓解智慧产业技术人才缺口较大难题;加快紧缺人才引进,通过技术入股、股权分配等多种形式吸引更多紧缺人才,提高其工作积极性。

(四)把握智慧城市管理协调难题

智慧城市是一个庞大的系统,从智慧城市的根基到智慧产业、智慧应用,无不需要进行管理协调。智慧城市的管理协调是指对各种与智慧城市有关的要素和资源,如资金、人才、技术等进行系统化的计划、组织、领导和控制,加强各层架、各主体之间的交流沟通,充分发挥各资源的使用效率,从而保证智慧城市顺利建设与运行。

一是要注重形成各主体间的协调,充分调动各部门积极性,构建合作网络,使各利益主体间实现信息共享、资源互换,形成相互依存、相互联系的整体,破解"信息壁垒"难题。

二是要注重完善运行规则,加快健全决策体系,让更多市民参与到智慧城市决策中来,提供非政府主体的决策参与度,提高决策的客观性和科学性。加快完善协商体系,通过开展定期交流大会、非定期组织协调会等多种途径,加强各主体间的沟通和交流,实现智慧城市协调管理。加快建立冲突处理机制,通过引入社会冲突自我处理机制,采取公开协商、民主谈判、民众参与等方法,促进智慧城市建设的和谐运行。

第二节　建设重点与机制

一、突出建设重点

当前,我国智慧城市建设还存在规划引导不够、市场导向不足、基础设施落后、技术水平滞后、城市特色不突出、智慧产业支撑能力不强等诸多难题。这就要求我们突出重点，突出以人为本、创新驱动、城市特色、绿色低碳、开放合作，推动智慧城市建设达到一个新高度。

（一）突出以人为本

以人为本是智慧城市建设的出发点和落脚点，智慧城市建设目的就是为了更好地满足人们对城市生活的需要，让市民享受更高质量的城市生活。而在我国传统智慧城市建设中，则将建设重点放在技术和管理上，忽视了"技术"与"人"的互动、"信息化"与"人本化"的协同，导致了"信息孤岛"的长期存在，市民参与度与感知度都较差。可以说，破解智慧城市这一现实困境，首先就要突出以人为本，坚持以人为中心的发展思想，以主体智慧推动城市进步，以人人参与提高城市感知度。

一是要强调发挥城市主体的作用。城市智慧，在某种意义上而言就是城市主体的智慧，即"人"的智慧，也就是说人的素质、能力、智慧决定着城市发展的智慧程度。因此，在推动智慧城市建设过程中，需要充分发挥城市主体"人"的作用，将城市的"智慧化"程度与"人"的智慧化水平协同起来，使"人"的智慧与"城市"的智慧共促共进，全面提高智慧城市建设水平。

二是要强调城市获得感的提升。这就须在智慧城市建设过程中把更多精力放在满足市民对城市的需求上，让市民在智慧城市建设中体会到更多幸福感、获得感。

三是要强调城市底蕴。智慧城市建设不仅仅是利用物联网、大数据、云计算、人工智能等新一代信息技术，还要根据城市的资源禀赋、基础条件、人文底蕴打造具有城市特色的智慧城市，将智慧城市建设与城市人文底蕴结合起来，将满足人们物质需求与精神需求结合起来，将智慧城市打造成为有品质、有文化、有灵魂、有深度的智慧城市。

（二）突出创新驱动

智慧城市的本质是对现有城市的重构，从强调以资源投入为主、重视发展速度和数量，重构为以资源有效配置为主、重视发展效率和质量。这一重构体现在创新驱动上，一方面，通过制度创新实现资源的有效配置；另一方面，通过技术创新、模式创新等提高发展效率和质量。而在我国传统智慧城市建设中，则更多强调现有技术的应用、现有模式的应用、现有制度的应用，缺乏创新驱动，从而导致智慧城市建设传统路径依赖较为严重，技术依存度较高。因此，为破解智慧城市建设面临的这一现实困境，应重点突出创新驱动，通过技术创新为智慧城市建设提供技术支撑，通过制度、管理、模式创新为智慧城市建设提供良好发展环境。

一是要进一步推动技术传统，加快发展信息技术，通过发展数据采集的传感技术、数据传输的网络宽带技术、数据处理的云计算技术、数据存储的云存储技术、数据共享的云平台技术、网络信息安全的量子通信和加密技术等，将智慧城市建设的核心技术掌握在自己手里，持续降低技术依存度。

二是进一步推动制度创新，通过建立一整套有利于智慧城市建设的制度体系，如激励体系、评价体系、监测体系等，从源头上彻底摆脱传统城市建设路径依赖。

三是进一步推动模式创新，通过创新投入模式、创新收益模式、创新运营模式、创新建设模式等，为智慧城市建设保驾护航。

（三）突出城市特色

打造具有自身特色的智慧城市是智慧城市建设的必然选择。在智慧城市建设过程中，既要充分考虑智慧城市建设的共性因素，如利用互联网、物联网、云计算、大数据、人工智能等新一代信息技术作用于城市发展，打造智慧民生、智慧产业、智慧政务等，让城市发展处处彰显智慧化；更要凸显城市自身的特色和个性，通过打造独具城市特色的智慧城市，有效破解我国智慧城市千城一面的发展难题。

（四）突出绿色低碳

绿色低碳是智慧城市建设的内在要求。西方发达国家在智慧城市建设过程中，普遍重视城市的绿色低碳发展，如斯德哥尔摩将物联网、传感器、大数据、人工智能等信息技术作用于城市管理，对二氧化碳排放量进行严格控制，确保城市低碳绿色；维也纳积极推行绿色城市计划，通过打造绿色建筑、绿色交通等，最终将维也纳建设成为绿色智慧城市。纵观我国，在推动智慧城市建设过程中，往往忽略了城市绿色低碳发展，将智慧城市建设与城市绿色低碳发展割裂开来。因此，为破解智慧城市建设面临的这一现实困境，应突出绿色低碳发展，通过新能源作用于建筑物，打造绿色建筑；通过新技术、新能源作用于交通，打造绿色交通；通过信息技术作用于城市生活，打造绿色生活。

一是推动绿色建筑建设，始终坚持宜居发展理念，合理利用绿色能源，如太阳能、风能等，将绿色发展理念贯穿建筑行业全过程。

二是推动绿色交通发展，积极发展新能源交通工具，从源头上减少二氧化碳排放量；

全面开展绿色出行行动，鼓励公众使用绿色出行方式，进一步提升绿色出行方式的比重；大力实施公交优先战略，完善城市公共交通系统，扩大公共交通覆盖面，让绿色公共交通成为主流。

三是推动绿色生活方式，充分利用新一代信息技术，将物联网、传感器、人工智能、虚拟现实、大数据等新技术作用于能源消耗方式监测，推行智慧化电表、水表、燃气表等，让市民能够充分了解用水、用电、用气情况，并合理降低能源消耗；积极推广使用智能垃圾桶，提高垃圾回收利用效率。

（五）突出开放合作

智慧城市建设离不开开放合作。我国在推动智慧城市建设中，往往忽略了外部力量，开放合作力量不够。鉴于此，我国在推动智慧城市建设过程中，要更加注重开放合作，充分调动外部资源更好地为我国智慧城市建设服务，通过开放，将国外先进经验和好的做法引进来，消化吸收再利用；通过合作，直接将国外的建设方案复制到国内，推动我国智慧城市快速发展。一是强调政企合作，充分调动企业积极性，吸引更多力量参与到智慧城市建设中来，形成合力。二是强调对外合作，通过完善对外合作机制，构建对外合作平台，积极推动发达经济体的智慧城市与我国智慧城市展开合作，推动我国智慧城市快速发展。

二、构建建设机制

面对我国智慧城市建设规划引导不够、市场导向不足、基础设施落后、创新能力不强、城市特色不突出、"信息孤岛"等诸多困难，这就须构建建设机制，通过建立双调节机制破解规划引导不够、市场导向不足的难题；通过建立双带动机制破解创新能力不强、示范效果不明显的困境；通过建立双共享机制破解"信息孤岛""信息烟囱"等问题。

（一）双调节机制：市场调节、政府调控

正确处理好政府与市场的关系是推动智慧城市建设的重点所在。智慧城市建设是一项复杂的系统工程，仅仅依靠政府力量或者市场力量推动都不能达到理想效果，比如，在推动智慧城市建设的积极性上，政府力量远远大于市场的作用，而在智慧城市的创新方面，市场力量又远远优于政府的力量，可以说，在智慧城市建设上政府与市场各有优势。因此，在推进智慧城市建设中要同时充分调动政府和市场的积极性，通过构建市场调节与政府调控相结合的双调节机制，最大限度地发挥政府和市场的作用。

智慧城市建设离不开政府调控。当前，我国智慧城市建设还面临规划引导不够、基础设施落后、城市特色不突出、"信息孤岛"等诸多困难，而要破解这些困难须充分调动政府积极性。一方面，通过宏观调控和微观监管，充分发挥政府在资源配置以及市场监管方面的积极作用；另一方面，通过政府作用，保障公共物品和公共服务的数量和质量。

在宏观调控和微观监管方面要做到两点：一是要明确智慧城市建设的需要，在充分考虑城市发展特色和城市资源禀赋的基础上做出符合城市发展特色的规划，有效避免智慧城市趋同化问题；二是要利用产业政策、财税政策、金融政策等为智慧城市建设提供良好的政策环境。在产业政策方面，要出台有利于智慧产业发展的相关政策，通过产业政策引导智慧产业发展，完善智慧产业链条，构建生态化的产业结构；在财税政策方面，可以通过出台降税免税以及财政扶持等政策吸引更多社会资本参与到智慧城市建设中来；在金融政策方面，可以通过发展风投基金、私募基金等方式构建起智慧城市建设的资金链，切实解决智慧城市建设过程中的资金短缺问题。

在民生建设方面要做到三点。一是要完善相关法律法规：首先，要建立统一标准。智慧城市是一项新兴事物，从全球智慧城市建设情况来看，智慧城市仍处于发展初期，还没有成熟的范本可供参考，因此，在推动智慧城市建设过程中要制定一个统一标准，通过统一标准来衡量建设情况；其次，要营造良好法治环境，通过健全法律法规，为智慧城市发展提供法治保障。二是要优化公共服务平台，通过"互联网＋智慧政务"整合城市信息资源，实现城市信息网络化、系统化，从而为市民生活带来方便。三是要加快智慧交通、智慧医疗、智慧教育、智慧社区等建设。在智慧交通方面，通过健全智能交通服务系统、车辆智能管理系统、电子收费系统等，全面提高城市交通治理能力和城市交通运行能力；在智慧医疗方面，通过建立电子处方系统、远程医疗系统等，全面提高诊疗水平，有效缓解看病难、看病贵等难题；在智慧教育方面，通过建立远程教育系统、智慧管理系统等，不断提高学校教学水平和管理水平，有效缓解教育不公问题；在智慧社区方面，通过发展电子政务，为市民提供快捷方便的政务服务。

智慧城市建设还要充分发挥市场的作用。当前，我国智慧城市建设还存在仅仅依靠政府力量不能解决的问题，如创新能力不强、资金短缺等，这就须发挥市场的作用，利用价格、供求、风险、竞争等机制优化资源配置，推动信息应用技术不断创新，支持更多资金投入到智慧城市建设中来。一是要利用市场竞争机制加快创新。应对市场竞争是推动企业发展的动力所在，良性的市场竞争能倒逼市场主体发挥主动性、创造性，进而形成一批新技术、新模式、新业态，等等。智慧城市建设中，市场竞争将倒逼更多企业加入创新，从而推动智慧城市领域新一轮信息技术发展。二是要利用市场价格机制实现集约节约发展。以市场为导向推动智慧城市建设除了可以集聚更多的资源参与到建设中来，还可以推动资源反复利用，通过资源反复利用和重新组合，实现智慧城市集约节约发展。三是要利用市场风险机制推动包容性发展。智慧城市是一新兴事物，智慧城市建设没有成熟的范例可供参考，所以，在实际建设过程中不确定因素加大，而在市场风险机制的推动下，市场主体能"循果治因"，从而有效规避多方风险，推动智慧城市实现包容性增长。四是要利用市场供求机制吸引更多参与者。智慧城市建设是一项复杂的系统工程，仅仅依靠政府的投资显然是不够的，而发挥市场供求机制，能够吸引更多的资本参与到智慧城市建设中来，有效缓解资金难题。

（二）双带动机制：创新带动、示范带动

我国智慧城市建设是基于当前正处于城镇化快速推进阶段，基于正处于新一代科技革命和产业变革时期，基于正处于城市交通拥挤、住房困难、环境恶化、资金紧张等城市问题凸显期。显然，为适应城市发展阶段的变化，破解城市发展难题，仅仅依靠传统推动城市发展的路径是行不通的，迫切需要通过创新带动智慧城市建设，以技术创新、治理创新更好满足智慧城市建设的技术要求和管理要求。从全球智慧城市发展现状来看，智慧城市还是一个新事物，全球还没有成熟的范本可供参考，这就须打造一批具有较强示范意义的智慧城市，以示范带动更多的城市参与到智慧城市建设中来。

智慧城市建设离不开创新。当前，我国智慧城市建设面临的创新能力不强问题要通过加快创新加以解决。以创新带动智慧城市建设，一方面通过制度创新实现资源的有效配置；另一方面通过技术创新、模式创新等提高发展效率和质量。在我国传统智慧城市建设中，则更多强调现有技术的应用、现有模式的应用、现有制度的应用，缺乏创新驱动，从而导致智慧城市建设传统路径依赖较为严重，技术依存度较高。因此，为破解智慧城市建设面临的这一现实困境，应重点突出创新驱动，通过技术创新为智慧城市建设提供技术支撑，通过制度、管理、模式创新为智慧城市建设提供良好发展环境。

一是要进一步推动技术传统，加快发展信息技术，通过发展数据采集的传感技术、数据传输的网络宽带技术、数据处理的云计算技术、数据存储的云存储技术、数据共享的云平台技术、网络信息安全的量子通信和加密技术等，将智慧城市建设的核心技术掌握在自己手里，持续降低技术依存度。

二是进一步推动制度创新，通过建立一整套有利于智慧城市建设的制度体系，如激励

体系、评价体系、监测体系等，从源头上彻底摆脱传统城市建设路径依赖。

三是进一步推动模式创新，通过创新投入模式、创新收益模式、创新运营模式、创新建设模式等，为智慧城市建设保驾护航。

智慧城市建设还要充分发挥示范带动作用。从全球智慧城市发展现状来看，智慧城市还是一个新事物，全球还没有成熟的范本可供参考，这就须打造一批具有较强示范意义的智慧城市，通过推进重点领域的试点工作，以示范带动智慧城市建设。比如，通过在医疗卫生、食品药品安全监管等民生领域试点示范，大力推进智慧社会民生，使民生服务更加便捷；通过在综合治理、市政、运输、交通等领域试点示范，大力推进智慧城市管理，使城市管理更加高效；通过在社会公共服务领域试点示范，大力推进智慧公共服务，使城市公共服务更加有效。

（三）双共享机制：信息开放共享、利益共创共享

当前，我国智慧城市建设还面临着"信息孤岛"市场主体参与不积极等问题，这就须构建双共享机制，通过建立信息开放共享机制，打破各行业、各领域相互分割、碎片化架构，实现信息开放、融合；通过建立利益共创共享机制，吸引更多市场主体参与到智慧城市建设中来，缓解智慧城市建设技术、资金难题。

"信息孤岛""信息烟囱"是我国智慧城市建设面临的最大难题，这就须打破各行业、各领域相互分割、碎片化的架构，以共享心态实现数据的开放、融合，为城市运营中所遇到的难题提出解决方案，推动智慧城市科学合理建设。一是要构造统一数据底盘。信息开放共享是智慧城市建设的核心与关键，数据基础设施建设则是智慧城市建设关键的关键、核心的核心，这就须形成一个开放的数据底盘，以此为架构核心，合理调配资源。通过加快建设国家电子政务内网数据共享交换平台，构建多层级互联的数据共享交换平台体系，实现重点领域信息政府部门间共享；通过整合分散隔离的政务信息系统，建立一个互联互通、业务协同、信息共享的大系统，让更多的信息资源实现共享。二是要完善城市信息安全体系。智慧城市建设是一个涉及多环节、多领域、跨部门的复杂的系统工程，信息开放共享涉及面广、涉及主体多，这就须更加重视城市信息安全问题，通过建立城市信息安全体系，保障城市各类信息资源安全。

我国智慧城市是政府推动下的智慧城市，而智慧城市是一个涉及多环节、多领域、跨部门的复杂的系统工程，完全依靠政府的力量是很难实现的，比如，技术创新问题、资金短缺问题，仅仅通过政府力量是不可能彻底解决的，必须借助市场的力量。如何引导和吸

引更多的市场主体参与到智慧城市建设中来，这就须建立利益共享机制。一是通过利润共享机制吸引更多主体参与技术创新。企业是推动技术创新的主要推动者，智慧城市破解技术难题还需要大量企业参与其中，通过建立利益共享机制，让企业共享智慧城市建设成果，从而再吸引更多企业参与到智慧城市建设技术创新中来。二是通过互利互赢的方式吸引更多资本参与智慧城市建设。企业是"理性经济人"，其是否参与智慧城市建设的主要衡量标准是否有利可图，这就须健全利益共享机制，通过合理的利益分配，吸引更多的企业、资金参与到智慧城市建设中来，破解智慧城市建设资金难题。

第三节　智慧城市建设的路径选择

加快智慧城市建设，我们要在分析我国智慧城市建设现状的基础上，围绕建设总体思路，突出以创新发展为根本途径，以协调发展为基本路径，以共享融合为必由之路，以运行监测为支撑路径，推动我国智慧城市建设迈向新台阶。

一、根本途径：创新发展

创新是智慧城市建设的关键所在，是推动智慧城市建设的核心动力。智慧城市建设，归根结底要依靠创新。通过技术创新为智慧城市建设提供技术支撑，通过模式创新为智慧城市建设提供多种路径选择，通过制度、管理创新为智慧城市建设提供良好发展环境。

（一）创新发展是我国智慧城市建设的关键举措

智慧城市是基于新一代信息技术革新、社会管理理念创新以及公共生活观念改变的基础上形成的一种新的城市发展理念和模式。从智慧城市概念来看，智慧城市建设本身就是一种创新，从智慧城市概念的提出，到智慧城市模式选择，再到智慧城市建设推进，每个环节都离不开创新的推动。可以说，创新贯穿于智慧城市建设全过程、各环节。

首先，智慧城市建设基础离不开创新支撑。核心技术的不断升级，数据库平台的不断更新，智能设备的不断完善等都是推动智慧城市建设的根本前提。

其次，智慧城市应用离不开创新支撑。智慧城市是由一系列智慧应用系统组合起来的，如智慧医疗、智慧社区、智慧教育、智慧民生、智慧产业，等等，这些系统的建立和发展都需要创新的推动，通过技术创新、模式创新推动智慧系统的建立和发展，让各智慧系统不断满足日益变化的市民生活的需要。

再次，智慧城市治理离不开创新支撑。智慧城市建设还需要智慧的治理方式，通过智慧治理实现城市智能化、绿色化、高端化发展，而智慧治理需要创新推动，通过制度创新、管理创新、模式创新等实现城市治理能力现代化。

最后，智慧产业发展离不开创新支撑，智慧产业是推动智慧城市建设的重要推动力，而智慧产业是创新驱动下的产物，通过技术创新、管理创新、制度创新等实现产业智能化、高端化、高质量发展。

从智慧城市现状来看，经过10年的发展，我国智慧城市建设取得了较大成绩，但还存在创新能力不足、城市病问题不断加剧、"信息孤岛"等诸多难题，而破解这些难题显然依靠传统发展模式是难以解决的，要更多依靠创新驱动，通过依靠新业态、新方式推动城市绿色低碳循环发展；通过依靠技术创新、制度创新、管理创新推动信息资源共享；通过依靠技术创新、制度创新、管理创新、模式创新等全方位创新全面提高城市创新能力。可以说，智慧城市建设面临的诸多难题都需要创新驱动。

（二）牢牢把握以创新驱动智慧城市建设为主攻方向

突出创新发展，把智慧城市建设的基点放在创新上，通过科技创新、模式创新、制度创新、管理创新等各方面创新，形成新的增长动力，实现由要素驱动为主向创新驱动为主转变。

其一，着力以科技创新推动智慧城市建设。科技创新对智慧城市建设的推动力主要表现在互联网、物联网、云计算、大数据、人工智能等新一代信息技术在智慧城市中的运用。比如，通过新一代信息技术作用于政府服务，推动智慧政务建设；新一代信息技术作用于产业发展，推动智慧产业发展；新一代信息技术作用于社会民生领域，推动智慧医疗、智慧教育、智慧养老、智慧社区等建设。

其二，着力以商业模式创新推动智慧城市建设。商业模式创新对智慧城市建设的推动力主要表现在新的商业模式在智慧城市中的运用，比如，PPP模式在智慧城市建设中的运用；"PPP+基金"模式在智慧城市建设中的运用；"技术+地产"模式在智慧城市建设中的运用；企业合作模式在智慧城市建设中的运用。

其三，着力以制度创新推动智慧城市建设。制度创新对智慧城市建设的推动力主要表现在建立一套适合智慧城市建设的体制机制。通过建立适合智慧城市建设的机制，完善顶层设计、统筹协调和规划引导，破除各部门间的信息壁垒，逐渐打破"信息孤岛"和数据分割，为智慧城市建设提供重要的制度保障。

其四，着力以管理创新推动智慧城市建设。管理创新对智慧城市建设的推动力主要表现在管理方式、管理模式的创新上，通过管理方式和管理模式创新，建立国家、省、市三级城市操作系统构架，建设政府信息化系统，破除各级各部门信息壁垒，推进国家治理体系和治理能力现代化，为智慧城市建设和发展营造良好环境。

（三）多措并举以创新驱动智慧城市发展

突出创新驱动，通过创新驱动智慧产业发展、智慧政务发展以及智慧民生领域发展，打造创新驱动型智慧城市。

1. 以创新驱动智慧产业发展

智慧产业是建立在智慧的发现、创造、运用、消费基础上的，以大数据、云计算、互联网、物联网、人工智能等新一代信息技术为依托，以知识和数据为核心生产要素，提供数字化、网络化、智能化产品和服务的一类产品形态。智慧产业是创新驱动下的产物，是智慧城市建设的重要推动力。当前和今后一段时间，抓住全球新一轮科技革命和产业变革带来的重大机遇，把创新驱动发展战略作为智慧产业发展的总抓手，推动智慧城市建设迈上新台阶。

（1）依靠创新汇聚融合高端要素，培育智慧产业发展新动力

①汇集高端人才促智慧产业发展

人才短缺特别是高端人才短缺一直是制约智慧产业发展的关键因素。为推动智慧产业发展，应加快高端人才集聚，破解人才制约。一是创新人才引育制度。扩大人才开放，建立市场主导、透明简洁的人才永久居留制度和高效便捷的人才签证居留管理制度；建立"靶向引才"机制，面向全球遴选引进世界一流水平的创新团队和领军人才；完善"柔性引才"机制，以多元方式引进紧缺人才；加大青年人才引进力度，实施海外青年人才引进计划，集聚海外博士后为主体的青年创新人才。二是创新人才培养模式。围绕互联网、大数据、云计算、物联网、人工智能等智慧重点产业，依据行业领军人才、紧缺型的研发技术人才、高级管理人才以及技能型、操作型中级、初级职称人员分别制定相应的引才策略；改进人才培养支持方式，提高人力资源成本费占人才资助比例，赋予高层次人才采购设备自主权，建立基础研究人才长期稳定支持机制；突出市场导向，加大高新技术企业、新型研发机构、科技企业孵化器、科技产业园区等平台的创新人才培养支持力度。三是注重发挥企业家精神。加大企业家高端培训力度，优化企业家成长环境，培养一批具有世界眼光、战略思维、创新精神和突出经营管理能力的优秀企业家；重视培育尊重企业家创造精神的浓厚氛围，

切实兑现政府的奖励承诺。对于自主投入大量研发资金并取得重要突破性成果、掌握自主知识产权的企业和企业家，给予明确的物质支持和精神奖励；加强国内知识产权保护力度，帮助企业更好地保护自主专利、规避专利纠纷，赢得市场竞争主动权。

②汇集多元资本促智慧产业发展

资金短缺是阻碍智慧产业发展的重要因素。应加快资本集聚，破解智慧产业发展资金难题。一是强化政府投入。严格落实财政科技支出法定增长要求，按照法律法规规定，在安排公共财政支出预算的同时，努力增加经费预算，保证创新驱动智慧产业发展支出增长幅度明显高于财政经常性收入增长幅度；优化财政投入结构，要改变以往小而散的做法，突出重点，支持影响经济社会长远发展的关键项目和作为科技发展基础的研究与开发项目，通过投入的吸纳和改向，促进创新驱动智慧产业发展，进而带动整体经济结构的调整和升级；完善财政管理，加大资金整合力度，坚持集中财力办大事的原则，加强与相关部门及科研机构的协助沟通，强化经费统筹协调；强化绩效评价，逐步建立健全评价财政投入效果的指标体系，进一步提高财政工作管理水平。二是引导社会资本投入。搭建融资平台，建成一站式、全方位、多层次的科技金融服务体系，构建包括天使投资、创业投资、股权投资、企业上市、并购重组、担保贷款、信用贷款、小额贷款、信用保险、金融租赁等在内的全链条创新投融资服务体系，覆盖产业链全生命周期需求；创新融资方式，充分利用"互联网+"、大数据、物联网等新一代信息技术，支持互联网金融、众筹等新的融资方式发展。

③汇集平台载体促进智慧产业发展

完备的创新平台载体是推动智慧产业发展的重要保障，应加快平台载体建设，以平台载体建设促智慧产业发展。一是加快研发平台建设。围绕产业链建设产业技术研究院、专业孵化器、产业专业平台、技术创新联盟"四位一体"的平台载体；围绕大数据、云计算、物联网、互联网、人工智能等智慧产业发展，全面深化与高校和科研院所的合作，建设产业技术研究院，联合开展前沿技术、关键及共性技术研发，搭建产业公共技术服务平台，为中小型高新技术企业提供技术支撑与技术服务，推进科技成果转移转化和新兴产业孵化育成；围绕物联网、大数据、智能制造、新能源等智慧产业领域，建设研发中心、国家级企业技术中心和企业博士后工作站等研发机构，以企业为主导，构建科研院所、高校、科技服务机构等参加的产业技术创新联盟，集中力量突破产业链发展关键环节，打通基础研究、应用开发、中试和产业化之间的通道，强化创新链、产业链、服务链和资金链的对接。二是加快公共服务平台建设。充分发挥政府在科技资源整合共享中的政策引导和宏观调控作用，明确平台建设总体目标、发展方向和布局重点，突出重点、有序推进，集中力量建设一批上规模、上档次、有特色的重点产业科技创新服务平台；统筹科技公共服务平台功能配置，进一步搞活运行机制，不断提升科技平台运行质量和水平，打造可以为企业提供科研仪器、科技信息、技术服务、科技评估等综合性、全方位服务的科技创新服务平台，不断放大平台的综合服务效应；切实发挥公共服务平台的中介作用，强化其为企业服务、为政府决策服务、为区域经济发展服务的职能，支持其加强与关联企业的联络与沟通，针对企业需求和难点开展有针对性的服务活动。

（2）依靠创新培育发展智慧产业，构筑产业发展新优势

①以创新驱动智能制造业发展

围绕电子信息、高端装备等智能制造产业领域，重点在大数据存储分析和应用、网络安全等方向，组织实施一批重点研发专项，突破一批关键核心技术，培育壮大一批智能制造产业集群。面向新一代信息产业泛在化、智能化的发展趋势，重点开展云计算与大数据、物联网、移动互联网等技术的研发，加强智能终端、新型传感器、通用芯片、信息通信设备等产品研制，加快工业云创新服务应用示范，促进信息技术向各行业广泛渗透与深度融合；围绕传统支柱产业和战略性新兴产业对新材料的重大需求，突破碳纤维、特种工程塑料等新型功能材料及制品的关键技术瓶颈，加快新材料技术向结构功能复合化、器件制品集成化、制备过程绿色化方向发展；优化能源结构，积极开展风电、光电、生物质能等可再生能源技术研究与应用，突破新能源关键技术，发展煤炭清洁高效利用和新型节能技术，推动能源应用向清洁、高效、低碳转型；围绕加快推进汽车工业做大做强的重大技术需求，重点开展纯电动和插电式混合动力汽车、燃料电池汽车等关键技术研发与产业化，研制满足特殊需求的新型专用汽车，加快突破智能网联汽车的核心技术，打造集关键零部件、整车制造、示范应用于一体的完整产业链，推动汽车工业向节能、绿色、智能方向发展，以创新驱动智慧服务业发展。

②以创新推动智慧服务业发展

以新一代信息网络技术和"互联网+"技术为支撑，重点推动电子商务、现代物流、文化产业、数字生活等领域发展，加强技术集成应用和商业模式创新，提高智慧服务业创新发展水平；依托高新技术产业开发区，重点发展高新技术的延伸服务和相关科技支撑服务，推动信息技术服务、研发设计服务、知识产权服务、检验检测服务、创业孵化服务、科技咨询服务、科技金融服务、数字内容服务、科技成果转化服务、电子商务服务、生物技术服务等高成长性智慧服务业发展。

③以创新驱动智慧农业发展

应充分利用"互联网+"、物联网等新一代信息技术，打造现代农业产业体系；围绕

作物育种、粮食丰产、设施农业等，强化农机与农艺结合、"互联网+"与种植业结合，积极发展设计育种关键技术，开展粮食作物大面积均衡增产提质、耕地地力修复与提升、园艺作物机械化、轻简化栽培等技术研究，加快新一代信息技术在种植业的集成应用，推动种植业高效、可持续的发展；以安全、环保、高效为目的，针对重要动物疫病检测与防治、畜禽绿色精准养殖等方面开展关键技术协同攻关，建立疫病快速检测方法，开发特效药物及有效疫苗，构建高效、安全、清洁的养殖标准化技术体系，全面提升畜禽养殖的技术支撑；围绕农产品安全生产、农林生态环境改善和农业可持续发展的技术需求，加强农林废弃物、新型生物质资源等清洁收储和高效转化，突破农田面源污染、农林环境可持续发展的关键技术瓶颈，推动农业生产健康发展。

（3）依靠供给侧改革推动，培育创新驱动智慧产业发展动能

①加快政策创新，推动智慧产业发展

一是利用供给侧结构性改革，强化宏观政策稳定性。充分利用税收调节政策持续加大对企业的减税让利支持，持续优化财政支出结构，强化政府有效投资，引导更多社会资本流入；充分利用货币政策打通产业发展的投融资体制割裂运转渠道，构建资金链紧密、债务链分离、资本利益链融合的投融资新机制，破解智慧产业发展难题。二是利用供给侧结构性改革，强化中观政策准确性。在农业方面，应充分利用大数据、云计算、物联网等新一代信息技术，推动农业农村供给侧结构性改革，实现一、二、三产业融合发展，加快智慧农业发展；在工业方面，应围绕"中国制造2025""互联网+"行动，加快工业供给侧结构性改革，实现信息化与制造业深度融合，推动智能产业发展；在服务业方面，围绕"中国制造2025""互联网+"行动，重点推动电子商务、现代物流、文化产业、数字生活等领域发展，加强技术集成应用和商业模式创新，提高智慧服务业创新发展水平。三是利用供给侧结构性改革，强化微观政策灵活性。通过建立放宽市场准入政策，营造公平竞争、宽松便利的市场环境，让大量社会资源涌入，推动我国智慧产业发展。

②加快制度创新，推动智慧产业发展

深化行政管理体制改革。加快政府职能转变，推进简政放权、放管结合、优化服务改革，构建宽松高效的体制机制环境，让更多的社会资源涌入新经济领域。深化金融体制改革。不断深化金融业供给侧体制改革，推动互联网金融等新兴金融组织发展，持续增加金融供给主体；加快构建多层次资本市场体系，扩展企业直接融资渠道，完善天使基金、风险资本、新三板、中小板等股权交易市场和证券交易市场，培育新型债券市场。深化科研管理体制改革。创新科研经费管理方式，将科研人员从烦琐的表格和审查中解放出来，让科研

经费真正服务于科研活动，全面激发科研人员科研活力；创新职称评定方式，将科研人员从激烈的职称评定中解放出来，全面释放科研人员科研潜力；健全科技创新市场导向机制，让企业真正成为科技创新决策、研发投入、科研组织和成果转化的发展主体。强化创新研发基础能力建设。大力培育创新型企业、重点实验室、工程中心等创新载体平台，提升产业自主创新能力；完善公共服务平台体系，加快布局建设生物等效性临床试验中心等一批产业急需、紧缺的公共服务平台。加快产业技术水平提升，着力提升产业技术水平和竞争力，进一步明确目标定位和主攻方向，推动科技创新与产业发展有效结合。一方面，运用先进技术改造提升传统产业、拓展传统产业的增值空间；另一方面，还要以创新引领产业发展，促进多产业融合，并催生新产业、新业态。加速科技成果转化，通过出台政策、搭建平台、促进交易、完善公共服务链条，打造全链条成果转化与产业化服务体系。推出科技成果市场定价、科技人员成果转移转化收益分配、技术交易奖励等具体举措，加快科技成果快速转移转化。

2. 以创新驱动智慧政务发展

智慧政务是指充分利用物联网、云计算、大数据、移动互联网、人工智能等新一代信息技术，以用户创新、大众创新、开放创新、共同创新为特征，强调作为平台的政府架构，并以此为基础实现政府、市场、社会多方协同的公共价值塑造，实现政府管理与公共服务的精细化、智能化、社会化。智慧政务是创新驱动下的产物，是引导智慧城市建设的主要力量。当前和今后一段时间，面对全球新一轮科技革命和产业变革带来的重大机遇，应加快智慧政务发展，以创新驱动智慧政务迈上新台阶。

（1）依靠创新整合资源，完善基础设施体系

一是完善智慧政务的网络基础设施。完备的网络基础设施是推动智慧政务的基础所在，应依靠创新不断完善网络体系。加快移动互联网建设，提高高速移动互联网覆盖率，推动移动互联网安全接入，规范接入网络的技术标准和安全标准，逐渐形成结构合理、功能完备、技术先进、安全可靠的智慧政务网络体系。二是不断优化智慧政务平台。充分利用大数据、物联网、云计算、人工智能等新一代信息技术，打造智慧政务云平台；不断扩大政务云业务范围，加大政务云业务应用力度，逐渐将政务云打造成为绿色、高效、安全、可靠的智慧政务云平台。

（2）依靠创新聚合数据，搭建大数据服务平台

一是积极推进智慧政务数据归集。按照"规范采集、共建共享、安全可靠"的基本原则，构建涵盖经济、社会、法人单位、电子证照、社会信用等多类别数据库；加快建立一体化

的大数据平台，推进数据跨层级、跨部门共享，实现数据的互联互通，有效破解"信息孤岛""信息烟囱"难题。二是加快推进大数据基础设施建设。结合国家信息化工程计划，依托政务数据资源和社会数据资源，大力推进数字资源整合和关联分析，建立统一的政府大数据平台；依托政府大数据平台，不断整合大数据基础设施资源，进一步推动基于云计算的大数据基础设施建设，全面提升大数据基础设施条件。三是加快建立政府大数据应用体系。以智慧城市建设面临的诸多问题为对象，如城市交通拥堵、城市环境、城市信用体系、公共食品药品安全等领域展开应用，实现数据合作开发和综合利用，从而逐渐推动政府治理能力现代化。四是加快推动政务数据资源互联互通。加快推动数据交换平台建设，实现政务数据资源跨部门、多层级共享和一源多用；加快大数据挖掘，根据智慧城市建设需要，不断优化政府资源配置，丰富政府服务内容，不断提高政府服务质量和效率。

（3）依靠发展模式创新，提升公共服务能力

一是通过模式创新提升公共服务便利性。利用统一的数据共享交换平台，整合医疗、教育、就业、住房、社保、社会福利、婚姻登记、殡葬服务、公共安全、信用体系等公共服务领域数据，构建统一的公共服务信息系统，不断提升公共服务能力；利用物联网、互联网、大数据、人工智能等新一代信息技术，建立高效便民的新型"互联网＋政务服务"模式，努力打造O2O政府，全面提升政府服务效率，提升公共服务便利性。二是通过模式创新提升公共服务满意度。以大数据创新公共服务模式，通过大数据进行系统综合分析，了解政务服务需求，打造个性化、定制化服务，不断改善公共服务模式，提升公共服务满意度；加快构建受理、处理、反馈、评价、奖励等一体化运转机制，推进政务服务规范化、标准化、便捷化运作。

3.以创新驱动智慧民生领域发展

智慧民生是指充分利用物联网、云计算、大数据、移动互联网、人工智能等新一代信息技术，以提升惠民服务实效为核心任务，推动智慧交通、智慧医疗、智慧教育、智慧社区、智慧养老等建设，不断提高市民体验满意度、幸福感和获得感。

（1）以创新驱动惠民服务，切实提升市民体验满意度

切实提高惠民服务实效。一是在制度建设和规划技术中进一步落实市民体验导向，优化惠民服务目标、服务渠道和服务模式；鼓励优先建设百姓利益攸关、能直接参与、能切身感受的重要平台和应用。二是要加强城市信息资源整合利用、城市管理和公共安全、城市智能基础设施建设，打造城市统一惠民服务门户，整合衔接城市商业服务，提升城市服务面向民众接口的一体化、智能化和人性化水平，保障和提升市民体验。三是开放智慧城

市规划建设和运营服务过程，让市民更多切身体验智慧城市惠民服务建设成果；整合开放城市公共服务资源，通过公益为主、智能高效的方式向市民开放城市市政、教育、文化、体育、旅游等公共资源。

（2）以创新优化移动互联网应用，不断提升市民获得感、幸福感

一是以移动互联网应用为重点优化服务渠道和服务模式，促进基础通信和移动通信、互联网平台、行业解决方案提供商、专业服务商等多元协作，做好传统服务渠道的补充、优化、提升和替代。二是鼓励引导移动互联网在更加广泛的便民惠民领域发挥积极作用，尽可能利用互联网成熟平台、产品和技术提升惠民服务实效；鼓励公众参与本地化移动APP创作、体验和服务。三是有序推进移动网络和信息基础设施优化升级，紧跟下一代网络、云计算、窄带物联网等信息技术应用趋势；提升智能终端普及应用水平，提高智能手机普及率和本地化APP应用普及；提升城市创新设施（水电气、建筑、交通、医疗健康等）数字化、网络化水平。

二、基本路径：协调发展

协调发展是智慧城市建设的基本要求，是推动智慧城市建设的主攻方向。智慧城市建设目的就是要解决城市发展中的不平衡、不协调、不可持续等问题，实现整体功能优化。通过协调发展能够有效破解智慧城市建设中的城乡二元结构，推动城乡一体化发展；通过协调发展能够推动人与自然协调发展，将智慧城市建设与城市绿色低碳发展协同起来，实现可持续发展。

（一）实现人与社会、人与自然协调发展是智慧城市建设的基本要求

随着人们对智慧城市建设重视程度不断加深，我国智慧城市取得了长足发展，比如，城市信息化水平不断提升，城市承载能力不断增强，智慧产业支撑能力不断提高，智慧民生得到较大改善，等等。但同时，也应看到我国智慧城市建设还存在诸多问题，如城市病还没有得到根治，以人为本没有落到实处，等等。单纯依靠信息技术手段解决智慧城市城市病问题、城乡发展不平衡问题是没有出路的，这就要推动智慧城市协调发展，通过推动人与自然、城市与自然协调发展，破解城市病问题；通过推动以人为本协调发展，利用新一代信息技术，建设以人为本的智慧城市。同时，智慧城市协调发展为智慧城市建设指明了方向，智慧城市建设不仅仅是数字城市建设，利用大数据、云计算、物联网、互联网、人工智能、虚拟与现实等新一代信息技术提升城市信息化水平，还需要不以牺牲生态和环

境为代价，建设绿色城市，推动智慧城市与绿色城市协调发展；还需要以人为本，推动智慧城市与以人为本相协调。

（二）以协调发展推动智慧城市建设实现突破

为加快智慧城市建设，实现人与社会、人与自然协调发展，我国诸多城市和地区对在智慧城市协调发展方式进行了有益尝试，在人与自然协调发展方面，从完善法规、健全体系、推动供给侧结构性改革、积极开放可再生能源、强化市民环保意识等方面进行了初步尝试，并取得了一定成绩；在人与社会协调发展方面，通过创新体制机制、创新服务模式、注重资源整合、鼓励市场参与等方式进行了探索，并在信息惠民上取得了突破。

1. 在人与自然协调发展方面：政策法规不断完善

为推动智慧城市协调发展，实现人与自然、人与社会协调发展，我国出台了一系列相关政策。为推动人与自然协调发展，我国还形成了一套完备的互动性节能管理体系，政府节能主管部门主要负责目标、规划、标准制定以及监督检测；非政府组织主要负责提供技术和资金支持，并根据政府委托开展咨询、服务、评估、考核等业务；用能单位根据政府要求，开展节能活动，确保节能环保问题落到实处。为推动人与自然协调发展，优化用能负荷，特别是用电负荷，我国实行了需求侧管理，从峰谷电价控制高峰时段电力消费，从阶梯电价唤醒人们节约意识，减少电力消耗量；在此基础上，我国还将电力需求侧资源作为重要权重性因素纳入电力平衡管理，不断优化用电工序和时段，通过信息化、智能化等技术，推动用电实时在线监控，最大限度减少电能消耗。注重树立协调发展意识。为实现人与自然协调发展，我国在全民范围内提出了树立节能环保意识。在学校教育方面，注重节能环保知识教育，使其从小建立起生态保护的基本观念；在社会教育方面，注重节能环保意识的引导，使其在生活中践行绿色低碳生活；在企业方面，积极开展节能环保项目，将可持续发展作为衡量企业发展的重要指标之一。

2. 在以人为本方面：强化组织领导，创新体制机制

注重围绕解决民生领域管理服务存在的突出矛盾和制约因素，以解决当前体制机制和传统环境下民生服务的突出难题为核心，以推动跨层级、跨部门信息共享和业务协同为抓手，推进公共服务资源整合，强化多部门联合监管和协同服务，促进公共服务的多方协同合作、资源共享、制度对接，在实现信息惠民建设中力促体制机制和政策制度创新，并把机制创新和制度创新作为试点工作的重要任务。如深圳市通过实施"织网工程"构建市、区、街道、社区四级综合信息平台，强力推动各区、各部门通过市政信息共享交换平台实

现横向联通和纵向贯通，建立全市公共信息资源库，确保全市基础信息"一数一源、权威发布"，促进社会建设跨区域、跨层级、跨部门的业务系统、信息互联互通及融合共享。

（1）转变政府职能，创新服务模式

创新政府审批和为民办事服务的新模式，有效解决了公共服务均等化不足、服务标准和质量不同，群众办事排长队、异地办事来回跑等一系列矛盾和问题，实现了"让数据多跑路，让群众少跑路甚至不跑路"，给全社会和广大公众带来实惠，取得了明显的试点成果和社会效益，产生了示范效果和辐射带动作用。

（2）注重资源整合，实现信息共享

更加注重资源整合，利用已有资源集中构建统一的城市信息惠民公共服务平台，实现部门间的业务协同和信息共享，逐步实现公共服务事项和社会信息服务的全人群覆盖、全方位受理和"一站式"办理，减少了区县以下层级分散建设同类信息平台，避免重复投资、重复建设，避免形成新的"信息孤岛"。如新余市依托智慧城市建设，深入推进信息惠民国家试点城市建设，在社保数据共享利用方面成效显著，建成了覆盖全市范围的养老、医疗、失业、工伤、生育和城镇居民医疗保险，做到了统一数据、统一管理、统一征收、统一监管。

（3）鼓励市场参与，提高供给效率

在信息惠民工程建设中积极探索信息，化优化公共资源配置，创新社会管理和公共服务的新机制、新模式，不断完善投融资模式，积极尝试政府服务、委托经营、PPP模式等形式，通过鼓励市场参与，创新服务模式，拓宽服务渠道，构建方便快捷、公平普惠、优质高效的公共服务信息体系，全面提升各级政府公共服务水平和社会管理能力，确保信息惠民工程可持续发展。如上饶市政府采取"政府引导、市场主导，鼓励和培育信息惠民第三方提供者"的方式，与"腾讯智慧校园"合作大力推进教育信息化建设工作。

在取得发展成绩的时候，我们也应看到，在以协调发展推动智慧城市建设过程中还存在诸多不足，譬如，智慧城市建设与城市绿色低碳发展、智慧城市建设与以人为本还没有实现联动发展，这就须实现进一步互动，真正实现以协调发展推动智慧城市建设。

（三）以协调发展推动智慧城市建设的基本要求与重点举措

智慧城市协调发展本质是城镇化、信息化、绿色化融合互动发展，形成一个整体系统。就这"三化"关系来讲，城镇化创造需求，信息化推进城镇化，绿色化是城镇化与信息化的发展导向，"三化"是一个有机的统一体。就"三化"与智慧城市的关系来看，城镇化是智慧城市建设的前提条件，信息化为智慧城市建设提供技术支撑，绿色化是智慧城市建设的主要方向，"三化"与智慧城市形成了一个整体系统。因此，在推动智慧城市协调发展过程中，应促进"三化"在互动中实现同步，在互动中实现协调，坚持走中国特色智慧城市发展道路，以绿色化为导向促进智慧城市协调发展，以信息化为支撑加快智慧城市协调发展，以城镇化为前提实现智慧城市协调发展。

1. 以以人为本为核心引领智慧城市健康发展

以人为本是智慧城市建设的出发点和落脚点，智慧城市建设目的就是为了更好地满足人们对城市生活的需要，让市民享受更高质量的城市生活。而在我国传统智慧城市建设中，则将建设重点放在技术和管理上，忽视了"技术"与"人"的互动、"信息化"与"人本化"的协同，导致了"信息孤岛"的长期存在，市民参与度与感知度都较差。可以说，破解智慧城市这一现实困境，首先就要突出以人为本，坚持以人民为中心的发展思想，以主体智慧推动城市进步，以人人参与提高城市感知度。一是要强调发挥城市主体的作用。城市智慧某种意义上而言就是城市主体的智慧，即"人"的智慧，也就是说人的素质、能力、智慧决定着城市发展的智慧程度。因此，在推动智慧城市建设过程中，要充分发挥城市主体"人"的作用，将城市的"智慧化"程度与"人"的智慧化水平协同起来，使"人"的智慧与"城市"智慧共促共进，全面提高智慧城市建设水平。二是要强调城市获得感的提升。这就须在智慧城市建设过程中把更多精力放在满足市民对城市的需求上，让市民在智慧城市建设中有更多幸福感、获得感。三是要强调城市底蕴。智慧城市建设不仅仅是利用物联网、大数据、云计算、人工智能等新一代信息技术，还需要根据城市的资源禀赋、基础条件、人文底蕴打造具有城市特色的智慧城市，将智慧城市建设与城市人文底蕴结合起来，将满足人们物质需求与精神需求结合起来，将智慧城市打造成为有品质、有文化、有灵魂、有深度的智慧城市。

2. 以绿色化为导向促进智慧城市绿色低碳发展

绿色低碳是智慧城市建设的内在要求。西方发达国家在智慧城市建设过程中，普遍重视城市的绿色低碳发展，如：斯德哥尔摩将物联网、传感器、大数据、人工智能等信息技术作用于城市管理，对二氧化碳排放量进行严格控制，确保城市低碳绿色；维也纳积极推行绿色城市计划，通过打造绿色建筑、绿色交通等，最终将维也纳建设成为绿色智慧城市。纵观我国，在推动智慧城市建设过程中，往往忽略了城市绿色低碳发展，将智慧城市建设与城市绿色低碳发展割裂开来。因此，为破解智慧城市建设面临的这一现实困境，应突出绿色低碳发展，通过新能源作用于建筑物，打造绿色建筑；通过新技术、新能源作用于交通，打造绿色交通；通过信息技术作用于城市生活，打造绿色生活。

一是推动绿色建筑建设，始终坚持宜居发展理念，合理利用绿色能源，如太阳能、风能等，将绿色发展理念贯穿建筑行业全过程。

二是推动绿色交通发展，积极发展新能源交通工具，从源头上减少二氧化碳排放量；全面开展绿色出行行动，鼓励公众使用绿色出行方式，进一步提升绿色出行方式的比重；大力实施公交优先战略，完善城市公共交通系统，扩大公共交通覆盖面，让绿色公共交通成为主流。

三是推动绿色生活方式，充分利用新一代信息技术，将物联网、传感器、人工智能、虚拟现实、大数据等新技术作用于能源消耗方式监测，推行智慧化电表、水表、燃气表等，让市民能够充分了解用水、用电、用气情况，并合理降低能源消耗；积极推广使用智能垃圾桶，提高垃圾回收利用效率。

三、必由之路：共享融合

共享融合是智慧城市建设的必经之路，是推动智慧城市建设的重要抓手和核心内容。面对高速发展的智慧城市，要打破数据分割、信息壁垒，以共享心态实现开放、融合，通过共享融合为智慧城市建设提供合理化建议，通过共享融合为智慧城市有效运行提供解决方案，通过共享融合为智慧城市健康发展提供决策参考。

（一）共享融合发展是智慧城市建设的必由之路

智慧城市建设以来，我国城市建设发生了翻天覆地的变化，取得了长足进步。智慧城市建设的历史经验表明，推动融合发展是智慧城市建设的必由之路。当前，数据已成为国家基础性战略资源，数据开放共享是大数据发展和深入挖掘数据价值的基础，受到国家和地方的高度重视，对于促进改革、社会转型以及产业升级具有重要意义，是推进智慧城市建设的重要抓手和核心内容。从前期的智慧城市发展实践来看，数据资源的共享融合仍是智慧城市建设的最大短板。当前，利用物联网、云计算、大数据等信息技术已能够实现技术层面的"共享融合"，但公共权力部门化、部门权力利益化、部门利益合法化等体制弊端给"技术融合、业务融合、数据融合"等带来的现实羁绊，使得数据资源的共享融合逐渐成为推动智慧城市建设的最大障碍。因此，应切实做好顶层设计、统筹协调和规范引导，加快破除条条块块间的"信息墙"，逐步打破"信息孤岛"和数据分割，推动实现跨层级、跨地域、跨系统、跨部门、跨业务的协同管理和服务。

（二）以共享融合发展推动智慧城市建设的战略举措

我国政府高度重视发挥政务信息资源共享在深化改革、转变职能、创新管理中的作用，从国家战略到行业应用和地方层面逐步构建起了数据开放共享政策体系，从数据基础设施、数据开放共享目录、数据资源库、数据开放共享平台、深化行业应用等方面明确了目标进度，并提供了制度和法律保障。国家和部分地市在大数据跨部门工作机制下统筹开展数据开放共享工作，数据开放共享取得了积极进展，但同时还存在一些不足。我们应在借鉴先进地区经验的基础上，充分发挥数据资源价值，有效推进跨部门、跨层级数据资源共享、创新应用，不断提升社会治理、公共服务和科学决策水平，以共享融合推动智慧城市建设。

1. 以数据资源整合推动智慧城市共享融合

数据资源整合是智慧城市实现共享融合的逻辑起点，是推动智慧城市建设的必然要求。我国在加快智慧城市建设进程中，应注重数据资源整合，以数据资源整合带动智慧城市共享融合发展。

一是要加强城市大数据建设和管理。智慧城市必然经历数字化、网络化和智能化阶段，城市大数据是城市数字化的结果，包括城市空间地理和自然资源、城市部件、人口和法人、城市管理和商业活动、互联网信息等，需要统一规划建设和管理，完善数据资源全生命周期管理制度、工具和智能设施。

二是要明确数据资源开放共享目录。建立数据开放共享目录是实现信息资源共享和业务协同的基础，是信息资源开放共享的依据，应按照社会需要，逐步建立全国统一、动态更新、共享校核、权威发布的政务信息资源目录体系，依法推进数据资源向社会开放。

三是要加快构建基础数据库。基础数据库建设是实现信息资源共享的支撑。在明确各部门数据共享的范围边界和使用方式的基础上，逐渐建成涵盖人口、法人、自然资源和地理空间、法律法规、宏观经济、金融、信用、文化、统计、科技等基础信息的数据库，并在此基础上进行政务信息资源分类，实现基础信息资源统筹管理，及时更新，在部门间实现无条件共享。主题信息资源通过各级共享平台予以共享，保障数据的完整性、准确性、时效性和可用性，确保所提供的共享信息与本部门所掌握信息一致。

四是加快建立统一数据共享交换平台。在平台建设层面，加快推动国家共享及全国共享平台体系建设，对新建的需要跨部门共享信息的业务信息系统，须通过各级共享平台实施信息共享，原有跨部门信息共享交换系统应逐步迁移到共享平台，并在此基础上明确信息的共享范围和用途。鼓励采用系统对接、前置机共享、联机查询、部门批量下载等方式，明确开放共享平台建设模式和服务方式。加快建设国家电子政务内网数据共享交换平台，完善国家电子政务外网数据共享交换平台，开展政务信息共享试点示范，研究构建多级互联的数据共享交换平台体系。依托国家电子政务外网和中央政府门户网站，建立统一规范、互联互通、安全可靠的数据开放网站。依托国家电子政务外网，建立完善全国政务信息共享网站，将其作为国家电子政务外网数据共享交换平台门户，支撑政府部门间跨地区、跨层级的信息共享与业务协同应用。在应用层面，加快构建统一的互联网政务数据服务平台和信息惠民服务平台，实现互联互通和信息交换共享。

2. 以深化行业应用推动智慧城市共享融合

行业应用是智慧城市实现共享融合的重要环节，是推动智慧城市建设的题中之义。我国在加快智慧城市建设进程中，应注重深化行业应用，以持续深化行业应用带动智慧城市共享融合发展。

一是以应用需求为牵引力提升开放共享力度。惠民服务和城市治理是城市数据资源应用的重要领域，也是促进数据共享开放的动力之源，地方城市要依据"互联网＋政务服务"、《信息资源开放共享条例》等政策精神，加大数据共享程度，加快"一号、一窗、一网"建设服务。

二是要提高大数据深度挖掘和智能化处理水平。通过提高大数据深度挖掘和智能化处理水平，有效提升城市运行、公共安全、交通、能源等领域的预测预警、科学决策水平；积极促进城市数据资源开放和社会化利用，在确保数据安全的前提下，促进数据流通，释放数据红利。

三是积极推进更多行业领域应用。全面推进重点领域大数据高效采集、有效整合，深化政府数据和社会数据关联分析、融合利用，提高宏观调控、市场监管、社会治理和公共服务精准性和有效性；深化大数据在各行业的创新应用，促进大数据产业健康发展；加快建设统一权威、互联互通的人口健康信息平台，推动健康医疗大数据资源共享开放；充分挖掘交通运输行业数据资源价值，实现用数据说话、用数据决策、用数据管理、用数据创新，提升行业治理能力和服务水平，促进行业提质增效与转型升级。

3. 以强化机制保障推动智慧城市共享融合

机制保障是智慧城市实现共享融合的保障条件，是推动智慧城市建设的重要环节。

一是完善组织实施机制。在组织机制方面，要建立国家大数据发展和应用统筹协调机制，各级政府要建立健全政务信息资源开放共享管理制度，明确目标、责任、牵头单位和实施机构，明确由各政务部门主要负责人作为本部门政务信息资源共享工作的第一责任人主持工作；在推进落实方面，地方各级政府要结合自身条件合理定位、科学谋划，将大数据发展纳入本地经济社会和城镇化发展规划，从实施层面要制定推进落实的时间表、路线图，加强台账和清单式管理，精心组织实施，落实汇报制度，相关项目建设资金和工作经费分别纳入政府固定资产投资和部门预算统筹安排，加强经费保障，以解决政策落地难问题；在评价考核方面，国家发改委和中央网信办应组织制定政务信息共享工作评价办法，会同其他部门对各政务部门提供和使用共享信息情况进行评估，并公布评估报告和改进意见，由大数据联席会议负责建立政务信息共享工作评价常态化机制，督促检查政务服务平台体系建设、政务信息系统统筹整合和政务信息资源共享工作落实情况，同时要求相关审计机关在政策贯彻落实、政务信息资源共享中发挥监督作用，保障专项资金使用的真实性、合法性和效益性，推动制定相关政策制度、工作方案；在建设模式方面，要创新部门业务系统建设运营模式，逐步实现业务应用与数据管理分离，为后续社会投资参与提供便利；在项目备案方面，相关部门在申请政务信息化项目建设和运维经费时，应及时向同级政府信息共享主管部门全口径备案，政务信息化项目立项申请前应预编形成项目信息资源目录，作为项目审批要件，项目建成后应将项目信息资源目录纳入共享平台目录管理系统，作为项目验收要求，财政预算优先安排政务信息资源共享项目资金和工作经费，加大信息共享管理力度。

二是要构建标准规范体系。要建立健全政务信息资源数据采集、数据质量、目录分类与管理、共享交换接口、共享交换服务、多级共享平台对接、平台运行管理、网络安全保障等方面的标准；要对共享的数据进行具体的标准划分和开放共享要求，对政府数据共享和开放提出明确的定义和边界，以解决数据敏感问题、隐私保护问题、国家安全问题。

三是要加快法规制度建设。要明确提出制定"公共信息资源保护和开放的制度性文件"，实现对数据资源采集、传输、存储、利用、开放的规范管理，逐步扩大开放数据的范围，提高开放数据质量，促进政府数据在风险可控原则下最大限度地开放；要建立政府部门数据资源统筹管理和共享复用制度，推动网上个人信息保护立法和数据资源权益相关立法，加强对数据滥用、侵犯个人隐私等行为的管理和惩戒，推动出台相关法律法规，加强对基础信息网络和关键行业领域重要信息系统的安全保护，保障网络数据安全。

四是要建立健全安全保障体系。要建设重要数据资源和信息系统的安全保密防护体系，建设网络安全信息共享和重大风险识别大数据支撑体系，通过大数据分析，对网络安全重大事件进行预警、研判和应对指挥。在实施层面，共享平台（内网）应按照涉密信息系统分级保护要求，依托国家电子政务内网建设和管理；共享平台（外网）应按照国家网络安全相关制度和要求，依托国家电子政务外网建设和管理，加强共享信息使用全过程管理，强化政务信息资源共享网络安全管理，推进政务信息资源共享风险评估，推动制定完善个人隐私信息保护的法律法规，加强统一数据共享交换平台安全防护。

四、支撑路径：运行监测

对城市运行状况进行动态监测是实现智慧城市治理最重要的环节。其核心思想是以政府数据为基础，整合社会数据资源形成城市运行状态大数据，通过跨越的数据融合，实现对城市运行状态的全面感知、态势预测、事件预警，为决策层提供辅助决策，为政府部门业务协同提供支撑，为企业、市民提供数据资源和信息服务。

（一）构建运行监测体系是智慧城市建设的重要支撑

构建运行监测体系是智慧城市建设的重要保障。

首先，有利于对城市运行进行监测预警。城市运行监测体系通过整合城市各区各领域的运行数据形成"城市运行全景图"，可提供对城市交通、基础设施、公共安全、生态环境、社会经济、网络安全等多领域运行状态的监测，并提供城市运行不良状况的预测、预警，为各级各领域管理者查看城市运行的综合状态、了解城市当前运行风险和问题提供手段，从而实现对城市状况的实时监测、快速预警及主动预防。

其次，有利于对城市业务进行综合评价。从不同维度、不同方向对城市运行状况进行综合评分与评价，如从大气治理、城市水质、城市绿化、垃圾处理等多方面形成对城市的综合评分，并对城区评价结果进行综合排名，协助城市管理者全面掌握各城区运行发展状况，发现城市发展短板与存在的问题。

最后，有利于对城市重大项目进行管理。系统可实现对城市年度重大项目计划的跟踪、管理与评价。通过记录项目的基本信息、项目重要里程碑节点安排，向各个项目负责委办局进行相关工作任务的派发，同时提供重大里程碑节点的提醒、项目进展信息填报、重点工作推送等功能。为城市管理者提供城市重点项目状况总览，包括未开始、进行中、已完成、已暂停等项目状态总览及展示，同时以各种图表，如甘特图、燃尽图、任务列表等可视化的方式，对特定的项目进展情况提供直观展示。根据项目进展、里程碑情况、项目投资情况等对项目当前进度情况进行自动评价，并形成项目进展分析报告，实现对重大项目的全过程智能化管理。

（二）准确把握以构建运行监测体系推动智慧城市建设

对城市进行全面监测是智慧城市的建设要求，是智慧城市治理的关键所在，只有对城市进行全面、动态监测，才能让城市管理者更直观、更具体、更全面、更准确地了解城市运行状态，挖掘城市运行规律，建立各个领域运行指标，为业务部门提供历史数据对比分析，以不同区域的横向对比发现不同区域城市运行特点。从城市运行监测当前的发展来看，还存在各种制约能力提升的问题，这些问题主要包括以下四个方面：

1. 综合平台缺失，集约化应用困难

长期以来信息化建设偏重垂直业务领域，对城市整体运行态势的宏观展现和对城市的规划推演方面考虑还不够，从而导致各级决策者对城市信息掌握不足，无法对城市未来发展做到精准预测，以综合信息支撑科学决策的能力还有进一步提升的空间。同时各垂直系统对系统间的数据互联互通缺乏前瞻性考虑，对系统间的集成与数据共享造成了极大困难，在数据进行集成后往往要进行相应的数据质量提升和标准化处理。另外，大数据虽然描绘了一张美好的蓝图，但目前不少政府部门之间仍存在信息不畅问题，形成了一个个"信息孤岛"，制约了政府的协同管理水平、社会服务效率和应急响应能力。

2. 重采集轻应用，业务规则研究滞后

智慧城市建设的核心是信息化建设，将业务内容转换为业务规则并进行固化。业务规则建设是规范政府机关的行政业务行为，提高行政效率，降低行政成本，形成行为规范、运转协调、客观透明的有效手段。为了充分发挥计算机的运算能力，要将主观性、非量化的内容向客观的、可量化的数据内容转换，若缺乏合理、优化、高效的业务流程和业务规则，开发出来的系统效能将非常低下。但目前，各职能或专业部门在进行监测系统平台的开发过程中，往往强调数据的可视化呈现，缺乏或不注重业务内容的梳理，未将主观的业务内容转变为可由计算机进行机读的各类规则。这种情况是极不利于各专业监测平台间的数据交换和业务对接的，因而未能发挥出监测系统真正的效能。

3. 指标量化程度低，难以指导过程管理

城市治理领域已经达成了以问题为导向的管理学理念共识，但目前还缺少对城市治理业务的相关要素进行可量化的分级分类梳理，即缺乏一套指标体系支撑并对城市治理业务进行过程管理。这套指标体系一般来说包括用于体现城市运行状态的指标体系、用于反映政府给予职能部门的绩效考核体系和用于城市预测、预警的各类规则库。

4. 感知能力不足，数据增值潜力小

物联网是监测城市运行状态有效的技术手段，具有监测范围广，不受时间、气候影响等特点，与城市治理相关的领域大都利用一定的感知设备进行了信息采集和状态监测，如水环境监测、地下管网监测等。但从城市治理角度来看，还没有一套能满足城市综合治理需求的、统一的、标准化的物联网感知系统，大部分项目是基于自身部门的业务需求，进行的局部化、非体系化的建设。另外，在设备管理层，由于没有应用统一的标准协议和数据体系，设备感知到的数据会存在较大的数据质量问题，大大限制了数据的增值空间，制约了数据在业务层面的智能化应用。

（三）以构建运行监测体系推动智慧城市建设

智慧城市治理要提高城市运行的监测能力，基于数据分析，实现对城市运行状态的全面感知、态势预测、事件预警。城市运行监测平台应以集约化的方式进行构建，在以问题为导向的城市治理理论的基础上，注重城市体征指标体系的梳理和业务规则设计。依托大数据分析和可视化技术，建设城市运行监测平台，能实时监测城市运行状况，能客观分析评价城市运行状况，让城市管理者更直观、更具体、更全面、更准确地了解城市运行状况及变化规律，提升城市管理效率和精细化城市治理水平。

1. 建立城市运行监测指标体系是建设重点

在城市运营的过程中，如何对城市运行情况进行监测和评价、如何通过一套有效的体系规范并约束城市运行的发展、如何识别城市运行中的异常问题，是城市治理部门需要首先考虑的问题。建立城市运行监测指标体系可以使管理决策者更好地把握城市的运行情况，从而进行科学、合理的决策。对于具体的执行部门来说，也可以通过运行体征指标体系对城市运行的具体情况进行正确的评价，以便找出不足之处并予以纠正，从而确保城市稳定、健康地运作。现代城市运行具有复杂性的特征，从构成空间看，城市运行涵盖了商务、交通、物流、居住等人与人之间的交流沟通；从运行管理来看，城市运行又包括公共基础设施、交通、社会治安等管理。城市运行指标体系是厘清城市运行的脉络，更好地展现一个城市运行现实状况的关键，也是建设的重点和难点。从大的方面看，运行指标体系一般包括城市发展规模、城市基础设施运行、城市居住环境、社会公共安全、社会保障体系、市场经营运行等维度。

2. 建立基础数据采集机制是建设关键

运行监测平台的数据来源于各部门，要建设相关的数据协调机制，建立起信息报送、沟通、共享的方式，完善城市治理各部门之间的沟通联络机制，打破原有的信息壁垒，实现跨部门的信息共享、优势互补，通过信息共享和互通及时了解各部门的现状和需求，以及与其他部门的相互影响关系，实现紧密配合、团结协作，形成管理合力，加强监测平台的整合能力，提高城市运行管理效率和水平。只有从机制上打破城市运行管理部门分割的状态，形成平台整体与部门之间既相互协调又相互独立的资源共享和多元主体系统联动，才能最大限度地发挥城市运行监测平台的效能。

3. 完成城市运行监测平台功能是建设主体

城市运行监测平台一般包括四大功能：城市综合体征监测评估、基础信息图层态势展示、城市运行预测预警分析和城市专题分析。

城市综合体征监测评估子系统：建立综合指标体系，用数据量化的方式反映城市各方面、各领域的综合运行情况。针对城市公共安全、经济运行、交通物流、基础设施、民生民意等多个领域抽取关键体征指标，在建立数据库的基础上，根据分析主题建立多个多维数据集，针对城市运行关键指标和各类监测主题，通过信息关联分析、挖掘研判，实现对城市经济、交通、生态、安全等多领域的城市综合运行指数的监测、评估和预警。为全面、及时掌握城市运行状况提供支撑，方便城市管理者及各综合服务部门及时发现城市运行中存在的问题，为城市管理者决策分析提供辅助支持，根据行业运行指标监测情况调整相应的政策，最终实现城市管理由被动应对到实时监测、快速预警、主动预防、精细精准的城市治理转变。

基础信息图层态势展示子系统：基于二、三维数字地图服务，实现城市治理各类城市运行基础库和各类业务库信息的按需展现。各类信息按照业务管理规则进行业务分类，并参照相关业务规则建立图层，通过电子地图可以查看各类信息的具体部件详情及当前状态等，为全面有效掌握基础信息态势提供支撑。

城市运行预测预警分析子系统：预警子系统，对分析出现的各种问题，进行统计形成报表，并根据使用权限进行修改确定。利用计算机的计算能力、网络能力，实现对成本管理中的问题预警，提供对决策的辅助支持，达到减少问题警示时间，增强警示能力，降低管理成本的目的。

第五章　智慧治理

第一节　城市运行管理信息化

城市运行管理信息化建设是智慧治理的重要组成部分，要立足城市运行、城市综合管理、基层创新治理，通过信息化手段实现政府、市场、社会等多领域资源的交互联动，提高城市运行与管理效率。从概念上来说，城市运行管理信息化就是借助于物联网、云计算、移动互联网、大数据及通信技术和各种智能终端的应用，在城市建设与运行管理过程中进行海量数据的采集分析，加强互联感知，推广智慧化应用和新型信息服务，促进跨部门、跨行业、跨地区业务融会贯通，加快实现基础设施智能化、城市规划管理信息化、公共服务便捷化、社会治理精细化，增强城市要害信息系统和关键信息资源的安全保障能力，构建以人为本的城市服务体系，从整体上推动形成人与城市和谐发展的现代化新格局。

一、城市综合治理领域信息化建设

城市综合管理是一项极为复杂的系统工程，涉及的领域大到城市基础设施建设、国民经济发展规划，小到与市民群众生活密切相关的水、电、油、气等日常性管理与服务。在现代社会，城市综合治理水平往往更能代表一个城市的文明程度与发展理念，体现城市的宜居水平和发展软实力。以城市这个开放复杂的大系统为对象，如何推进实现城市非紧急类服务整合互通、完善突发公共事件应急处置、提高城管行政执法效率、优化市容发展环境等问题一直都是人们关注的焦点，更是城市建设管理者提升城市品质的重中之重，同时也凸显了通过管理模式与机制创新提升城市突发事件应急处置和综合管理能力的紧迫性和重要性。

随着信息技术的迅猛发展与智慧城市建设热潮的大力推进，信息化已成为实现城市资源有效整合、城市管理系统互联互通，提高城市综合管理和安全防范能力的强大推动力。在以信息化为主的新经济时代，通过信息技术融合应用加强城市综合治理方式创新是促进城市有机更新，提升人居环境水平的必要手段与必然要求。

（一）城市综合治理架构设计

从城市综合治理业务功能及应用领域来看，城市综合治理信息化应用总体架构大致可分为六层两保障体系。其中六层分别为基础设施层、数据汇聚层、信息资源层、应用支撑层、业务应用层、平台服务层；两个保障体系为数据标准与运行维护规范、信息安全等级保护。

基础设施层：包括服务器、存储设备、网络环境与安全设施、操作系统、数据库管理系统、虚拟化软件、基础设施服务云管理软件、空间地理信息私有云管理软件等。

数据汇聚层：包括城市运行相关行业和管理条线基础空间地理数据，通过数据上传下载通道汇集到平台，并进行相应的数据处理，支撑服务开展和管理。

信息资源层：通过实现与相关行业管理信息系统互联互通，汇聚了包括行业基础空间地理数据以及城市管理综合业务数据等方面的信息资源。

应用支撑层：该层是基础支撑平台，提供数据浏览与分析、数据在线共享交换、数据管理、空间分析工具、综合应用工具等功能，支撑平台业务应用层的应用。

业务应用层：面向用户提供全面智能、协同的管理服务，为不同用户提供信息发布、协同指挥、城管执法、移动终端管理等应用。

平台服务层：包括信息访问门户与运维管理系统门户，综合为城市管理部门、企事业单位等用户提供服务。

数据标准与运行维护规范：采用空间数据分类与编码标准，建立平台运行维护规范，保证平台的数据管理与运行维护。

信息安全等级保护措施：满足安全等级保护要求，保障平台运行环境安全可靠。

（二）城市综合治理信息化建设特点

城市综合治理信息化建设作为智慧城市在城市管理与社会治理领域的重要实践，经过近几年的发展，目前，城市综合治理信息化建设重点已由城市运行信息基础设施建设逐步向城市资源开发与整合、跨部门业务协同、为社会提供高效服务的重大项目扩展。结合城市综合治理信息化建设重点以及东部沿海省市深化城市管理与社会治理领域信息化实践可以发现，我国智慧城市在推进城市综合治理信息化建设方面主要呈现以下两大特点：

第一，注重"以人为本"发展。相对于推进发展的智慧城管而言，城市综合治理领域信息化应用与其更大的区别不在于技术的应用，而在于更加注重构建并实现"以人为本"的城市运行服务体系；城市综合治理信息化不同于以往的城市管理信息化，其中"管理"主要强调信息技术支撑政府及行业管理部门在城市建设与运行"管"的层面，而城市综合治理信息化更加注重利用信息技术综合优势协调政府、市场、社会等多领域信息资源的交互共享与治理模式的创新协同，同时强调发挥社会公众在城市联动联勤、基层创新治理等领域的参与积极性，让人民群众更有获得感。不可否认的是，城市综合治理信息化建设是在城市管理信息化取得巨大成果的基础上进一步深化拓展而来的，两者在发展理念和模式创新方面具有一个循序渐进的过程。

第二，注重资源共享与联动协同。"整合资源、服务民生、综合治理、促进和谐"是城市综合治理的最终目标，通过将城市管理与社会治理有机地融合起来建立社会大系统，推进城市发展各领域、各行业、各部门的联动协同，实现市、区、街镇、居村委以及区域之间、部门之间多层级联动，是信息技术与城市综合治理领域深度融合的主要任务。从城市综合治理信息化建设优秀实践可以看出，目前，我国在实现部门、行业、区域之间资源共享方面已取得巨大成果。最重要的经验就是国家和地方政府牵头引导营造的跨领域、跨部门、跨层级数据资源共享交换的良好环境，为相关行业信息系统互联互通与数据资源共享交换提供保障。

二、基层创新治理信息化建设

（一）基层社会治理现状

基层是社会治理的基础，城市的社区治理、农村的村落治理等都属于基层治理范畴，基层治理涉及范围广、数量巨大、事情繁杂，是联系服务群众的"最后一公里"，在整个社会治理体系中占据重要位置。基层社会治理内涵涉及的方面比较多，概括起来大致包括治理属性、治理权力、治理内容三个层面。从治理属性看，基层社会治理属于社会自我管理、自我约束的范畴，要在现行制度和法律框架下充分发挥基层群众自治功能，政府做好引导和扶持工作；从治理权力看，基层社会治理一方面包括政府权力的授予、运行，另一方面包括对权力的制约和监督；从治理内容上看，基层社会治理不仅包括对基层各种事务的管理，也涵盖面向市民群众的服务，包括大量的社会化服务和公共服务，很多是属于政府公共服务在基层范围的延伸拓展。基层治理的好坏直接关系到人民群众的切身利益，关系到国家治理能力和治理体系现代化的实现，是推动经济社会持续健康发展的重要命题。

长期以来，党和国家高度重视基层社会治理建设，并取得重要成效。例如，多数地方基层设立村级权力清单，力求做到重大决策、财务管理、集体资产管理等重要事项行政权力运行全覆盖；社区自治在我国城镇化进程中加快推进，多地成立社区自治组织或机构，基于社区居民意愿的基层群众自治和社区治理多元主体共同参与的基层治理模式成为联系服务群众"最后一公里"的重要措施。但是，由于我国基层治理内容繁杂，在某些领域仍面临一系列突出问题，主要表现在以下方面：基层群众自治在少数地方流于形式，居民、村民的权利得不到有效保障；基层治理中权力运行不公开、不透明的现象时有发生，群众的知情权、参与权和监督权未得到充分尊重和落实；基层群众自治的相关法律、具体政策没有得到很好落实，导致基层治理行为的民主化与法制化相对缺失等。

（二）创新基层社会治理的综合环境

基层是社会治理的第一道防线，也是加强和创新社会治理最基本、最直接、最有效的力量。基层社会治理是国家治理的重要基础，加快基层社会治理体系和治理能力现代化建设，对于实现全面深化改革的总目标具有重大影响。具体来讲，国家层面在基层社会治理发展领域的重要战略部署，对解决我国基层治理领域存在的问题，创新基层治理发展模式具有战略指导意义。

以云计算、大数据、移动互联网为代表的信息技术发展应用，为推动我国基层社会治理模式创新，推进国家治理体系和治理能力现代化提供了关键性支撑。其支撑作用主要表现在以下三个方面：第一，在信息采集和应急处置上，实现基层各部门、各领域信息资源有效实时整合，最大限度地发挥基层部门服务功能，避免因数据孤岛造成大量机会成本；第二，通过信息化实现简政放权，减少行政审批流程，实现市民群众事务在线"一口受理"和在线办理；第三，通过物联网、移动互联网、云计算等技术，激发城市公共服务功能的延伸拓展。从基层社会治理创新实践发展来看，借助信息化、网络化等新技术手段提高基层治理的公开性与透明度，促进资源整合与服务流程优化，实现基层社会治理与公共服务的创新已成为经济新常态和"互联网+"时代变革基层治理的一种趋势。

（三）智慧社区示范应用

新一代信息技术在深化智慧治理领域发挥重要的纽带作用，而基层创新治理则是实现智慧治理的基石。社区作为城市的基本组成部分，是政府与居民的重要联系纽带，在未来的城市建设和发展中发挥着越来越重要的作用。为更好地发展社区服务"最后一公里"，提升社区综合管理能力与精细化服务水平，智慧社区建设成为推进基层创新治理信息化建设的重要示范。智慧社区是智慧城市建设热潮下社区治理的一种新理念，是新形势下创新基层社会治理的一种新模式。它通过感知化、互联化、智能化方式，依托物联网、云计算、移动互联网等新一代信息技术，以社区居民为服务对象，物业管理、公共安全、健康、养老、休闲、信息服务等为服务内容，为居民提供安全、高效、便捷的智慧化社区公共服务，满足居民的日常生活和个性化发展需要。

国家和各级地方政府力推、企业主体的积极运营以及市民群众的广泛参与，促使我国智慧社区从信息基础设施建设开始，逐步向资源开发与整合、应用系统等重大项目扩展。智慧社区支撑的社区高效管理能力与精细服务水平得到迅速提高，目前已经成为全国各地区社区治理的重要途径之一。

从我国各地区智慧社区实践来看，智慧社区建设主要包括以下内容：

智慧物业管理：通过整合停车管理、门禁、远程抄表、梯控管理、小区治安管理等物业管理相关系统，推进社区各独立应用系统的相互融合，实现社区物业的集中化、智能化运营管理。

智慧养老服务：利用物联网、移动互联网等技术，通过各类传感器和可穿戴智能终端设备，实现居家老年人日常生活、身体健康状况、行为轨迹以及居家安防的远程监控，同时为老年人提供紧急救援、心理慰藉等个性化、多样化服务，最终实现社区老人智慧养老。便于子女、家庭医生实时了解老人健康状况，同时为政府优化老年人管理服务提供支持。

智能家居服务：智能家居是智慧社区示范建设推进家居生活智能化、现代化的重要内容。智能家居是以居民日常居住需求为导向，以住宅为平台，融合建筑、网络通信、智能家电、自动化设备，集系统、结构、服务、管理、控制为一体的高效、舒适、安全、绿色、智能的居住环境，目前已成为我国各大家居厂商提升行业竞争力的重要手段之一，同时也为众多家庭提供了更舒适、便捷的居家方式选择。

社区商圈服务：整合社区周边商家资源，形成完善的社区生活圈成为当今智慧社区建设的重要发力点。通过构建商圈O2O系统社区平台，有效整合PC、应用和实体门店，增强针对用户的精准推送能力，从而进一步优化社区居民线上、线下购物体验，提升社区综合服务水平。

社区自治管理：通过搭建社区居民、业主委员会、物业、居民委员会与其他社区职能部门之间的协作平台，利用手机APP应用、微信公众号、电视智慧社区频道、公共服务网站等渠道，实现社区自治的组织建设完善、民主管理规范、社情民意表达、社区环境共建等目标，增强社区居民对社区的认同感、责任感和荣誉感。

（四）新形势下基层治理的发展方向

目前，基层治理还存在行政体制条条、条块关系不够明确，基层社会治理架构机制载体仍须加强等问题，而且政府强、社会弱的基层治理局面仍未改变。为适应新形势下创新基层社会治理建设，切实构建起基层党组织发挥引领、服务、整合和凝聚功能，需要基层党组织持续深化改革、积极创新，探索参与基层社会治理的新路径和新模式，更好地发挥统筹、协调、动员等职能，使更多居民、社会组织参与到基层治理中来，全面构建"政府、市场、社会、居民"全面互动的现代化基层治理格局。

基层治理的落脚点是在城市建设的最底层，关系着城乡发展与社会稳定，基层治理的透明化程度是判断基层治理现代化与基层治理水平的重要指标。在基层治理过程中要建立使基层公共事务治理过程透明化的信息共享机制，确保基层民众的声音能够顺利地发出来，从而有效解决基层治理多元社会主体参与的广度、深度和有效性问题。同时，获取信息也是群众参与基层治理的重要一步，群众基于各类信息实现对公共事务治理程序和政府权力运行公正性和责任性的有效监督，最终使其知情权、参与权和监督权得到充分尊重和落实。

大数据时代为基层社会治理创新带来了新的机遇和挑战，如何把大数据技术应用到基层社会治理中，是需要各级部门深入研究的问题。大数据时代深化基层治理创新建设要在政府统筹领导下，充分调动企业、公众等多元主体参与社会事务的积极性，实行协商、合作的治理方式，利用政务公开、政府网站等平台实现对社会的有效治理。在主张网络信息安全前提下推进数据开放的同时，有针对性地开发各种类型的公共服务应用，为社区居民推送、定制个性化、多元化的公共服务是大数据时代深化基层治理的趋势要求。

各地区在深化基层治理过程中，要按照社会治理现代化建设的总体要求，结合基层治理的实际需求，探索建立一套适合基层治理现代化需要的制度体系。通过设立权力正面清单和负面清单形式，明确基层部门和多元社会主体的权力及权力边界，同时完善现行基层治理考核和任务分解机制，推进服务流程透明化，重视基层政府权力运行的规范性和依法治理的能力，使基层治理的目标、过程和结果清晰明确，使工作责任可跟踪、可追溯。

第二节　生态环境领域信息化

生态环境建设是践行"绿水青山就是金山银山"绿色发展观，建设和谐宜居城市生活环境的战略要求。生态环境信息化已成为破解目前环境管理难题，带动整个生态环境管理转型和效率提升的重要手段。

一、环境保护信息化应用

（一）环境保护信息化发展历程

环境保护一直以来都是我国的基本国策之一，同时也是生态文明建设的重要内容。面对目前我国资源约束趋紧、环境污染严重、生态资源退化等矛盾日益突出的现状，基于智能 GIS、遥感监测、云计算、大数据等新一代信息技术手段，深化环境保护领域信息化建设，推动环境治理与环境保护手段的根本转变，实现水、大气、噪声等环境要素实时监测、危险废弃物全程治理、区域空气质量联防联控以及环保信息实时发布等目标，成为破解我国环境发展瓶颈、创新环境保护管理模式、实现环境绿色健康发展的首要之策。

数字环保是数字地球在环境保护信息化和环境管理决策领域的应用，从发展历程与技术应用来看，数字环保相继经历了三代技术更迭：第一代是以短信为基础的移动办公访问技术，该技术应用存在信息查询请求得不到及时反馈、短信信息长度受限等问题，导致最早使用基于短讯数字环保执法系统的用户纷纷提出系统升级改造的需求；第二代采用了基于 WAP 技术的方式通过浏览器实现信息查询访问，但存在交互能力差、灵活性不足的问题；第三代数字环保采用基于 SOA 架构的 Web service 和移动 VPN 技术相结合的第三代移动访问技术，并融合了无线通信、GPS 定位、CA 认证、安全网闸等技术，有效帮助环保执法人员对环保业务信息快速查询、应急监控与决策指导。

智慧环保作为数字环保的延伸与拓展，也是近年来先进的信息技术在环保领域不断深化应用的成果，伴随智慧环保概念的提出和发展，其内涵与数字环保相比有着更加深刻的变革。从概念上来说，智慧环保依托先进的信息技术采集、整合、分析各类环保信息，推进环保领域条线业务数据整合共享与跨部门协同互动，为政府、企业、社会公众提供智能化、可视化、协同化的环保智慧应用，为新型城市发展环境管理提供了有效的创新型管理与服务手段。从目前我国发达省市环保信息化建设的具体项目与工程来看，基于相关标准规范构建智慧环保信息化综合管理平台，在推动环保领域跨部门监管一体化、项目审批协同化、领导决策分析智能化以及市民信息服务高效化方面发挥了巨大的作用，是全面提高环保信息资源处理与协同联动能力的必然，也为新时期环境保护科学发展提供崭新之路。

（二）智慧环保总体设计思路

从整体来看，智慧环保的总体架构大致包括信息感知层、网络传输层、应用支撑层和用户服务层。在实现过程中要利用基于物联网技术的传感设备（传感器、射频设备技术、GPS系统、红外感应器、激光扫描等）将信息感知层采集的大气、水、土壤、噪声、辐射、生态等各种环境监测信息与管理数据，通过网络传输层技术提供到应用支撑层。通过构建一体化应用支撑平台，运用云计算、大数据等技术对海量环保数据信息进行专业化分析挖掘与整理（目前常用的数据挖掘方法主要有神经网络法、遗传算法、决策树方法等），最后将环保数据分析结果与数据趋势规律等成果推送到公众服务层，为政府部门、企业机构、社会公众等用户提供各类智能化服务。

信息化在环境保护领域的应用涉及广泛，但从大的方面主要包括环境质量监测监控、污染防治与监督管理、危险废弃物安全管理、生态保护管理、环保数据资源共享与开放服务等领域，为强化生态环境治理提供更加智能化的服务与支持。

应用一：环境质量监测监控。建立并完善城市环境质量监测网络，实现对环境质量进行监测监控是环境管理的前提。目前，城市环境质量监测网络已经基本覆盖全国各个地区，对大气、水、噪声、辐射、土壤、生态等环境要素监测的数据初步实现了精准采集与实时传输，为各地方环保部门提供更加全面的环境质量监测数据资源，从而为管理部门及相关行业了解环境污染情况、评价环境质量、评判环境形势以及采取科学决策等环境管理与决策工作的顺利开展，提供了十分重要的基础数据支撑。

应用二：污染防治与监督管理。污染防治与监督管理是目前我国环境管理中的重中之重，通过实现信息技术在城市环境综合整治、大气污染防治、水污染监督治理、污染总量控制管理等方面的智慧化应用，能够有效提高环境污染源防治管理效率。随着信息技术在我国环境防污监督中的普及应用，在强化企业排污申报、排污收费、总量减排、项目管理等方面的效益已明显显现。

应用三：危险废弃物安全管理。随着"土十条""水十条""大气十条"等环境保护措施的发布，国家对各类环境要素的治理提上日程。废弃物安全管理是城市环境综合治理中重要的组成部分。借助智慧环保重点工程的深入推进，通过利用信息技术建立危险废物全过程监管平台与监测数据库，加强对重点危险废物产生企业的监管，能够实现对危险废物登记、产生、贮存、转移、处置的全过程跟踪智能化管理。同时也可以为相关环境管理部门掌握危险废物监测信息与科学决策提供依据。

应用四：生态保护管理。生态保护管理信息化建设是智慧环保综合工程中一项长期性、常态化的重点任务。按照环境保护部有关推进生态治理体系和治理能力现代化的需求，通过对城市地理信息的专题图制作，实现对绿化、植被、野生动物、湿地、气候等生态资源信息的动态采集，有效提高各类生态资源的实时信息感应及处理能力，最终为城市或区域生态资源保护管理以及相关战略规划实施提供科学的辅助手段。

应用五：环保数据资源共享与开放服务。环境保护不仅涉及环保部门，同时与水务、气象等同级部门以及市、区、街镇等不同层级各部门以及区域跨省市不同部门密切相关。构建责任明晰、监管高效、部门联动、信息共享的智慧环保体系，实现从环保信息资源分散向跨部门交换共享的转变、从信息化各自为政向信息资源中心集约化建设模式的转变，是"互联网＋"时代深化环境治理信息化建设的重点任务。同时，面向社会公众持续加强环境保护信息资源开发利用，为不同行业、市民群众等受众群体提供更加精细化、个性化的环保信息服务，也是提升我国智慧环保服务水平的重要建设内容之一。

二、智慧水务建设思路及路径

（一）水务治理信息化演进阶段

随着我国工业的快速扩展，导致水环境污染、水资源短缺、洪涝灾害频发等问题不断出现，一定程度上制约了我国经济可持续发展。从很大意义上来说，水环境质量的高低已经成为衡量我国生态文明建设成效的重要指标之一，对维持城市生存功能和国计民生具有重大影响。生态环境领域信息化应用的不断深化，推进我国水务治理信息化建设向融合发展的高级阶段不断演化。随着信息技术的发展应用与水务管理需求的变化，水务治理信息化建设大体上经历了自动化、数字化、智慧化三个阶段。这三个阶段的变化呈现出不断融合、持续深化的趋势。

自动化阶段：这一阶段我国水务治理信息化主要体现在基础信息的自动化采集上。逐步实现了阀门、泵站、生产工艺过程等的自动化操控，水质、水压和流量等涉水数据的测量水平也得到很大的提高，水务治理自动化很大程度上代替了艰苦的人工操作。

数字化阶段：这一阶段我国水务治理真正迎来了信息化业务系统建设的高潮。在这一阶段，利用无线传感器网络、数据库技术和网络，围绕城市排水、供水、防汛等领域相继搭建业务系统和数据库，大大提高了信息存储、查询和回溯的效率，初步实现了行政办公和业务管理的信息化。目前，我国大部分城市已初步完成该阶段的水务治理信息化建设。

智慧化阶段：这一阶段水务治理能够成熟运用物联网、云计算、大数据和移动互联网等新一代信息技术，致力于城市雨水、河水、污水、供水等各方面治理，并建立多层级监测网络，同时对海量水资源监测数据进行深度挖掘处理，推进信息技术和水资源监测、调度、管理的充分融合，实现以智慧水务为核心的水环境综合治理新模式。目前，全国信息化或智慧城市发展水平排名靠前的地区或省市的水务治理信息化建设正逐步向这一阶段迈进。

（二）智慧水务建设路径

智慧水务是对传统水务管理模式的一种智慧化变革。它利用云计算、大数据、物联网和移动互联网等新一代信息技术，对各类孤立运行的应用系统进行整合和集成，以感知、协同、智能的方式有效地管理城市供水、用水、耗水、排水、污水等收集处理与再生水综合利用的过程。同时强调对海量感知数据的自动采集、实时存储、感知处理与智能分析，使水务管理部门实时掌握市政水务运行情况，实现水资源智能调度与应急预警，从而使城市整个水务管理系统达到"智慧"状态，是智慧城市发展与生态环境信息化建设的重要组成部分。从智慧水务内涵来看，主要为实现以下三个目标：

首先，资源利用高效化。借助 GIS、物联网等信息技术对城市水源、供水管网等进行实时监控与数据采集。之后再基于挖掘模型等相关大数据技术对大规模海量积累的高密度、高精度、高价值水务数据进行分析处理与智慧挖掘，实现水资源的合理调配与城市水务的智慧化、精细化管理及服务。

其次，水务管理协同化。在智慧水务顶层设计基础上，建立集城市供水、排水、污水、堤防、水文、防汛、水资源与环境生态一体化管理等业务的综合管理平台，接入整合基础地形、水位、雨量、水质、堤防巡查、遥感影像等数据资源，支撑多部门、多层面数据共享和业务协同，实现各部门在城市水位水质、区域雨量、打捞、水文监测等各种水务业务经营、用户服务的协同化管理。

最后，信息服务便捷化。通过建设城市水务管理与服务统一门户平台，提供政务管理与民生服务对外接口，并对接手机端（APP、微信公众号）、智能显示屏、电视端等服务渠道，水务管理人员、企业、市民公众可根据权限随时随地查询水务信息和公共服务信息，实现水务服务便捷化。同时，公众还可通过无线终端在线预约相关服务，提高办事效率。

从整体层面，智慧水务综合管理与服务平台总体框架由信息采集传输层、大数据平台层、业务应用层、用户服务层四个部分组成。

第一，信息采集传输层。智慧水务大平台的基础层，也是平台运行的数据环境，主要是通过智能感知技术、识别技术等对各类水务基础信息进行实时自动采集，自动感知水源地、自来水管网、排水管网等的状态信息，实现数据信息的实时监控与动态采集，并通过物联网、互联网、无线网等实现水务数据资源的传输。这一层是实现信息共享、业务协同的基础，同时也是整个平台运行的数据基础。

第二，大数据平台层。由基础设施、数据资源库、大数据存储与管理系统、数据共享与应用服务平台、水务大数据统计分析系统等组成，在智慧水务大平台中处于核心地位。平台依托计算机设备、网络、安全等基础设施，建立健全数据采集、处理和维护运行的管理机制和技术支撑体系，形成技术和应用模式创新支撑下的数据采集处理、数据存储、数据转换、数据更新、数据管理、数据统计分析、数据应用、数据共享服务的新模式，通过对城市供水、排水、雨量、水质等业务数据、服务资源数据、专题数据等信息资源的分类存储、管理、分析、挖掘、统一可视化等处理，运用大数据技术在智能数据挖掘方面的强大优势，帮助水务管理部门真正实现智慧水务的目标。

第三，业务应用层。面向对象的系统功能模块，根据不同的业务划分和使用群体，形成模块化的体系结构，便于业务的管理与功能的扩充。从大的方面来讲，智慧水务综合管理与服务平台业务应用层主要实现了水务业务的集成管理功能，主要包括水务管理与公共服务两大功能应用；从具体应用层面，包括水务运行监测、供水、排水、水资源调度、防汛防涝、应急预警等方面的业务管理以及面向社会公众的水务信息查询、事项在线预约等公共服务。

第四，用户服务层。即通过互联网、政务网、无线网、移动终端、智能显示屏等多种渠道，面向各级领导、水务管理单位、相关企业、社会公众等不同服务对象提供各类智能化服务。其中包括面向水务管理者的水资源运行监测、预警调度以及其他大数据服务，以及面向水务企业、社会公众的信息查询、政策咨询、行业资讯查询等服务。

在完善智慧水务管理与服务平台功能的同时，还应建立并完善包括信息安全保障体系、标准规范体系、运维服务保障体系的三大体系建设，保障平台顺利运行。信息安全体系是平台的重要组成部分，包括技术层面的安全保障（如网络安全、系统安全、应用安全、数据安全等）和各项安全管理制度。标准规范体系方面，由于智慧水务建设是一个大型复杂系统，具有涉面广、机构多、应用多、信息交换和接口多等特点，因此，平台建设必须遵循相应的规范标准来加以实施，严格遵守既定的标准和技术路线，确保整个系统的成熟性、拓展性和适应性，规避系统建设的风险。运维服务是确保平台稳定运行的保障，一般而言运维服务保障体系主要从运营服务过程中的制度安排、保障措施等方面进行建设。

（三）智慧水务建设应关注的要点

第一，跨部门数据资源共享与业务协同。数据资源共享与业务协同是推进政务领域一体化建设的重要抓手，同时也是提高社会治理与政府服务整体效能的基础任务。随着信息技术的深化，应用与城市水务治理需求的变化，智慧水务建设已经不只是涉及水务单一条线部门的具体项目，即已成为涉及水利、水文、堤防、排水、港口、海事、公安、气象、市容环卫等跨地域、跨部门的大型复杂工程。同时还须考虑城市生产就业、医疗卫生、住房保障、交通出行、环境保护等多方面的需求，要在强调智慧水务顶层设计的同时，在全局上建立并完善跨部门数据资源共享和业务协同机制，推进相关涉水部门、行业之间的数据共享和数据交换，支撑多部门、多层面的联动监管与协同调度。

第二，多元数据价值挖掘与决策应用。大数据是推进智慧水务建设的核心，在完善数据资源采集共享基础上，开展智慧水务建设必须以数据开发利用为主线，重视数据资产的价值挖掘和价值创新，通过大数据强大的数据分析处理能力为城市水务综合治理提供决策支持。例如，对管理部门来说，水务大数据可视化发展将促进水务管理信息共享与协同发展，并为政府提供一系列数据分析支撑，为管理决策层提供更加直观的决策依据，为挖掘更深层数据价值提供可能；对水务企业来说，数据挖掘是通过对水务数据进行处理和分析，能够从中快速，准确地找出企业所需有价值信息，同时可对水务治理行业洼地进行挖掘，诊断水务治理存在的问题并推演可行性项目。

第三，智慧水务关键技术突破与攻关。信息技术是推进智慧水务建设的重要支撑，是解决制约我国智慧水务事业发展瓶颈问题的关键要素。中国土木工程学会水工业分会秘书长刘文君指出：目前，我国智慧水务某些关键技术，如传感器技术、控制系统等与发达国家相比还存在一定的差距。伴随智慧水务系统功能的不断深化与拓展，亟须在政府统筹引导下推进智慧水务建设所需的人工智能、深度学习等关键技术突破。同时，在推进智慧水务重点项目过程中，还应积极发挥科研院所、专业协会等机构的行业技术研究和专业咨询作用，加强联合攻关，实现关键技术在水务治理领域的成果转化与融合应用。

第四，项目评估指标体系建设。项目评估是衡量项目推进落实情况和建设效果的重要依据，规范智慧水务建设工作，必须首先建立科学合理的智慧水务评估指标体系。但是，围绕智慧水务方面的评估指标和方法仍须进一步细化和完善，后续仍须根据智慧水务建设内容进一步细化评估指标体系，并面向社会发布智慧水务发展水平评估报告，以量化指标衡量各类智慧水务项目建设效果，既有助于深化智慧水务建设，提高城市水务智能化管理和精细化服务水平，同时也有利于接受社会公众监督，确保项目有效贯彻落实。

三、智慧气象管理与服务

（一）智慧气象概念及内涵

在云计算、物联网、移动互联网、大数据等信息技术推动下，发展观测智能、预报精准、服务开放、管理科学的智慧气象，成为全面推进我国气象现代化发展的重要诉求，同时也是社会生产、生活、环境、交通、治理、经济建设等领域发展运行必不可少的气象服务模式。智慧气象是通过各类信息技术在气象领域的深入应用，促使气象业务、服务、管理深刻变革，使气象系统成为一个具备自我感知、判断、分析、选择、行动、创新和自适应能力的系统。

智慧气象的内涵包括智能感知、精准预测、普惠服务、科学管理、持续创新五个方面。智能感知是指对各类气象要素、对经济社会影响、用户需求、气象工作运行状态等进行智能化感知，实现气象数据的精准、实时监测。精准预测即在信息技术的支撑下，基于所监测到的气象信息实现对气象要素、气象灾害、气象影响等进行精准化预测。普惠服务是围绕社会需求，将智慧气象的元素融入各行各业和人们衣食住行之中，让公众能够享受到个性化、专业化、多元化的气象信息服务。科学管理是指基于大数据技术对气象各种业务、服务、管理数据进行智能挖掘分析，为气象内部事务、社会事务、行政审批、事中事后监管等精准高效管理提供辅助决策支撑。持续创新即依托气象信息化体系进行科技和业务创新应用，开放的气象数据信息资源为万众创新提供支撑，使得气象事业能获得源源不断的发展动力。

（二）智慧气象未来发展趋势

第一，拓展气象服务精细化应用。智慧气象是不断发展的动态过程，随着 IT 治理理念和信息架构技术的成熟应用，智慧气象在各用户、各行业、各领域的精细化预报、预警业务范围和气象服务能力方面也须随之拓展深化。一方面，要深度结合信息技术的综合优势，融合信息位置、实时需求、风险偏好、行为目的等要素信息，为社会公众、企业等不同对象提供定制化、智慧化、精细化的气象监测预警和信息服务；另一方面，要聚焦相关行业，面向交通、卫生、农业、能源、民航等特定行业的气象需求，运用新技术改进传统专业气象服务的模型和算法，建立气象对相关行业影响的预测模型，优化行业领域气象智能化服务。

第二，探索"互联网＋气象"服务新模式。发展智慧气象除了要大力发展气象技术体系之外，建立与现代气象技术体系相适应的发展模式也是智慧气象的重要内容。"互联网＋"时代需要建立并发展与"互联网＋"相适应的智慧气象服务模式，通过为服务对象开放数据接口使其按需获取气象数据资源，确保气象服务能够更好地、更贴切地满足社会需求。同时，在提供现代化气象服务的同时，应综合考虑公众、企业、行业等的综合性需求，通过整合相关资源提供综合性服务，例如，在农业气象服务，可围绕农业生产活动提供气象、植保、信息等服务内容。

第三，优化智慧气象发展的科技创新生态。良好的科技创新生态是智慧气象不断深化拓展应用的重要保障和基石，为进一步深化我国智慧城市建设以及智慧气象发展应用，需要国家和地方政府进一步完善气象科技创新体制机制，积极落实关于科技创新和人才发展的相关政策，鼓励并引导气象事业科技创新与信息化建设；在技术创新发展方面，着力推进制约气象现代化的核心技术突破攻关，同时加快实现智慧气象领域技术成果转化；在人才发展方面，通过科技创新和技术攻关造就一批战略科技人才与优秀领军人才，发挥人才队伍的战略资源优势，为智慧气象在经济社会发展各领域的深化应用与创新发展提供重要智力支撑。

第三节　食品安全管理信息化

食品安全是人类生存的基本需要，不仅是重大的民生问题，也是重大的政治问题，已成为国家稳定和社会发展永恒的主题。信息时代，利用信息化手段形成严密高效、社会共治的食品安全治理体系，快速智能感知与高效管理食品安全信息已成为强化食品安全的必然趋势。

一、食品安全监管和信息服务体系设计

（一）设计思路

食品安全监管和信息服务体系的建设，关系到食品安全管理与服务信息化建设的应用程度与实施效果。首先要对食品安全监管和信息服务体系建设进行总体部署，从食品产业发展、食品安全监管与公众信息服务等多个方面出发，协调推进不同部门（监管、执法、质检、信用等部门）、不同环节（包括原材料、生产、加工、贮存、运输、销售等环节）、不同层级（包括市、区县、街镇等层级）的食品安全监管能力与服务能力建设。同时，各地方政府在开展食品安全管理信息化建设过程中，要合理布局食品安全监管资源与服务资源，重点加强市、区县地区以及农村等薄弱地区监管能力建设，优化食品企业准入、生产、流通、餐饮服务许可、食品安全追溯等信息服务。

目前，食品安全监管与信息服务资源主要分散于各个行业管理部门，各地方政府、企业等在开展信息化建设及相关平台功能设计之前，要围绕食品安全领域监管和服务两条业务主线，借助信息技术综合优势有效整合现有资源，推进食品安全监管信息、监测、检验、科技、宣教等资源共享与数据交换。一方面，能够有效打破食品安全领域各类业务数据的"信息孤岛"，提高远程动态监管、稽查办案、日常监管以及应急管理等整体能力与食品安全信息服务水平；另一方面，也有助于科学配置增量资源，帮助地方政府立足区域特色，突出食品安全监管与信息服务建设重点，避免重复、低效、无效建设。

标准规范是食品安全监管和信息服务体系建设的前提。应在广泛调研、深入研究的基础上，建立一套符合实际、科学合理的标准体系，以确保在开展食品安全信息化建设过程中的数据管理规范、系统运维规范、平台应用规范以及数据更新机制的不断完善，进而督促食品管理相关行业部门及平台接入单位按照标准严格执行，保障食品安全监管与信息服务体系建设与运行的规范化。同时，在食品安全信息系统功能开发与日常运行过程中，应进一步加强信息安全体系的建设，其中包括对网络安全、主机安全、数据安全等系统安全等级的确定以及应采取的措施和策略，保障各类食品安全业务平台的平稳运行。

（二）设计架构

按照对食品安全提出的新要求以及我国食品安全监管和信息服务体系设计思路，大致可以将食品安全监管和信息服务体系架构划分为基础设施层、数据资源层、应用支撑层、业务应用层和用户服务层。同时强化标准规范体系和平台安全保障体系建设，以标准数据

交换技术为接口，安全支撑食品行业跨部门监管和信息服务的需求。

基础数据是指平台运行的基础环境，主要包括硬件基础环境、网络基础环境（主机、存储、网络安全设备等）、系统软件环境等。基础设施层为整个食品安全监管和信息服务平台体系的应用提供基础运行平台。

数据资源层主要是系统运行的数据环境。数据环境是按照统一的标准和规范建立的数据中心，是实现信息共享、业务协同的基础，同时也是整个系统成功建设和运行的数据基础。数据资源层主要包括基础数据库（企业法人库、GIS 数据库等）、监管部门信息库、信用信息库等。

应用支撑层是业务应用系统的基础平台，包括应用支撑平台、应用中间件、交换中间件。为业务应用系统的开发提供基础数据统一管理、应用集中管理、应用系统安全支撑、统一页面集成等构件化、模块化服务。

业务应用层是面向对象的系统功能模块，主要包括食品安全信息服务、基础信息管理、食品动态监管、食品安全监督执法、食品案件应急管理等。同时包括二次开发接口，便于业务的管理和功能的扩充。

用户服务层通过互联网、政务网、无线网、移动终端、显示屏等多种渠道，为各级食品安全监管部门、食品服务企业、社会公众等用户对象提供权限内的多样化服务，从而有效提升食品安全的综合监管能力和信息服务水平。

（三）食品安全监管和信息服务

开展食品安全监管和信息服务体系建设是"互联网＋"时期新形势和新体制下我国各地区食品监管机构转变管理理念，创新食品行业监管方式，以及优化政府职能的重要举措之一，已成为各省市地区寻求食品安全问题破解之道的重中之重。食品安全监管和信息服务迎来快速发展的窗口期。

从根本来讲，信息不对称是我国食品安全事故频发的深层次原因，所以，在开展食品安全监管与信息服务过程中，首先要从消除信息不对称入手。通过健全政府信息监管体系，搭建信息综合管理平台，实施食品信息全过程追溯和预警等，能够有效确保食品安全生产链各环节参与者的知情权，实现各方信息的共享交流。

（四）食品安全信息全过程追溯

食品安全信息追溯作为加强食品安全信息传递、降低食品安全风险的重要手段，已成为全球各国加强食品安全管理普遍采用的措施之一。食品安全信息追溯是通过采集食品及食用农产品生产、流通、餐饮等环节的基本信息，实现从"农田到餐桌"整个食品供应链的全过程来源可查、去向可追、责任可究，确保消费者"舌尖上的安全"，是强化食品全过程质量安全管理与风险控制的有效措施。一般而言，通过信息化平台建设可实现以下食品信息的追溯：

（1）原材料的基本信息

以一般蔬菜种植为例，包括农田基本信息、耕作者基本信息、种子来源、化肥使用情况、病虫害情况、采摘情况等。

（2）生产加工的信息

基本包括原材料的来源、辅助材料的来源、食品添加剂信息、生产的基本信息等。

（3）运输过程信息

基本包括运输者信息、班次信息、运输时长、贮存条件与环境等。

二、食品安全管理信息化建设的意义

食品安全管理信息化是我国智慧城市建设以及深化社会治理创新发展的必然趋势。随着《食品安全法》的正式实施，政府端的投入将带动生产端和消费端展开更多的业务模式创新。食品安全态势感知、隐患识别、食品溯源、病因食品关联等综合分析能力有望在大数据时代迎来更多的发展契机，进一步提升食品安全信息化在食品安全监管、追溯、检测、信息服务模式中的重要地位。

（一）能够实现食品数据的实时采集与管理

与食品安全密切相关的食品企业许可凭证、市场监管、处罚记录、检验检测、投诉举报、信用评价等数据资源分布于各个部门。通过开展食品安全信息化建设，将生产、加工、贮存、运输、销售、监管各个环节联系起来，利用信息化终端设备和信息感知技术对食品流通各环节产生的数据进行实时采集、集中存储和统一管理，形成跨领域、跨部门、跨层级的食品安全数据资源池，避免产生"信息孤岛"，便于后续对大量食品安全信息数据的处理、分析、应用。

（二）能够实现食品信息的全程感知与溯源

基于现代信息技术搭建食品质量安全追溯信息平台，将各类食品服务企业以及粮食制品、畜肉、禽类、蔬菜、乳品、水产品等食品纳入平台管理，并建立食品追溯信息共享交换机制，实现与食品监管部门信息系统互联互通。消费者和监管部门可以通过二维码、RFID 电子标签、无线传感等物联网技术设备和渠道，查询食品原材料来源、生产者、加工环境、运输条件、贮存环境等信息，实现食品"从农田到餐桌"的全程信息溯源，一定程度上解决食品安全中存在的信息不对称问题。

（三）能够实现食品安全协同监管与决策辅助

通过建立统一的食品安全数据库，推进国家、省市、区、街镇不同监管系统、法人库、信用信息服务平台等的数据共享与跨部门协同监管。在此基础上，建立畅通的信息监测和通报网络体系，逐步形成统一、科学的食品安全大数据资源服务体系，基于大数据技术分析挖掘食品安全海量信息，为食品行业优化管理、食品安全跨部门监管、食品安全风险监测、安全事件应急预警、相关部门综合协调等提供智能决策支持，从而对食品安全问题做到早预防、早发现、早整治、早解决，实现食品行业规范化管理。

（四）能够督促各类食品服务企业规范科学经营

食品服务企业是我国各地区开展食品安全监管任务的主要对象之一，同时也是深化食品安全管理信息化建设的重要服务对象。基于信息技术建设食品安全信息化综合管理平台与企业标准数据库，一方面，可以使各类食品企业及时了解、查询行业信息和食品监管各项政策，规范自身市场经营行为；另一方面，对食品监管部门优化食品生产（含种植、养殖）、食品流通和餐饮企业的管理与服务，促进食品产业可持续健康发展也具有重要的意义。

（五）能够实现食品安全信息向社会及时发布

通过在开展食品安全管理信息化建设过程中建立食品安全信息服务平台，收集汇总各部门食品质量监督检查、应急预警的各类信息以及相关法律法规、政策等信息，通过信息服务平台及时传递、定期向社会发布，为社会大众及时了解、查询与其日常生活密切相关的食品安全信息提供服务渠道。同时有助于鼓励社会力量（包括高等院校、研究机构、专业企业等）参与食品安全管理和服务信息化体系建设，实现食品安全监管社会共治。

第四节　公共安全领域信息化

公共安全是百姓之福，更是民生之要、发展之基，确保公共安全事关人民群众生命财产安全，事关改革发展稳定大局。当前，我国公共安全形势总体良好，但也面临着不少挑战，涉及民生安全的突发事件时有发生、国家应急体系尚不完善、社会共治能力较低等一系列问题仍是制约我国社会安全稳定与城市功能有效发挥的重要因素。当前，我国正处于发展的重要战略机遇期，又处于社会矛盾凸显期，亟须树立"安而不忘危、治而不忘乱"的公共安全意识，以现代治理方式逐步构筑"大安全"格局，加强公共安全领域的协调联动和信息共享，编织全方位、立体化的公共安全网络，推进公共安全工作精细化、信息化、法治化，实现公共安全事件全程管理、跨区协同与社会共治，切实增强维护公共安全能力与社会公共安全保障水平，有效防范、化解、管控各类安全风险，努力建设平安中国。

一、公共安全信息化发展概况

当前，在城市发展与社会治理过程中公共安全事件易发多发，维护公共安全任务繁重，迫切需要政府、企业、社会各方紧紧围绕"四个全面"战略布局，牢牢把握推进国家治理体系和治理能力现代化的总要求，主动适应新形势，切实增强风险意识，以提高人民群众安全感和满意度为目标，以理念、体制机制、方式手段创新为动力，以新一代信息技术为引领，以基层基础建设为支撑，完善立体化社会治安防控体系，构建全方位、立体化的公共安全网，提高维护公共安全能力水平，有效防范、化解、管控影响社会安定的突出问题，防止各类风险聚积扩散，促进百姓安居乐业、社会安定有序与国家长治久安。

从我国公共安全信息化发展来看，各地区在现有信息化与智慧城市建设成果的基础上，相继开展公共安全视频监控系统、数据中心、公共安全大数据综合应用平台等建设，并取得较好成绩。通过运用云计算、物联网、视频监控等技术手段，有效实现城市发展公共安全领域信息资源的优化整合，创新公共安全防控手段和方式，同时基于大数据技术加强分析研判，提高对风险的监测、预警能力，及时切断风险链，提高公共安全工作的智能化水平，在治安防控、交通管理、服务群众等方面发挥了重要作用，有效提升地方社会治安整体防控能力。

二、信息技术在公共安全领域的应用

新型智慧城市下公共安全管理的本质，是在云计算、大数据、人工智能等新一代信息技术支撑下实现城市安全管理的全面联动与资源协同，主要体现在公共安全防控手段的根本升级、公共安全管理体系的全面优化以及监测预警与应急措施的有效部署。城市公共安全领域的信息化应用，大大提高了城市运行过程中安全防控、事态应对的集约化水平与整体效率，从而使城市安全防控体系和治安管理得到根本改观，市民获得更加全面的安全保障。从技术层面，城市公共安全管理信息化建设离不开物联网、云计算、人脸识别等关键信息技术的支撑。

（一）物联网技术的应用

城市公共安全事件一般都存在突发性强、破坏性大的特点，公共安全防控与管理需要很强的实时性，才能够快速、及时发现并处理各类突发事件。物联网技术为解决此类问题提供了很好的技术手段，通过变事后处理为事先预防，做到对各类公共安全事件提前预防、把控关口，从而使各类突发事件人员伤亡、经济损失等降到最低。从整体来讲，城市公共安全物联网应用架构可以分为感知层、传输层、支撑层与应用层。

感知层是城市公共安全物联网应用架构的基础，即通过在城市各个部件部署 RFID 标签、摄像头、温湿度探测器、报警器、人流量监控设备等物联网终端设备，从而对不同的环境进行实时感应监测，并获取各类监测信息。此外，不同感应器通过不同的感应环境设定感应参数，当环境指标超过监测值上下限或范围时自动发出报警，为工作人员提供及时的预警提示。

传输层包括无线网、通信网、互联网、政务网等内容，其主要任务是接收来自感知层的信息。城市部件的物联网感知设备通过网络环境将监测信息传送至通信发送器，通信发送器再将信息经互联网通过网关或网闸传送到应用系统端进行处理，从而实现城市运行监测信息的传输处理。

支撑层是保障应用系统稳定运行的中间层平台。同时实现对外部系统的接入与整合以及基础数据的管理，是应用层的基础支撑。

应用层面向城市运行的各个领域，提供公共资源安全监管、地下空间安全监管、突发应急处置管理等应用，为城市管理部门提供各类公共安全管理服务。

目前，物联网技术正处于快速发展时期，各种新型传感器不断普及应用，为运用物联网技术解决城市运行中的各类公共安全问题提供了更多的手段和途径。随着城市功能的持续完善以及城市建设的不断发展，物联网技术在安全生产监管、自然灾害防控预警、环境事故应急处置、公共资源运行监测等城市公共安全管理领域的应用也将逐步深化和扩展，为创新城市运行安全管理，提高社会综合治理水平和能力提供了强有力的技术支持。

（二）云计算技术的应用

各地区城市公共安全防控信息化手段建设的不断深化，使基于云计算的智能化视频感知技术在城市治安视频监控系统中的效益充分发挥出来。云计算技术在城市公共安全管理领域应用的总体思路大致可以概括为：从基础服务开始建设基于云计算的城市公共安全信息化系统，然后将其逐步拓展到应用服务。前者主要是偏向于集中化和虚拟化的设施资源管理，从而使各类资源能够满足基础平台自动化的部署；后者更多的是强调各类应用功能规模伸缩能力的实现，SaaS 化（软件即服务）公共安全信息系统的应用，并提供数据存储与分析等服务。

基于云计算技术应用的城市公共安全信息化系统功能总体框架大致可以分为基础层、平台层与应用层。其中，基础层主要是实现各类基础资源的虚拟化功能，通过 API 接口将应用动态扩展等服务提供给上一层，用户通过门户平台就可以直接对系统基础设施进行管理，但由于业务需求的差异，要对网络、存储、计算能力等进行综合权衡之后再对基础层进行设计。平台层主要是为系统提供 SaaS 服务以及分布式分级计算等功能，SaaS 平台将城市公共安全管理各类应用转化为服务，分布式计算平台为系统计算密集型数据的分析与应用提供必要的环境支撑。应用层主要是面向各类城市部件搭建交通管理、社会治安管理、应急指挥等各个应用子系统，通过各类服务渠道实现对此类服务功能的访问与应用。

从云计算技术在我国城市运行与社会治理各领域的发展应用成果，以及各地方政府云平台（政务云、市民云、文化云等）部署应用取得的显著成绩来看，云计算强大的计算能力和存储能力，为我国各地区深化城市公共安全视频监控建设，创新社会治安管理模式，增强城市安全防控提供了重要的技术手段，并成为强化社会公共安全，建设"平安中国"的重要方式。

（三）人脸识别技术应用

人脸识别技术是包括人工智能、模式识别、自动学习、图像处理、数据分析、模型分离等技术在内的综合性专业技术。其工作原理为通过前端采集系统中检测出人脸的存在，经过人脸照片前置处理与人脸特征提取等技术获取人的面部特征信息，进而将待识别的人脸特征与数据库中存储的特征模板进行搜索匹配，将匹配结果按照相似度从高到低进行排列显示，最终提取出图像相关人员所体现的身份特征信息。目前，人脸识别技术已在城市公共安全领域得到普遍应用，主要包括以下几种应用环境：

社区视频监控：通过在街道社区出入口建立动态监控系统，监控摄像头自动识别进出人员的身份，并通过人脸识别技术对外来人员或不常出入社区人员实施监控，并向社区管理人员发出警示。同时能够为公安系统相关案件的侦破提供人脸档案，便于公安搜寻可疑人员。

公安刑侦布控：通过在公安系统固定监控设备或移动监视车上部署带有自动识别技术的视频监控识别系统，能够对在逃人员、案件嫌疑人、重点监控人员等进行自动采集照片。并通过公安人口库自动进行匹配，有效支持公安系统刑侦案件的布控和侦破。

工地／通道等场所监控识别：通过在施工现场或禁行的通道部署自动识别视频监控摄像头，实现对受控地区的实时监控。若系统监测到有人员通过即刻发出警报，保障此类场所或地区的安全。

实名认证查验：通过在高速公路检查站、铁路出入通道、机场安全检查通道等出入口安装自动识别视频监控系统，对通过出入口的人员进行人脸自动采集识别，完成实名制验证。即根据身份证读卡器或其他设备读取人员有效证件照片，然后通过系统高清摄像头实时抓拍人脸。系统将抓拍的人脸信息与证件照片信息进行自动匹配，验证其身份照片与持证人是否为同一人，保障人证合一。

三、智慧平安城市

在平安城市建设过程中，全国建成了众多的以单个城市为主体的平安城市项目，不可避免地造成了一个个视频资源的"信息孤岛"，无法实现图像资源的共享协同。智慧型平安城市是一个特大型、综合性强的城市公共安全管理系统，要统筹考虑社会治安、城市运行、交通、应急指挥等多领域的需求，同时要兼顾城市突发事件预警、安全生产监控等方面安全防控、应用处置等需求，通过建设城市智能监控联网综合平台，整合城市各类监控系统，最大限度地实现跨地区、跨部门视频监控资源共享和互联、互通、互控，为城市安全运行提供功能完善、运转高效、协同有序的服务。

第六章　智慧城市管理

第一节　智慧政务管理

建设智慧城市是以城市这个开放的复杂的系统为对象，以城市基本信息流为基础，运用决策、计划、组织、指挥、协调、控制等一系列机制，采用法律、经济、行政、技术等手段，通过政府、市场与社会的互动，围绕城市运行和发展所开展的决策引导、规范协调、服务和经营行为。科学的管理可以促进城市的健康、快速发展，无序的管理将制约城市的发展。城市管理的本质是对城市资源进行合理调配，实现城市资源的效益最大化，其目的是协调、强化城市功能，保证城市发展战略的实施，促进城市社会的和谐发展，使人们能够享受幸福生活。

智慧管理包括政府管理和公共管理领域的智慧化建设，包括智慧政务、智慧环保和智慧安全等方面。其目的是，通过新一代信息技术在城市管理中的广泛应用，全面加强公共管理资源的整合及管理部门的信息共享与业务协同，实现管理方法多样化、管理手段高端化、管理过程精准化、管理水平高阶化。同时，不断创造公众参与管理的基本条件及外部环境，调动公众参与管理的积极性，真正形成全社会共同参与治理的局面。

一、智慧政务概述

在"智慧城市"的规划建设中，以电子政务为代表的"智慧政务"无疑是开启这扇智慧之门的按钮。智慧政务是指政府机构运用现代网络通信、计算机技术、物联网技术等将政府管理和服务职能通过精简、优化、整合、重组后到网上实现，打破了时间、空间及条块的制约，为社会公众及自身提供一体化的高效、优质、廉洁的管理和服务。智慧政务将进一步提高政府工作效率，提高各级政府公共服务能力，创建平安和谐的社会环境，为城市的建设提供强大的动力和支撑。

从智慧政务的内涵看：智慧政务是指运用信息与通信技术，打破行政机构局限，改进政府组织，重组公共管理，实现政府办公自动化，政府业务流程信息化，为公众和企业提供广泛、高效和个性化服务的一个过程。

从智慧政务的对象和职能看：可分为内部和外部两个部分。内部主要是各级政府之间、政府的各部门之间以及各公务员之间的互动，承担政府的决策和管理职能；外部主要是政府与企业、政府与市民之间的互动，承担政府对外服务和监管职能。

智慧政务是转变政府职能的创新性手段，具有内部管理集约、行政审批高效、公共服务便捷、领导决策科学等典型特征，是电子政务发展到一定程度以后的高级阶段，是电子政务效率最大化。智慧政务的建设正是实现电子政务升级发展的突破口，是政府从管理型走向服务型、智慧型的必然产物，也是引导智慧城市建设的主干线。

二、智慧政务体系结构

智慧政务系统体系结构一般由公共数据中心、移动电子政务、智慧行政服务中心、智慧的领导决策四部分组成。

（一）公共数据中心

是由政府所有职能部门的政务数据组成的。该数据中心按照"政务基础数据库 + 业务数据库"的模型进行分别建设，从而实现对公共数据的全面共享，同时也为智慧城市公共服务提供信息服务。

（二）移动电子政务

采取将移动通信技术与互联网相结合的方式，打破时间、空间上的限制，实现随时随地的政务服务。

（三）智慧行政服务中心

利用信息技术，在功能上做到全业务覆盖、全过程监控、全系统享受，实现政务信息公开、行政许可与审批、公共服务、效能监察等在数字化、网络化、智能化的环境下运行。

（四）智慧的领导决策支持

利用完善的领导决策技术体系，实现社会发展、经济建设、重大项目、公共突发事件、重大活动指挥、城市综合管理及社会热点等各方面的智能化决策。

三、智慧政务特征

智慧政务系统是以物联网、云计算、大数据的标准化和数据共享、海量数据存储和数据挖掘、大数据及智能处理等先进技术高度融合为支撑，以市政各行业的基础设施动态监控、应急指挥和辅助决策为主旨，以信息技术高度集成，城市基础设施智慧服务、高效便民，智慧产业高端发展为主要特征的市政智能化管理新模式。

（一）广泛覆盖

广泛覆盖的信息感知网络是智慧政务的基础。为了更及时、全面地获取城市信息，更准确地判断市政基础设施运行状况，智慧市政中心系统要拥有与市政各类要素交流的能力。智慧市政的信息感知网络应覆盖市政基础设施的时间、空间、对象等各个维度，能够采集不同属性、不同形式、不同密度的信息。物联网技术的发展，为智慧市政的信息采集提供了强大的能力。

（二）深度互联

智慧政务的信息感知是以多种信息网络为基础的，如固定电话网、互联网、移动通信网、传感网、物联网等。"深度互联"要求多种网络形成有效连接，实现信息的互通访问和接入设备的互相调度操作，实现信息资源的一体化和立体化。

（三）协同共享

在智慧政务系统中，任何应用环节都可以在授权后启动相关联的应用，并对其进行操作，从而使各类资源可以根据系统的需要，各司其能地发挥最大价值。这使各个子系统中蕴含的资源能按照共同的目标协调统一调配，从而使智慧市政的整体价值显著高于各个子系统简单相加的价值。

（四）智能处理

智慧政务拥有体量巨大、结构复杂的信息体系，这是其决策和控制的准则，而要真正实现"智慧"还要表现出对所拥有的海量信息、大数据进行智能处理的能力。这要求智慧政务能够根据不断触发的各种需求对数据进行分析，从而实现智能决策，并向相应的执行设备给出控制指令，这一过程中还要体现出自我学习的能力。以云计算为代表的新的信息技术应用模式，是智慧政务智能处理的有力支撑。

（五）开放应用

智慧政务的信息应用应该以开放为特性，不仅仅停留在政府或城市管理部门对信息的统一掌控和分配上，而应搭建开放式的信息应用平台，使个人、企业为系统贡献信息，使个体间能通过智慧政务系统进行信息交互。如济南公安共享路灯杆空间数据，这将充分利用系统现有能力，大大丰富智慧城市的信息资源，并且有利于促进新的商业模式的诞生。

四、智慧政务的作用

智慧政务可以让政府政务更加高效，让企业和市民交流起来更加方便。具体说来有以下几点：

第一，智慧政务可以提高政府办事效率，降低管理成本。通过网上管理大大提高了办事效率，又为政府节约了办公费用。政府通过物联网、互联网、云计算及时收集社会各方面的意见，并通过各类网络进行回复和处理，不仅提高了政府的办事速度，同时降低了政府的管理成本。

第二，智慧政务不仅能使政府部门更公开、更透明地运作，还可以使"黑箱操作""人治大于法治"等现象在很大程度上得到遏制，公众有更多的机会参政议政，对政府的监督也会更有效。

第三，智慧政务可以更充分、更合理地利用政府信息资源。政府各类信息资源可以通过互联网进行共享，资源闲置、浪费和重复建设等问题都可以通过统筹管理所有资源来解决。信息资源通过电子政务共享进行存储、检索和传播，更能有效发挥其作用，也能更有效地支持政府的决策。

第四，智慧政务可以使政府监管能力得以有效提升。政府应用网络技术，吸取远程数据，快速和大规模地进行采集和分析，使有用的信息得以集中管理、合理使用，大大增强了监管者的管理能力和效率。

五、智慧政务的发展趋势

（一）资源整合步伐加快

目前，我国电子政务应用发展的主要瓶颈是地方之间、部门之间不能协同共享应用系统和信息资源，形成了若干"信息孤岛"。为了消除障碍，实现信息资源的开发利用整合，使各个系统之间的资源得到优化和共享，从而实现其价值，未来智慧政务的资源整合的步伐将加快，力度将加大，这也是实现智慧政务系统更加具有效率和功能的基础。资源整合首先是政府管理结构的整合，体现为政府管理体制的变革和政府职能的转变。

（二）全面提升公众服务

在智慧政务系统建设中应以服务为中心，立足于社会和公众的需求，通过智慧政务系统提高便民和为民服务的意识。政府门户网站的建设将成重点，在提高原有电子政务的便民服务和提高政府办事效率的功能方面，政府门户网站不仅能提供信息服务，还能实现网上办事。地级市政务外网的建设将获得全面进展，同时多种手段的服务方式，包括电话、手机以及便民卡等，将和外网整合在一起，为公众提供多种接入手段。政府将更加贴近公众，政府门户网站的便民服务交互功能将进一步加强。在实践过程中，类似"条块结合模式""网上一站式办公""网上审批"等一大批应用系统将得到推广。

（三）建立智慧政务系统绩效评估体系

我国原有的电子政务系统绩效的实践更多采取的是理论特点鲜明的评估体系。这些体系在强调理论体系的同时，忽视了电子政务在各地所处的不同发展程度和特殊矛盾，必然缺乏评估过程中所应有的良性的激励效应。所以，"评估什么""怎么评估"是将智慧政务系统绩效评估体系建设迫切需要深入思考的问题。

（四）外包模式强化政企共同参与

政府在智慧政务建设中将不再大包大揽，更多地将充分依托社会力量，采取外包方式强化政企共同参与。IT企业与政府部门共同参与智慧政务系统建设，智慧政务系统建设的收益和风险可以由企业与政府共同承担。

（五）智慧政务系统的开放性更强

国家作为国家信息的主要拥有者，对于保密级别不高的数据库，可以在互联网上向公众提供检索服务。对于保密数据库，在政府专网上提供功能服务，根据政府工作人员的身份，限制其访问对象、类型、方式、时间，仅对其进行权限管理。

（六）政府网站趋于"标准化"

政府网站标准化的内容主要包括界面一致，统一的入口，各页面或站点关系明确、类目清楚，电子政府部门提供的服务一目了然、内容丰富，能够充分满足公众的需求、内容检索功能强大、使用方便，充分考虑到不同用户的需求。

（七）信息安全不断加强

信息安全是我国信息化道路的最大特色。安全策略的制定，包括政府信息系统的安全等级的分类、与安全等级相应的安全措施的要求、对参与系统开发和运行的企业的要求和约束、系统安全的审计、安全问题的报告制度和程序、紧急情况的处理和应急措施等。

第二节　智慧环境管理

一、智慧环境概述

智慧环境通过运用各种先进感知技术、网络技术及信息技术把感应器和装备嵌入到各种环境监控对象中，通过超级计算机和云计算将环保领域物联网整合起来，构筑"感知测量更透彻、互联互通更可靠、智能应用更深入"的"智慧环保"物联网体系，并以此为载体推动"数字环保"向"智慧环保"转变。可以实现人类社会与环境业务系统的整合，以更加精细和动态的方式实现环境管理和决策的智慧。

实现智慧环保目标，要以环境信息化为基础载体，让信息技术为我国城市环境管理服务创新提供有效支撑，建立高度信息化、现代化和智慧化，让政府、企业和市民满意的智慧环保体系。近年来，全国环境信息化工作会议明确指出，环境信息化的实施要整体考虑，加强战略规划、总体推进、因地制宜、分类指导、突出特色和强化功能服务。在环境信息管理和数字环保规划等领域已经为智慧环保的实现奠定了基础，根据国家有关生态文明、绿色发展、信息产业和城镇化质量提升的总体要求，提高环境监管质量和增强环境服务能力是智慧环保的战略重点。"战略规划"在城市改革发展的战略决策模式中，成为贯彻科学发展观、追求可持续发展的重要指导思想。信息化已成为推动环境管理模式转型创新、提升环境管理精细化水平的重要手段。环保业务的复杂性和综合性，凸显了环保信息化战略规划的重要性和紧迫性。

　　"智慧环境"体系的构建是全球信息化发展的客观要求，是实现环境管理科学决策和提升监管效能的基本保障。环境信息种类繁多、数量巨大，只有通过深入推进环境信息化建设，实现环境信息采集、传输和管理的数字化、智能化、网络化，才能从大量繁杂的信息中发现趋势、把握重点，使环境管理决策体现时代性、把握规律性、富于创造性，提高环境管理决策的水平和能力，推动各类环境问题的有效解决。

　　"智慧环境"体系从主观上是为了加强监管，但从客观上讲，又可以促进企业节能减排技术改造，还能通过信息公开等手段，增强公众监督和参与力度。作为"智慧城市"的有机组成部分，"智慧环境"将成为未来环境保护工作发展的方向和目标。

二、智慧环境的特征

（一）安全

　　通过环境监测预警系统，可以降低环境污染事故的发生率，提高环境污染事故的应急响应。

（二）全面

　　通过环境监测系统，对环境质量的变化做全程监控，对环境状况做出全面的评估。

（三）快速

　　对于环境破坏事件可以迅速找到污染源，并做出相应的对策，减轻污染源对环境的破坏程度。

（四）准确

　　能准确地了解污染源的特点，并找出相应的对策。

三、智慧环境应用系统规划目标

（一）总体目标

　　理顺城市环境信息管理体制，完善城市环境信息的各种网络建设，提升环境信息网络性能，强化环境信息资源整合力度。根据环境管理业务现状和环境管理发展需求，以现代信息技术为主要支持手段，建设以信息采集为基础、以业务应用为核心的新型数字化环境管理模式。在此基础上构建"智慧环保"应用架构和技术架构，最终建成一个集网络建设、应用集成、数据共享和信息服务于一体的环境信息综合网络平台，形成技术先进、应用广泛、性能完善、安全可靠、运行高效的环境信息管理体系。实现城市环境保护资源的有机整合，提高环境信息资源的开发和利用水平，实现环境管理业务流程的重组和优化，提高工作效率，加快城市环境信息化建设的步伐和环境管理工作现代化的进程，为城市环境决策和环境管理提供全方位的技术支持和技术服务。

（二）主要任务

主要任务就是以信息资源为基础、信息网络为载体、信息技术为手段，实现省、市、县三级及环保之间的信息畅通集成；建成环境在线监测系统、重点污染源在线监控系统、省市县三级环境管理信息系统"三位一体"的高水平监控体系；全面提升环境信息化管理应用水平，为环境业务管理、内部管理、公众服务提供强大的信息技术支撑。围绕总体目标，搭建智慧环保应用系统的总体架构，概括起来说就是"一套标准、两项保障和两级中心、三层应用、四个平台"。"一套标准"，就是环保信息化要在统一的标准规范体系下实现有效集成；"两项保障"，即信息安全保障和信息化运维管控体系；"两级中心"，即省、市两级数据中心；"三层应用"，即省、市、县三级环保信息应用服务；"四个平台"，即内部应用平台、外部服务平台、系统支撑平台和基础设施平台。

（三）近期目标

1. 加强基础网络建设

重点建设省市之间的环保局广域网络系统、重点污染源在线监测数据传输网络系统和重点流域水质自动监测数据传输网络系统、重点核设施辐射环境监测系统，加强网络系统资源的整合和网络安全的管理。

2. 加快系统应用开发

遵循统一的开发标准和技术规范，加快开发新的环境管理业务应用系统并集成到应用平台，整合现有环境管理应用系统。重点进行环境基础数据库、环境科学共享数据库、宏观经济数据库等建设，建立和完善环保系统信息发布和交换平台及环境数据中心，提高环境信息资源共享程度和利用水平。

3. 提高环境信息服务能力

加大环境信息服务力度，以机关内网电子政务综合平台和环境信息广域网络为依托，开发和集成各类应用系统，建立环保部门内部信息门户。以政府门户网站为依托，进一步完善公众参与、在线办事功能，为公众提供"一站式"环境信息服务，开展政府与公众的网络互动，推进环境保护的宣传教育。

4. 完善环境信息安全体系

积极应用数据加密、身份认证、访问控制、安全检测、数据备份、双路供电等技术，保证网络环境下用户身份的可靠性，增强系统的安全性，建立可信任网络体系。同时要建立并执行完善的安全管理制度，构筑全方位多层次安全体系，为环境信息化的健康有序发展提供坚实的保障。

四、智慧环境应用系统实施路径与措施

（一）实施路径

智慧环保应用系统的建设应该科学统筹规划，整体拓展推进；精心合理组织，省、市互动合作；扩展网络环境，推进互联互通；跟踪科技发展，及时调整调控；注重投资效益，分层组织实施。

1. 第一阶段为系统平台搭建和重点项目建设阶段（3～5年）

主要以网络基础设施建设和部分重点项目建设为主要内容，建立环境数据、应急指挥、环境自动监控"三个中心"，初步搭建环境信息网络基础平台、环境信息应用支撑平台、环境信息业务应用和环境信息服务四个平台，建立环境信息系统标准与规范化体系、环境信息安全与保障体系、环境信息系统支持与管理体系三大体系，基本形成以环境管理重要手段为主的信息管理网络构架。其中，环境信息系统标准与规范化体系的建立、基础数据中心的建设、环境事故应急指挥、环境监测监控、环境管理综合业务、生态环境信息管理、固体废物信息管理、领导决策支持、移动办公、网络视频会议等系统是该阶段的重点项目。

2. 第二阶段为系统完善阶段（1～2年）

以新项目的续建及系统完善为主要内容，继续拓展环境信息化管理与建设的范围。

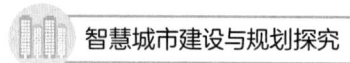

3. 第三阶段为智慧环保的成熟阶段（1~2年）

通过各级"智慧环保"工程的建设，最终形成全省统一的、标准的、规范的、现代化的环境信息网络体系，实现各级环保部门的联网和与政府各相关部门的信息共享，提高环境管理整体水平和应急响应能力，为政府决策提供技术支持，向社会和公众提供服务。

（二）保障措施

1. 加强组织领导，健全管理机制

各级领导要提高环境信息化建设的意识，增强对环境信息化建设的认识和紧迫性。加强组织领导，强化协调一致，站在全局的高度，在提高认识的基础上，强化领导，把"智慧环境"建设工作当作一件重要工作来抓。可以成立专门的领导班子，组建项目实施的管理机构。结合环境信息能力建设规划环境信息工作计划，在总体规划的框架下，制订项目建设实施方案和工作计划，并纳入各级环保部门的规划和年度计划中，采取一切有力措施，落实好各项任务。建立项目建设和运行的管理机制和制度，确保认识到位、责任到位、措施到位、投入到位，加快数字环保的建设步伐。充分发挥各级环境信息管理机构的优势，使其成为总体规划实施的综合决策、统一协调和资源优化配置的技术支持部门。

2. 环境信息网络基础能力建设

环境信息网络基础能力是保证数字环保总体规划实施和运行的基本措施。在充分发挥各级现有环境信息基础网络设施的基础上，重点保证信息的正常采集、基础数据中心的建设、网络安全运行及基础软件等方面的建设，合理配置资源，为项目实施创造良好的环境。

3. 开拓投资渠道，确保资金投入

加大各级政府财政投入力度，并逐年有所增加。科学合理地统筹制定经费预算，努力开拓各种投资渠道，扩大经费来源，保证资金持续投入。环境信息网络系统的建设和功能的充分发挥，投资额度要有保证，根据信息化发展的趋势和环保事业对环境信息化建设的需求分析，对信息化建设的投入资金要逐年增加。

第三节　智慧安全管理

城市是以人为主体，由社会、经济、资源、环境、灾害等要素之间通过相互作用、相互依赖、相互制约所构成的复杂空间地域系统。一方面，城市突发性事故不仅对个人、群体和组织的正常活动构成了巨大威胁，而且使得城市公共安全面临空前的挑战；另一方面，随着城市化进程的加快，大量人口涌入城市，在为城市发展注入活力的同时，也给城市公共安全带来巨大压力。我国公共安全面临严峻挑战，对科技提出重大战略需求。以信息化、智慧化、网络化技术应用为先导，发展城市公共安全多功能、一体化应急保障技术，形成科学预测、有效防控与高效应急的公共安全技术体系，是当前非常迫切需要解决的问题。城市公共安全管理问题目前已成为影响我国经济社会改革、发展与稳定，提升城市管理品质、实现城市可持续发展的重要课题。

一、智慧安全概述

随着经济社会的快速发展及城市化进程的不断加快，公共安全问题出现了涉及范围广、影响程度深、牵涉因素多、突发性强等新的特点。而目前城市公共安全管理能力建设跟不上城市发展的速度，已成为影响城市和谐发展的不稳定因素。在此背景下，加强公共安全管理，尤其是加强智慧化的公共安全系统建设，不仅可以为智慧城市建设提供重要支撑，而且可以为经济社会的可持续发展打下坚实的基础。

智慧安全是以传感网为基础，通过城市安全信息的全面感知、各子系统间协同运作，资源共享，建立统一的公共安全系统及应急处理机制，实现对公共安全的应急联动、统一调度、统一指挥，达到对公共安全的智慧化管理。其核心是通过信息的整合、加工处理，实现有效的预测、预警，并通过资源整合与联动，实现高效、智能化的应急处理。

智慧安全的"智慧化"管理主要体现在以下三个方面：

1. 通过信息技术的广泛应用及体制机制的创新，实现智慧化的预测、监测及有效的安全隐患避免。例如，通过摄像头、传感器、RFID 等传感设备在城市重要部位和关键节点的安装布局，加强对城市安全信息的采集、处理，实现实时动态化的监测、预测，并有效避免安全隐患。

2. 通过资源整合，实现一体化的安全管理。

3. 智慧化的公共安全管理不仅具有规划、标准等程序化特点，还具有一定的灵活性，具有灵活的处理能力。

二、智慧安全的特征

城市公共安全管理的目的在于通过预防、控制和处理危及城市生存与发展的各类安全问题，提高城市应对危害的能力，改善城市的安全状况，提高其生存和可持续发展的安全性，使得城市与广大公众在突如其来的事件和灾害面前尽可能做到临危不乱和处变不惊。因此，城市公共安全管理应具有以下特征：

（一）预测、监测与避免

城市公共安全事件具有突发性、隐蔽性、系统性、综合性、连锁性、衍生性等特点。一旦发生，事态规模大、涉及面广、影响深、危害程度高。判断城市公共安全管理是否完善和有效，不仅要看它应对和解决各类突发性城市公共安全问题的能力，还要看它预见、监测和避免问题的能力。

（二）"一元指挥"与整体联动

城市公共安全事件一旦发生，需要多个部门的协作，并协调多方资源。因此，在由相互关联或相互作用的众多要素所构成的城市公共安全管理中，必须强调一元指挥与整体联动。一元指挥是指组建高效、精干的常设领导机构，在公共安全事件发生时，行使紧急处置权力，进行统一指挥，协调各方的应急行动，调配应急资源。整体联动是指不同部门或机构进入应急状态后必须保持相互联络与相互协调。

（三）规范、标准与柔性

健全的城市公共安全管理不仅具有规范、标准等程序化特点，还应体现一定的灵活性。前者指的是体系的应急响应、应急指挥、应急行动等均应按照既定的标准化程序（SOP）进行；后者是指一些新出现的城市公共安全问题往往出人意料，在无章可循的情况下，应采取灵活的处理措施。

三、智慧安全应用系统实现路径与措施

智慧安全的管理目标主要是通过信息技术的广泛应用及体制机制的创新，实现智慧化的预测、监测及有效的安全隐患避免；通过资源整合，实现一体化的安全管理。

建设城市公共安全应用平台，以系统集成、信息集成、通信集成、功能集成为建设目标，实现城市视频监控、报警联网、"三警合一"、卡口控制、集成通信、舆情分析、人口管理、GIS标绘、可视化展现的信息大集成，以及公共场所、建筑物、住宅小区的报警、视频、出入口控制的大联网。

城市公共安全管理目标是，通过统一的城市公共安全信息平台，实现城市各业务应用与安防监控系统的监控状态及报警信息的显示、各系统间实时信息的交互与数据共享以及各系统间的功能协同和控制联动。同时要实现与智慧城市"一级平台"、城市数字化管理平台、城市应急指挥应用平台、城市智能交通管理平台、城市基础设施管理平台的互联互通和信息共享。

（一）城市公共安全治理的先行者

相比于其他的体系成员，政府应以更为积极的姿态努力维系和促进城市公共安全，并以此带动全社会对公共安全问题的重视和投入。先行者角色的具体内容包括：城市公共安全治理体系的设计和组织工作，如确定体系目标、体系结构；体系的基本运作方式；城市公共安全体系的建设和引导工作，如培育体系成员、提供支持条件；城市公共安全理念的宣传教育工作；城市公共安全管理技术的研究与开发工作等。

（二）城市公共安全治理的指导者

城市公共安全是复杂因素相互作用的结果，对那些可控因素的协调与控制是保证公共安全的重中之重，而相关安全政策的指定是基本手段。政府应该通过制定科学、健全、具体的公共安全政策为其他体系成员指出明确的行动指南，并通过命令、沟通、说服等方式保证政策的实施。

（三）城市公共安全治理的沟通者

信息的获取、传递与应用是现实城市公共安全的关键，它能否实现取决于治理体系中是否存在一个有效的沟通平台和中心性沟通主体。政府在信息资源方面的优势，决定了他充当沟通者角色的条件和责任。沟通者角色的具体内容包括建立有效的信息截取机制和发布机制，利用现代信息技术搭建高效的公共安全信息平台，有针对性地引导信息的传播等。

（四）城市公共安全治理的激励者

政府应充分调动其他体系成员致力于城市公共安全目标行动的积极性、主动性和创造性。具体工作包括，科学识别针对各类体系成员的各种激励因素，建立城市公共安全贡献的奖励制度，严格执行公共安全事件的责任制度和惩罚机制等。

第七章 智慧城市的可持续发展之路

第一节　概述

　　环境质量是影响居民生活质量的八大要素之一，一个更"智慧"的城市必然也将更宜居、响应能力更强。我国经过多年的工业化大发展，目前已面临极其严重的环境问题；同时各类超大型城市、大型城市的发展，给城市环境、资源供给等带来了沉重的负担。环境治理已成为我国工业化社会发展的必经之路，是实现我国社会可持续发展的重要一环，而提高城市的宜居水平又是城市发展的主要目标之一。

　　当前信息技术的广泛应用，为城市治理环境问题、提高宜居性提供了高效便捷的工具。要了解新型智慧城市中生态宜居的建设内容，我们首先要了解生态城市、宜居城市概念的起源、发展与核心理念。同时结合我国新型城镇化建设、生态文明建设的相关政策与理念，提出满足我国当前及未来一段时间内发展需求、具有社会主义特色的新型智慧城市生态宜居建设目标。

一、生态宜居的概念

（一）生态城市与宜居城市的概念

1. 生态城市

　　"生态"一词源于古希腊文字，是指家或者我们的环境。随着生态学的发展，生态学家认为生物与环境是不可侵害的整体。1935 年，英国学者坦斯利提出"生态系统"的概念，他认为，生态系统是一个"整体性"的系统，这个系统不仅包括有机复合体，而且包括环境与形成环境的整个复杂的物理因素。目前，学术界认为，生态与生态系统都包括着生物体与其周边环境的整体性关系。

　　1971 年，联合国教科文组织发起的"人与生物圈计划"报告中首次提出生态城市的概念。报告中指出生态城市主要是依据自然环境和社会发展情况，创造一种能充分融合自然和技术的人类居住与生产活动的最佳环境，极大发挥人的生产创新能力，最终提供高标准的物质和生活方式。该概念阐述了人与其生活的城市环境之间的和谐发展、相互促进的关系，这里的城市环境包括自然环境、社会环境、技术发展、生产活动等。作为"人与生物圈计划"专家工作组主要成员的苏联生态学家雅尼科斯基（Yanitsky）指出，生态城市是按生态学原理建立的社会、经济、自然协调发展，物质、能量、信息高效利用，生态良性循环，技术与自然充分融合，人的创造力、生产力得到最大限度的发挥与发展，居民的身心健康与环境质量得到最大限度的保护的生态、高效、和谐的人类聚居新环境。

生态城市是人类长期以来对理想生活与住区持续探索和追求的结果，它是基于生态学原理，综合研究由经济、社会和自然构成的复合生态系统，并应用现代科学和技术手段而建设的居民满意、经济高效、生态良性循环、可持续发展的人类居住空间。任玉兵通过对各界学者关于生态城市的理论研究总结出，生态城市的内涵包括基于生态学原理，人与自然和谐共处，一个社会、经济、自然的复合系统，高效、生态良性循环的经济。所以，生态城市是一种遵循生态学原理、人与资源和谐共处，具有高效、生态良性循环生产的社会、经济、自然的复合系统。

但是随着生态城市概念的发展，尤其是国家政策的推进，我国有相当数量的城市借着生态的概念进行规划建设。我国生态城市建设实践过程的五大特征：第一，是一个认识不断深化的过程，从早期单纯关注城市绿化与市容卫生到人居环境科学化与合理化，进一步发展为城市生态功能的完善；第二，为城市生态环境要素节约化的发展过程，以技术与管理相结合推动社会生活各方面的节水与节能；第三，是一个由人居环境逐步拓展到生产领域的发展过程，其特征是城市产业结构调整与现代生态工业园区建设的结合；第四，从城市建成区到城市影响区的空间发展过程，有利于中国生态环境的区域性整体优化；第五，从定性发展目标，逐步演变为定量的、体系化的指标体系，为生态城市建设管理奠定科学基础。目前，我国生态城市研究与规划大多侧重于人居环境方面，属于"后工业化"阶段的城市发展定位，我国的生态城市建设也有自身国情的发展背景和政策上的导向。

生态城市的研究范畴不仅包含了城市的自然环境、人居环境和生态环境，还延伸至人文环境、经济产业环境等多方面内容，还强调了从系统的角度看待城市内部各种要素资源的有机结合、良性循环和发展。城市的生态系统包括了各个小型的生态子系统，生态城市关注各个子系统内部以及子系统间的良性循环发展，如产业生态子系统的发展、产业生态子系统与环境生态子系统、产业生态子系统与人文生态子系统的协调发展。

2. 宜居城市

宜居城市是指对城市适宜居住程度的综合评价。宜居城市其特征是：环境优美，社会安全，文明进步，生活舒适，经济和谐，美誉度高。

宜居城市建设是城市发展到后工业化阶段的产物，是指宜居性比较强的城市，是具有良好的居住和空间环境、人文社会环境、生态与自然环境和清洁高效的生产环境的居住地。"宜居城市"是指那些社会文明度、经济富裕度、环境优美度、资源承载度、生活便宜度、公共安全度较高，城市综合宜居指数在80以上且没有否定条件的城市。城市综合宜居指数在60以上、80以下的城市，称为"较宜居城市"。城市综合宜居指数在60以下的城市，称为"宜居预警城市"。

宜居城市的概念是不断演进和发展的，它是工业革命后的必然产物，发展初期注重城市环境的治理与改善，也是随着人们生活质量提高、精神层面要求的提升而变化的。目前，它融合了生态城市、可持续发展的建设理念，不仅包括对优美城市人居环境、自然生态环境的追求，还包括其与人文环境、经济产业环境的相互融合、协调与可持续发展。未来的建设中将更加注重生活在城市中的市民的精神感受，包括市民幸福感、获得感与满足感，是城市建设的持续性目标。

（二）生态宜居的概念与范畴

生态宜居是城市建设发展的一种持续性目标，它既包含了生态城市的系统性、循环性概念，又包含了"以人为本"的宜居性目标。生态宜居的概念，包括了多层次的内容：一是城市的自然生态环境要优美，没有环境污染，物种丰富；二是城市的空间规划合理，工作与居住条件良好，住房供给充足；三是城市居民的生活环境要便利宜居，包括医疗教育资源的优质充足、交通通畅、办事便利；四是城市的产业经济发展良好，能够促进居民生活和收入水平的改善；五是生活在城市的居民具有较强的满足感与幸福感，文化与精神世界富足；六是城市中的各种资源，包括环境资源、人、政府、企业、物质和能源、经济产业等能够自循环利用，形成可持续发展的生态体系。

新型智慧城市建设内容涵盖业务、技术、管理、数据资源、基础设施、建设运营机制等，主要包括了无处不在的惠民服务、精细精准的城市治理、融合创新的产业经济、低碳绿色的宜居环境、智能集约的基础设施、安全可靠的运行体系、持续创新的体制机制、开放共享的信息资源等八方面内容。其中，低碳绿色的宜居环境是指"打造绿色、宜居的生活环境，促进经济与生态环境协调发展，加强城市居住功能（教育、医疗、交通、住宅、环境等）与产业经济发展的同步规范，实现'以产促城、以城兴产、产城融合'的可持续性发展态势"。该概念解析一是强调城市生活环境的宜居性，包括教育、医疗、交通的便利性，住房空间与供给的合理性，以及生态环境的优美；二是强调经济产业环境与生态环境协调发展，两者相互促进、循环发展，这与城市生态系统、宜居城市目标是一致的。

新型智慧城市建设中所关注的生态宜居，主要是通过利用新一代的信息技术，实现城市的生态宜居。

但鉴于惠民服务和城市治理概念中包含了居民生活环境便利宜居、精神文化建设方面的内容，产业经济中已包含了产业生态的内容，为避免概念交叉，本节讨论的新型智慧城市生态宜居仅涉及城市生态环境改善、城市资源管理、城市空间规划利用等方面的内容。

二、生态宜居的要求与目标

（一）我国生态文明的建设要求

生态文化体系是生态文明建设的灵魂，是我国生态文明体系发展道路上的精神指引。建立生态文化体系，主要从建立生态文明意识、加强生态文明宣传教育、培养生态文明的生活方式、推动社会大众参与生态文明建设、参与生态文明国际合作等方面入手，从思想意识上树立尊重自然发展规律、顺应自然、保护生态环境的生态文明价值观。构建生态环境体系是当前我国生态文明建设的重点，它包括环境治理与保护、生态修复与保护；环境治理与保护是要重点治理大气污染、水体污染、土壤污染、固体废弃物污染、噪声污染、核辐射污染等环境污染问题，同时以"保护优先、预防为主"的原则进行环境保护，避免走"先发展、后治理"的老路；生态修复与保护是对我国目前遭破坏的物种资源、国土资源、矿产资源、海洋森林草原等生态资源进行修复与保护。生态经济体系生态文明建设的物质基础，是构建产业生态化和生态产业化为主体的经济生产体系，推进绿色生产、循环经济、低碳产业。生态文明制度体系是我国生态文明体系建设的最强大保障，其主要目标是健全和完善我国生态文明相关的法律、法规、制度、标准和规范建设。生态安全防范体系是在生态文明制度框架下，进行生态环境的监督、执法，同时进行生态文明的风险评估与安全防范，着力预防生态安全问题发生。

（二）新型智慧城市中生态宜居的建设目标

生态宜居不仅是城市发展的持续性目标，也是新型智慧城市建设的持续性目标，是新型智慧城市实现可持续发展、实现惠民利民的必经之路。建设生态宜居的智慧城市环境，主要通过运用新一代的信息技术，实现城市生活环境的舒适便捷、自然资源与生态环境可持续发展、生产环境的绿色低碳、生活环境与产业经济环境实现相互协调、良性循环发展。

在技术应用中，生态宜居的建设目标主要是通过新一代的信息技术，实现城市对生态宜居信息的全面感知。生态宜居数据的整合汇聚、融合共享，为各类用户提供丰富的大数据资源。在实际应用中，生态宜居的建设目标有以下三个：一是面对市民能提供实时可靠的生态宜居方面的信息服务；二是面向政府决策者能提供全方位的生态环境信息、城市规划建设信息等，同时具备科学的分析预测能力、进而实现可视化的管理、决策支撑等；三是面向社会、企业提供公平、公正、可靠的信息，为企业创新创业、社会组织开展公益事业等提供开放信息。

第二节　智慧生态环境、水利与气象

一、智慧生态环境

当前，我国在智慧生态环境建设中亟须实现的目标主要包括完善生态环境监测网络、提高生态环境数据质量、建立生态环境大数据平台、实现数据整合共享与开放、进一步完善相关的法律法规与标准规范体系六个方面。

（一）完善生态环境监测网络

生态环境监测是生态环境保护的基础，是生态文明建设的重要支撑。但是，面对当前生态文明建设的新形势和新要求，我国生态环境监测事业发展还存在网络范围和要素覆盖不全，建设规划、标准规范与信息发布不统一，信息化水平和共享程度不高，监测与监管结合不紧密，监测数据质量有待提高等突出问题，难以满足生态文明建设需要，影响了监测的科学性、权威性和政府的公信力。为此，必须加快推进生态环境监测网络建设改革，紧紧围绕影响生态环境监测网络建设的突出问题，强化监测质量监管，落实政府、企业、社会的责任和权利。同时依靠科技创新和技术进步，提高生态环境监测立体化、自动化、智能化水平，推进全国生态环境监测数据联网共享，开展生态环境监测数据分析，实现生态环境监测和监管有效联动。

从土壤环境质量监测到生态环境、自然资源的监测，目前，我国生态环境领域的监测网络建设还有很大的发展空间。生态环境监测网络的建设是智慧生态环境监测业务建立的基础，只有完善生态环境监测网络，全面设点，实现环境质量和污染源监测全覆盖，才能为后续的监测预警、风险防范、污染治理等提供数据基础。

（二）提高生态环境监测数据质量

环境监测是环境保护的"眼睛"，环境监测数据是客观评价环境质量状况、反映污染治理成效、实施环境管理与决策的基本依据。由于种种原因，当前环境监测数据质量存在两方面突出问题。

一是人为干预导致数据失真。地方不当干预环境监测行为时有发生，如指使相关人员通过干扰采样设施等手段篡改、伪造监测数据等现象，损害了政府的公信力。排污单位监测数据弄虚作假屡禁不止。有些企业为了逃避监管，蓄意干扰监测现场采样，篡改、伪造监测数据。环境监测机构服务水平良莠不齐。一些社会环境监测机构、环境监测设备运营维护机构受利益驱动，或屈从于委托单位的要求，编造数据、做假报告牟利；或者为了抢占市场低价竞争，为了降低成本不按规范开展监测活动，监测质量堪忧。

二是客观局限导致数据不准。由于监测方法标准体系和监测质量管理体系不完善，或因人员、仪器、设备等能力不足造成监测数据不准确、不科学；相关部门因环境质量监测点位不一致、方法标准不统一、信息发布缺乏会商机制，导致不同部门同类环境监测数据不一致、不可比，引发公众对环境监测数据的质疑。

（三）建立生态环境大数据平台

相比较气象、统计、地矿等部门，环保部门成立时间晚，专业力量较为薄弱，同时因为不是垂直管理，因此，环境数据的产生量长期不及其他专业部门，其收集、整理、传输等也常常缺乏一致性。另外，由于环保部门的信息化建设采用按需建设的模式，缺乏系统性的顶层设计、全局规划与集约运营，我国环境信息化工作存在着基础设施建设分散、重复建设和资源闲置等问题。

大数据管理平台是数据资源层，为目前环保领域的结构化业务数据、非结构化审批文档数据、实时监控数据、卫星遥感数据等多种类型数据应用提供了数据资源传输交换、存储管理和分析处理等支撑服务。大数据应用平台是业务应用层，为大数据在生态环境综合决策、环境监管和公共服务等各领域的应用提供综合服务。

生态环境大数据的数据来源不仅包括环保系统内部业务数据，还包括其他部委的数据资源、互联网数据、物联网数据等结构化、弱结构化、非结构化的生态环境相关数据。《生态环境大数据建设总体方案》一方面要求建设生态环境质量、环境污染、自然生态、核与辐射等国家生态环境基础数据库，同时接入国家人口基础信息库、法人单位资源库、自然资源和空间地理基础库等其他国家基础数据资源，并且建立生态环境信息资源目录体系，实现系统内数据资源整合集中和动态更新；另一方面，要求拓展吸纳相关部委、行业协会、大型国企和互联网关联数据，形成环境信息资源中心，实现数据互联互通。

（四）推动生态环境数据全面整合共享

生态环境数据类型多，数据来源渠道广，结构复杂。而目前国家刚启动政府机构改革，生态环境数据分散在气象、水利、国土、农业、林业、交通、社会经济等不同部门，同时随着各类传感器、RFID 技术、卫星遥感、雷达和视频感知等技术的发展，生态环境数据不仅来源于传统人工监测，还包括航空、航天和地面数据，他们一起产生了海量生态环境大数据。因此，要想挖掘隐藏在生态环境大数据背后的潜在价值，实现数据共享是关键，也是解决生态环境问题的前提和基础。为此，建立生态环境监测数据集成共享机制，各级环境保护部门以及国土资源、住房城乡建设、交通运输、水利、农业、卫生、林业、气象、海洋等部门和单位获取的环境质量、污染源、生态状况监测数据要实现有效集成、互联共享；同时，重点排污单位要按照环境保护部门要求将自行监测结果及时上传。要加强数据资源整合，建立生态环境信息资源目录体系，利用信息资源目录体系管理系统，实现系统内数据资源整合集中和动态更新。

由于数据归属权分散，跨部门数据的共享工作也变得极其困难，例如，各部门共享数据的边界没有明确的界定、共享的数据没有明确的使用方式，造成生态环境领域数据壁垒高筑。因此，要推动数据资源共享服务，明确各部门数据共享的范围边界和使用方式，厘清各部门数据管理及共享的义务和权力，制定数据资源共享管理办法，编制数据资源共享目录，重点推动生态环境质量、环境监管、环境执法、环境应急等数据共享。同时，基于环境保护业务专网、建设生态环境数据资源共享平台，提供灵活多样的数据检索服务，形成向平台直接获取为主、部门间数据交换获取为辅的数据共享机制，研发生态环境数据产品，提高数据共享的管理和服务水平。厘清部门数据管理的边界和权限、梳理数据资源共享目录，同时建立数据共享交换平台，才是目前解决环境数据共享问题的必要措施。但是数据资源目录也需要动态的更新，使数据"活"起来，才能发挥其真正的价值。

（五）推进生态环境数据开放

我国各地政府均已开始了环境数据开放的探索，但总体上看，目前环境数据开放的数据量少，且多与资源（或能源）数据混为一谈。而当前已经开放的数据多为环境信息中已经公开的信息，内容涉及机构信息、行政审批信息、行政处罚信息、空气质量信息、污染源信息、环境监测信息等内容，与环境数据开放并不等同。当前已开放的环境数据主要存在数据质量参差不齐、数据分类模糊、缺乏统一的元数据规范、数据更新频率低、格式混杂等问题。

生态环境大数据的开放，一方面有利于市民公众了解城市环境的建设情况，另一方面也更有利于促进公众参与生态环境的治理与监督，形成共建共治的局面；此外，国家推进生态环境大数据的开放，也与大众创业、万众创新的政策理念一致，有利于创业机构利用政府数据进行创新创业，是未来生态环境数据应用的重点方向。

（六）完善生态环境法律法规与标准规范

目前，生态环境领域的国家法律法规与标准体系还不尽完善。首先，现有的生态环境法律法规体系还不健全，如土壤污染和有毒有害化学物质监管相关的法律制度体系等还不尽完善，有关生态红线、生态补偿、自然资源产权等制度虽然已经在环境保护法等法律中做出了一些原则性规定，但尚缺乏必要的、可操作的法律规范和配套规定；其次，我国生态环境标准也存在滞后和空白，如土壤、生态、自然资源等方面的标准还较缺乏，国家、行业和地方标准方面还存在标准要求不一致等情况，标准执行落地性不强；最后，随着新一代信息技术在生态环境领域的应用，配套的标准还未成体系地制定，如污染源自动监控系统建设、联网、验收标准，自动监控数据传输、审核规范等还未健全，影响了我国生态环境治理工作的智慧化转变。

二、智慧水利

在各地政府和相关行业通过智慧社会建设全面推动社会治理体系和治理能力的现代化的背景下，水利部把智慧水利建设作为水利现代化的新的着力点，无疑是十分正确的。必将推动新一代信息技术在水利行业广泛应用，通过新一代信息技术系统解决水利信息化中的碎片化和"信息孤岛"问题，在智慧水利的层面上全面提升新时代水治理体系和水治理能力的现代化水平。

水利管理的主要对象是江河湖泊、水资源、水利工程、水旱灾害以及各类涉水主体等，涉及国家防洪安全、供水安全、粮食安全和生态安全。因此，智慧水利建设的总体目标主要聚焦在政府监管、江河调度、工程运行、应急处置、便民服务等方面，构建全国江河水系、水利基础设施体系、管理运行体系三位一体的网络大平台，建设各层级、各专业和相关行业的大数据，以及建立业务支撑、决策支持、公共服务的大系统。

（一）提升水利感知监测管理能力

水利感知监测是水利综合业务应用的基石，应充分利用物联网和移动终端技术，提升感知能力，形成多元化的智能采集体系，满足精细化业务管理及支撑水利智能应用要求。全面提升水利感知监测管理能力应做到以下五点：一是建设河流湖泊全面监测网格；二是建立水资源管理全面感知网络；三是建设水利工程监测感知网络；四是建设水生态环境感知网络；五是加强感知能力建设。

目前，水利全面感知不够，各类水利设施的监测远未做到全面感知。应在全国范围内建成集约完善的水利信息化基础设施体系，扩大水环境生态要素采集、取用水计量、水质监测，显著提高移动和自动采集的数量和占比，建成天地一体的水利立体信息采集；实现大型工程监控全覆盖和重点工程在线监管，并提出主要任务。

灾情灾害采集。加强雨情、工情、旱情、灾情信息的采集；加强防洪枢纽工程建设和运行维护信息采集；整合重要水库、水电站工情信息采集；整合中小河流和山洪灾害预警的水文要素采集；加强灾害前兆、灾体变形、活动信息的群测群防采集；加大墒情采集；利用遥感和移动采集，加大蓄滞洪区和重要防护区的遥感监测、中小河流治理状况监测，严重水旱灾害和突发事件的监测，构建立体监测网络；推进三北（东北、华北、西北）地区遥感旱情监测系统建设。

水资源监测。在现有取用水、水功能区和省界断面三大国控监测体系建设成果基础上，进一步拓展监测范围，进一步提高国控省界断面、河流重要断面的水质在线监测能力；推进用水效率监测能力建设；实现大中型管渠、市政用水、企业大户取用水计量全覆盖；进一步提高地表水饮用水源水质在线监测；加强突发水污染事件应急监测能力建设。

水环境监测。加大遥感、物联网等技术应用，扩大水环境、水生态要素监测覆盖面，提高对水环境的综合监测水平，加大水生态监测力度；建立面源污染和排污口监测体系；加大地下水动态监测。

水土保持监测。采用物联网和网络技术，对全国水土保持监测网络和水土监测点进行现代化的升级改造，并将野外调查单元纳入信息采集体系，构建全国统一的水土保持信息采集体系。完善基于水土流失宏观监测、定位观测和生产建设项目监测的水土保持监测应用。

水文监测。进一步加强水文基础设施建设，进行老旧设施的升级改造，提升水文技术装备水平，进一步拓展水环境要素监测覆盖，加大自动监测能力建设。

重大水利工程监控。通过对关键部位、危险部位的远程视频监控、安全监测、动力及环境监控等技术手段，结合水雨情信息自动采集、决策支持等功能，实现重点水库、水电站、堤防、闸门、长距离输水工程等的现代化管理。

重点水利工程视频监控。在水利部、流域机构和有条件有需求的省级、市级、县（市、区）级水利主管部门建设视频监控中心的视频监控平台，在重点水利工程、防洪重点工程建设地点等设置视频监测站，并实现监控中心与视频会议系统的视频信息互通，增强视频监控系统在大风、大雨、雷电、夜间、腐蚀等恶劣环境下的工作能力。同时，解决架构不同、设备多样、互不兼容、远程调用困难等问题，建立统一的各省、流域自建视频监控平台及接入视频监控点，逐步实现水利视频监控系统的网络化和整合共享。

（二）推动水利信息资源整合共享

"智慧水利"的资源整合共享是前提，提高水利行业管理的综合能力和管理水平是目的。受各级水利部门技术水平、任务来源和资金渠道的不同，信息系统及其应用大多分散在不同业务部门，建设管理各异，运行维护分散而且与具体业务处理紧密绑定，服务目标单一，导致信息资源只能在有限范围，由少数人员熟悉使用，甚至是单机使用。形成了以部门为边界的"信息孤岛"，客观上形成了难以逾越的数字鸿沟，严重影响了智慧水利的发展。内部专业部门之间的信息共享不足，外部与环保、交通、国土等部门的相关数据还不能做到部门间共享。水利信息化资源整合共享工作任务主要包括以下内容：

1. 信息化资源梳理

通过对由数据资源、业务应用、基础设施、安全体系和支撑保障条件等构成的水利信息化体系的梳理，了解和掌握信息化资源现状，以及他们之间的相互支撑服务关系。通过科学规划、优化配置、统筹共建以及必要补充，明确构建水利信息化资源体系的途径和方法。

2. 数据资源整合共享

通过水利数据模型的各种水利数据资源整合，赋予各类水利对象统一的"身份标识"，经数据与对象以及对象间对方关联，形成有机联系的水利数据体系，并实现对水利数据资源的有序管理和灵活应用。

3. 业务应用整合共享

通过面向服务体系架构构建应用支撑平台，按照业务和政务应用流程及其最小工作环节将系统分解为可以独立开展应用的服务。再根据不同业务和政务应用服务需要，构建形成相应的业务和政务应用系统，实现业务应用的整合、共享和协同。

4. 基础实施整合共享

通过"云"技术应用及统筹改造对基础设施进行整合。充分利用已有、统筹安排在建、适当补充新建必要设备和运行环境，经虚拟化和云计算等技术的应用，形成集约建设的基础设施体系，并提供可靠的基础设施支撑。

5. 安全体系整合共享

在统一安全体系规划基础上，对政务内网和业务网进行科学定级，并按照内网分级保护、业务网等级保护的要求，通过系统的整合改造，完善安全管理、身份认证、安全防护、安全备份等内容，形成互补有效的安全体系，并提供可控的安全体系保障。

6. 支撑保障条件完善

加强对信息整合共享工作的领导，明确责任分工，加大资金投入，强化水利信息化专业队伍建设。重点加强水利信息化资源整合有关技术标准和管理办法的规定，通过技术标准制定，重点解决信息共享、应用协同过程中的管理问题。

（三）完善水利信息化标准

"智慧水利"建设与管理需要统一的技术标准体系，从而实现水利信息系统的开放性和可扩展性，以保障水利信息化的可持续发展。例如，已建的水雨情、水位、水量、水情等各类站点采集的信息，由于缺乏统一标准规范和设计，导致各类监测信息分散在不同业务部门，形成数据割据和"信息孤岛"，各级水务相关部门缺乏共享机制。为了实现资源共享，避免重复建设，减少重复开发，要在信息采集、汇集、交换、存储、处理和服务等环节采用或制定相关技术标准。要加强水利标准制修订，包括以下内容：

推进强制性标准研编。以节水、水生态、水资源保护、水利工程建设与运行等领域为重点，选择较为成熟领域优先制定强制性标准，实现强制性水利技术标准的全覆盖。

完善推荐性标准。按照"确有必要、管用实用"原则，兼顾现状和今后一定时期技术发展的需求，重点制定以社会效益为主、公益性强、市场失灵、行业急需的基础性和通用性技术标准，加大局部修订的力度。

培育发展团体标准。继续以"放、管、服"为主线，鼓励水利社团自主制定满足市场和创新需求的标准，增加涉水标准的有效供给。

推动标准国际化。不断提高水利技术标准与国际标准的一致性，逐步实现我国水利技术标准上升为国际标准，参与全球水治理国际技术规则制定。

三、智慧气象

随着信息技术的发展，国家提出了智慧气象的发展理念。当前智慧气象是通过云计算、物联网、移动互联、大数据、智能等新技术的深入应用，依托于气象科学技术，使气象系统成为一个具备自我感知、判断、分析、选择、行动、创新和自适应能力的系统，让气象业务、服务、管理活动全过程都充满智慧。

（一）加强核心技术攻坚与科技支撑作用的体现

智慧气象要实现精准普惠的气象信息服务，其需要发展的核心支撑技术包括敏捷的气象感知能力、高效可靠的云计算和超算系统、融合应用的专业大数据平台。

气象综合观测和技术支撑能力已经逐渐增强，建成了地基、天基和空基相结合的观测系统。形成了以气象通信网络、高性能计算机、卫星数据海量存储和卫星数据广播为代表的实施气象信息系统，资料获取能力、处理能力和传输能力已有一定的提升。

但现有气象信息网络以支撑观测数据采集和产品分发为主，不足以支持大范围灾害性天气发生时的跨域应急联防和在线协同工作，也不足以支持龙卷、下击暴流等超短时效灾害性天气出现后的敏捷响应和快速预警。同时，近年高分卫星、雷达和数值模式数据增长迅猛，现有网络带宽无法满足全国数据共享的时效需求，数据沉积在各级气象部门的现象明显。网络相对封闭，没有充分利用公共云资源、云通道，与气象用户互动反馈缺乏，气象"神经系统"不敏感，严重阻碍了"智慧"气象的建立。

计算资源方面，目前超算突破千万亿次，但现实与发展的需求缺口不小。针对无缝隙、精准化、智能化预报业务（特别是突发灾害性天气，如龙卷、冰雹、强对流大风的精准预警）所需的全国 1 ~ 3 公里分辨率、逐 12 分钟滚动运算的高时空分辨率数值天气预报没有足够超算资源保障。高性能计算资源与数值模式发展需求严重脱节，已成为发展瓶颈。

气象大数据方面，我国依托全国综合气象信息共享系统（CIMISS）构建了国家和省级集约化数据环境，初步实现对国家－省级核心业务系统和县级预报综合业务平台的数据支撑。但海量数据增长给存储管理、加工处理、信息挖掘工作带来了前所未有的挑战。

数据存储和资料业务向国家级和省级汇聚。具体要求包括大力推进国家级单位数据存储系统整合，并以异地多点分布方式提高抗灾能力。采用统一技术体制改、扩建省级CIMISS 系统，分担国家级数据中心相关业务。停建零散孤立的地、县级数据存储系统，基层业务应用统一使用国、省两级提供的数据环境，逐步实现"两级布局、多级应用"。中国气象局出台统一政策，引导并稳步推进各级气象部门使用外部数据中心资源。

要大力推动气象大数据资源共建共享，统筹气象大数据云平台建设，将其建设成为气象部门最完备、最权威的在线数据仓库与数据挖掘应用的云计算平台。推进气象数据开放，以及基于气象大数据的精准预警预报、防灾减灾救灾的决策研判，以及跨行业的数据价值挖掘。在智能预报方面，该文件还提出，推动多源应用，助力智能化预报服务生态发展。应用融入、发挥效益是气象大数据云平台建设的关键，为防止缺乏应用"喝彩"的通用型大数据平台被盲目建设，气象大数据云平台的设计要以应用为导向，需要应用系统的同步建设。

（二）提升气象服务供给的质量和效益

气象业务服务的现状总体上还缺乏有效的统筹和协调，发展效益和效率不高，对社会需求的变化认识不足；科技创新对业务服务发展的贡献率有待提高。

智慧气象的发展目标，最终是为各领域公共服务提供高效、精准的信息服务。要将气象现代化建设成效落实到综合防灾减灾、生态文明建设、民生服务与社会经济发展等重大战略举措上，推动气象服务高质量发展。

综合防灾、减灾、救灾体系建设方面，应充分利用部门间政务共享信息，推进气象大数据与多领域、多部门数据的融合应用，利用"互联网+"、人工智能、大数据分析等技术手段，提升气象预报综合研判、精准预警和快速发布能力。

生态文明建设方面，利用多年积累的卫星遥感、地基遥感、地面观测等多源气象资料进行融合分析，在农业气象服务、农村气象灾害防御、智能多源生态环境感知体系、环境预警和风险评估信息网络等方面提供支撑能力。

民生发展方面，应加强气象信息资源融入智慧城市的公共服务体系，包括交通、农业、环保、水利、能源、旅游和卫生等行业，支撑智慧行业的精准业务发展，为政府提升公共服务和综合治理能力，为老百姓日常生活、出行安全、旅游度假、医疗健康等提供有针对性、个性化的指导。

社会经济发展方面，应鼓励运用大数据技术促进气象大数据资源挖掘应用，依托气象大数据云平台和国家政府数据统一开放平台，推进可开放气象大数据的社会化、市场化利用，并建设相应的收益机制。在推动气象数据开放的同时，应制定好相应的数据安全保护准则。

第三节　智慧住建与能源

一、智慧住建

"智慧住建"是我国住房建设领域信息化建设的新阶段，也是"智慧城市"建设的一个重要组成部分，业务范围涵盖建筑业信息化、智慧工地、绿色节能建筑、多规合一等多个领域，在推进住房建设业务信息化、社会公共服务领域信息化等方面发挥着积极重要的作用。"智慧住建"建设是以智慧城市建设为目标，运用移动互联网、云计算、大数据等先进技术，整合公共基础设施服务资源，加强城市基础数据和信息资源采集与动态管理，建设城市规划、建设、管理、服务数据库，积极推进住房城乡建设领域业务智能化、公共服务便捷化、市政公用设施智慧化、网络与信息安全化，促进跨部门、跨行业、跨地区信息共享与互联互通，使城乡规划更加科学，城市建设更加有序，城市管理更加精细，政务服务更加便捷，行业管理更加高效。打造"智慧住建"既是落实国家"互联网＋政务服务"的迫切要求，又是"智慧城市"建设的重要内容，更是加快建设"数字中国"的具体举措。

当前，我国"智慧住建"建设主要集中在推广新兴技术在住建领域应用、加快建筑行业信息化建设、推进智慧工地建设、推进绿色节能建筑建设、开展"多规合一"建设五个方面。

（一）推广新兴技术在住建领域应用

科技创新是新型城镇化和城市发展的内生动力，面对新形势、新要求，借助新一轮科技革命推动建筑业产业转型升级和城市管理模式创新变得尤为重要。要推动大数据和虚拟仿真技术在城市生命线规划设计和运行管理中的应用；发展物联网支撑的智能建筑技术，实现建筑设施和设备的节能、安全管控智能化；普及和深化 BIM（建筑信息模型）应用，发展施工机器人、智能施工装备、3D 打印施工装备，探索工程建造全过程的虚拟仿真和数值计算；开展建筑智能传感及建筑结构自诊断等关键技术研发，建立健全建筑评估及系统性改造、工程全寿命期监测、检测、评估与维护的技术体系，等等。

对于建筑企业信息化建设方面应加快 BIM 普及应用，推进基于 BIM 进行数值模拟、空间分析和可视化表达，研究构建支持异构数据和多种采集方式的工程勘察信息数据库，实现工程勘察信息的有效传递和共享。在工程项目策划、规划及监测中，集成应用 BIM、

GIS、物联网等技术，对相关方案及结果进行模拟分析及可视化展示。在工程项目设计中，普及应用 BIM 进行设计方案的性能和功能模拟分析、优化、绘图、审查，以及成果交付和可视化沟通，提高设计质量。有条件的企业应研究 BIM 应用条件下的施工管理模式和协同工作机制，建立基于 BIM 的项目管理信息系统。对于行业监管信息化方面应推进信息技术在工程质量安全、工程现场环境、能耗监测和建筑垃圾管理中的应用，通过建立完善建筑施工安全监管信息系统，对工程现场人员、机械设备、临时设施等安全信息进行采集和汇总分析，实现施工企业、人员、项目等安全监管信息互联共享，提高施工安全监管水平；探索基于物联网、大数据等技术的环境、能耗监测模式，建立环境、能耗分析的动态监控系统，实现对工程现场空气、粉尘、用水、用电等的实时监测，建立建筑垃圾综合管理信息系统，实现项目建筑垃圾的申报、识别、计量、跟踪、结算等数据的实时监控，提升绿色建造水平。

对于专项信息技术应用方面应加快大数据技术、云计算技术、物联网技术、3D 打印技术、智能化技术等专项信息技术在建筑行业领域的推广应用，推动信息技术与建筑业发展深度融合，充分发挥信息化的引领和支撑作用，塑造建筑业新业态。

（二）加强建筑行业信息化建设

虽然我国建筑行业发展态势迅猛，但仍面对行业发展方式粗放、建筑工人技能素质不高、监管体制机制不健全、建筑业仍然大而不强等问题。为此，通过加强建筑行业信息化建设，推动信息技术与建筑业发展深度融合，充分发挥信息化的引领和支撑作用，来促进建筑业发展方式的转变，增强建筑业信息化发展能力，塑造建筑业新业态，变得尤为重要。

推动智能化技术应用，促进城市安全高效运行的建设任务有以下三点：一是推进城市管理精细化，集成应用高分辨率遥感、北斗高精度定位、无人机、视频等技术，提升监督、执法专业技术检测和取证技术装备能力，建立城市精细化管理支撑技术体系；二是推动城市基础设施建设运行智能化，要推动大数据和虚拟仿真技术在城市生命线规划设计和运行管理中的应用，发展物联网支撑的智能建筑技术，实现建筑设施和设备的节能、安全管控智能化；三是提高城市综合防灾能力，研究基于大数据分析的城市运行安全综合风险识别、脆弱性评估技术，开展安全韧性城市构建与防灾技术研究。

（三）推进智慧工地建设

随着城市建设的不断深入，各种建设工程规模不断扩大，面对建设工地面积大、人员多、设备物资分散、管理作业流程琐碎的特点，采用传统的人工巡视、手工纸介质记录的工作方式，已无法满足大型项目管控的要求。开展智慧工地建设，利用信息化手段实现监管模式的创新，解决建设工程中出现的"监管力度不强、监管手段落后"等难题，成为项目建设管理方的必然选择。

针对施工类企业要加强施工现场互联网基础设施建设，广泛使用无线网络及移动终端，实现项目现场与企业管理的互联互通，强化信息安全，完善信息化运维管理体系，保障设施及系统稳定可靠运行。同时，普及项目管理信息系统，开展施工阶段的 BIM 基础应用，有条件的企业应研究 BIM 应用条件下的施工管理模式和协同工作机制，建立基于 BIM 的项目管理信息系统，开展 BIM 与物联网、云计算、3S 等技术在施工过程中的集成应用研究，建立施工现场管理信息系统，创新施工管理模式和手段。针对工程建设监管须加快建筑施工安全监管信息系统建设，对工程现场人员、机械设备、临时设施等安全信息进行采集和汇总分析，实现施工企业、人员、项目等安全监管信息互联共享，提高施工安全监管水平。

（四）推进绿色节能建筑建设

推进建筑节能和绿色建筑发展，是落实国家能源生产和消费革命战略的客观要求，是加快生态文明建设、走新型城镇化道路的重要体现，是推进节能减排和应对气候变化的有效手段，是创新驱动增强经济发展新动能的着力点，是增加人民群众获得感的重要内容。与此同时，我国建筑节能与绿色建筑发展还面临不少困难和问题，主要表现在建筑节能标准要求与同等气候条件发达国家相比仍然偏低，标准执行质量参差不齐；城镇既有建筑中仍有约一半的不节能建筑，能源利用效率低，居住舒适度较差；绿色建筑总量规模偏少，发展不平衡，部分绿色建筑项目实际运行效果达不到预期；可再生能源在建筑领域应用形式单一，与建筑一体化程度不高；农村地区建筑节能刚刚起步，推进步伐缓慢；绿色节能建筑材料质量不高，对工程的支撑保障能力不强；主要依靠行政力量约束及财政资金投入推动，市场配置资源的机制尚不完善。

为构建符合新时代要求的绿色建筑发展模式，推动绿色建筑区块化发展，更好满足人民群众美好生活需要，住房和城乡建设部先后发布多项政策文件，用以指导我国绿色节能建筑建设。

（五）推进"多规合一"建设

我国规划体系复杂交错，其中，主要有国民经济和社会发展规划、城市总体规划、土地利用总体规划、环境规划等，各个规划的内容、重点、期限、编制和实施部门都不同，而现实中存在的诸如土地资源错配、建设用地布局不合理、城市发展的边界无序扩张、生态环境退化等问题，都与规划协调衔接等方面关系密切。"多规合一"探索国民经济和社会发展规划、城乡规划、土地利用规划、环境保护等各项规划工作的秩序、衔接和协同，统筹解决空间规划的冲突，是把发展的目标、空间的划定以及实时监管衔接在一起的手段。

目前，全国范围内在大力推行"多规合一"试点工作，工作开展中也存在一系列的难题：在管理组织层面，自然资源部门尚在组建初期、职能部门和职责划分还在有序完善中；在法律层面，缺乏规划法律体系支撑，难以保障多规实施的稳定性；在技术层面，缺乏统一的技术规范，各类规划的图纸和数据采集信息平台未建立共享机制。因此，"多规合一"的优化路径要从管理组织层面、法律层面和技术层面综合考量加以实现。统筹考虑规划目标、用地指标和空间开发边界线，建立各类空间规划衔接机制，以期实现多规协调发展，并进一步保障各项空间规划有效落地实施，推动国土空间有序开发和保护。

二、智慧能源

当前，我国在智慧能源建设中亟须实现的目标主要包括优化能源生产消费设施、建设综合能源网络、融合能源与通信设施、加强能源互联网体系建设和发展能源新应用模式五个方面。

（一）优化能源生产消费设施

推动建设智能化能源生产消费基础设施，推动可再生能源生产智能化，推进化石能源生产清洁高效智能化，推动集中式与分布式储能协同发展，加快推进能源消费智能化。能源基础设施建设主要包含能源生产、存储和消费过程的基础设施，对于这三类基础设施，针对我国能源的发展现状，有着不同的政策要求。

对于能源的生产环节，国家发改委对可再生能源和不可再生能源提出了不同的指导意见。针对太阳能、风能、水能、地热能、潮汐能等可再生能源，其政策主要是通过建设智能化生产设施，推进其高效生产，从而提高可再生能源的比重。对于煤炭、石油、天然气、油页岩、页岩气、可燃冰等不可再生能源，其政策要求通过改进其生产设施，提高能源的利用率，减少其生产过程对环境的污染。

对于能源的存储环节，国家发改委在指导意见中提出推动集中式与分布式储能协同发展。集中式储能基础设施的建设地点一般为新能源发电基地，对于这些基地，国家发改委在意见中提出要配置适当规模的储能电站，实现储能系统与新能源、电网的协调优化运行。

分布式储能基础设施的建设地点为小区、楼宇和家居等，意见中提出通过建设这些分布式储能设施，实现储能设备的混合配置、高效管理、友好并网。

对于能源的消费环节，国家发改委在指导意见中提出"加快推进能源消费智能化"，其建设地点为家居、楼宇、小区和工厂，其建设内容主要包含一个能源管理中心和多个智能能源终端。对于能源管理中心，其作用为用电智能监测和用电设备的智能诊断等；对智能能源终端，通过融入能源管理终端，促进能源的灵活交易。

（二）建设综合能源网络

对于综合能源网络的基础设施，其主要作用为以智能电网为基础，实现其与交通网络、天然气管网和热力管网在内三大网络的互联互通。综合能源网络基础设施的优先部署区域为新城区、新园区以及大气污染严重的区域。

对于综合能源网络的接入转化设施，国家发改委在意见中提到推动不同能源网络接口的标准化、模块化建设。即通过接入转化标准的建设，提高能源互联网对不同类型的能源的接纳能力，实现电、冷、热、气、氢等多种能源形态的灵活转化。

对于综合能源网络的协同调控设施。国家发改委在意见中提到要建设覆盖电网、气网、热网等智能网络的协同控制基础设施，即以能源互联网的供需平衡为优化目标，通过综合能源网络的接入转化设施，实现智能网络中各类能源的合理性分配，达到整体上节约能源的目的。

（三）融合能源与通信设施

能源与通信设施的融合方式主要通过智能终端接入、通信设施建设、信息－物理系统集成来实现。

智能终端接入，主要是针对智能终端配备高级两侧系统及配套设备，实现电能、热力、制冷等能源消费的实时计量、信息交互和主动控制，促进水、气、热、电的远程自动集采集抄，实现多表合一。智能终端的接入可实现高级测量系统和用户之间安全、可靠、快速的双向通信。

通信设施建设，主要是通过优化能源网络中传感器、信息通信、控制元件的布局，对能源网络各类设施进行高效配置，在充分利用现有信息通信设施的基础上，实现能源网络与信息系统的连接与深度融合。同时，要依托先进密码、身份认证、加密通信等技术，加强信息系统安全保障能力的建设。

信息 – 物理系统集成是指将信息系统和物理系统在两侧、计算和控制等多个功能环节上进行高效集成，实现能源互联网的实时感知和信息反馈。在信息系统和物理系统集成的基础上，可建设以"集中调控、分布自治、远程协作"为特征的智能化调控体系，实现能源互联网的快速响应和精确控制。

（四）加强能源互联网体系建设

能源互联网体系以"开放共享"为主要特征，包含市场交易体系、能源补贴机制和质量认证体系的建设。

市场交易体系的建设要求为"多方参与、平等开放、充分竞争"，建设目标是"还原能源商品属性"。市场交易的参与主体为售电商、综合能源运营商、第三方增值服务提供商和小微用户。市场交易的建设内容为能量辅助服务、新能源配额、虚拟能源货币等，从建设层次上分，能源交易市场的建设包含能量批发交易市场和零售交易市场。

能源补贴机制主要是利用风电场、光伏电站等分布式可再生能源，对能源互联网平台的能源进行实时补贴。补贴具体包含对能源的计量、认证和结算等步骤，从而更好地实现能源互联网各类能源的合理性分配，减少能源的浪费。

质量认证体系的建设内容主要包含产品检测平台和质量认证平台，从而实现对能源互联网产品的质量把控和质量认证。同时，要建立能源互联网企业和产品数据库，定期发布测试数据，实现能源互联网产品检测和质量认证平台的数据共享。

（五）发展能源新应用模式

具体而言，发展能源新应用模式包含车网协同的智能放电模式，用户自主的能源服务模式和实现能源大数据的集成共享。

车网协同的智能放电模式，是指利用电网、车企、交通、气象和安全等数据，建设基于电网、储能、分布式用电等元素的新能源汽车运营云平台，从而促进电动汽车与智能电网间能量和信息的双向互动，实现无线充电、移动充电和充放电智能导引等新运营模式。

用户自主的能源服务模式，是指用户自主提供能量响应、调频、调峰等能源服务，依托互联网平台，进行实时、动态的能源交易，通过能源的消费状况来引导能源的生产，从而实现分布式能源的一体化生产和消费。

实现能源大数据的集成共享，是指通过拓展能源大数据的采集范围，实现能源、气象、经济和交通等领域数据的集成和融合。通过打通政府部门、企事业单位的数据壁垒，促进各类数据资源的整合，借助能源系统模型，实现能源统计、分析和预测等业务功能。

第八章 数据驱动下的智慧城市建设

第一节 BIM 技术下的智慧建筑与智慧建设

建筑行业的信息化、智慧化是智慧城市建设中的基础环节。我国传统的建设方式由于信息化水平低，重复建设严重。要想实现全面的智慧城市，建筑及其建设过程的智慧化水平必须全面提高。

BIM 技术的发展和成熟为实现建造过程的信息化、智慧化提供了重要的工具。以 BIM 建筑信息化为基础，将物联网、大数据和人工智能、云计算应用于建设项目的规划、设计、勘察、施工、运维、管理服务等各个环节，已经得到了行业的认可，成为推动建设行业信息化变革的开始，是提高建设行业信息化的必然途径。

一、BIM 内涵

（一）BIM 定义

BIM，全名为 Building Information Modeling，是一种应用于工程设计、建造、管理的数据化工具。通过对建筑进行数据化、信息化模型整合，在项目策划、运行和维护的全生命周期过程中进行数据共享和传递，可使工程技术人员对各种建筑信息做出正确理解和高效应对，为设计方、建设方、施工方、运营方、咨询方等建设主体提供协同工作的基础。

美国国家 BIM 标准（NBIMS）对 BIM 的定义如下：

BIM 是一个设施（建设项目）物理和功能特性的数字表达；

BIM 是一个共享的知识资源，是一个分享有关这个设施的信息，为该设施从概念到拆除的全生命周期中的所有决策提供可靠依据的过程；

在设施的不同阶段，不同利益相关方通过在 BIM 中插入、提取、更新和修改信息，以支持和反映其各自职责的协同作业。

（二）BIM的特点

1. 可视化

BIM用三维技术来表现建筑，最基本的特征就是可视化。对于建筑行业来说，可视化的作用是非常大的，相对于二维模型，三维模型更直观。传统的图纸用线条绘制，实际的构造效果需要从业人员自行想象。而BIM提供可视化的思路，将三维的立体实物图形展示在人们的面前，并在模型中提供了各种参数，可以反映建筑构件的各项信息。这一功能使得建筑模型可以数据化，成为智慧建筑和智慧城市的基础。智慧城市项目设计、建造、运营过程中的沟通、讨论、决策都在可视化的状态下进行，也为项目在各建筑主体之间的信息交互提供了技术支撑。

2. 协调性

（1）设计单位、建设方、施工单位、监理单位的协同

BIM可以将分散的信息（包括进度、成本、质量）进行集中化处理。还可以直接查看现场情况、材料、图纸、设备资料、施工影像资料、质检资料、国家标准等相关数据，把控工程的整体情况。

（2）技术、财务、采购、领料、档案、人事多专业协同

多专业协同可以使项目做到良好衔接、有条不紊。BIM将项目基础数据和实施数据进行集成和汇总，可以查看项目整体情况、执行情况，了解项目在各时间点的工作，帮助各职能部门了解自己的工作内容，做好工作的协调安排。

（3）设计、开发、测试、维护工程全生命周期协同

设计、开发、测试、维护处在项目的不同时间点，他们的工作不是同期的，但每个环节又有交叉部分。所以，协同在项目中非常重要。例如，在设计时，由于分工不同、设计师之间沟通不到位，各部门之间就可能出现冲突和碰撞。BIM出现之前，只能在问题出现之后再进行解决，既降低了建设速度，又增加了建设成本。BIM的出现，使得这些问题在设计阶段就能得到解决，通过三维建模和碰撞检查，可以优化设计方案、规避碰撞点。

BIM模型能够实现信息的共享，并且在信息共享中不会丢失数据，也解决了传统协调中信息丢失的问题。

3. 模拟性

BIM模型除了能模拟设计建筑外，还能够模拟施工过程。如在设计阶段，进行日照模拟、节能模拟、紧急疏散模拟、热能传导模拟、地震模拟、风模拟、降噪模拟，可提供优

化和改进建议，从而获得更好的建筑成品。在招投标阶段，可进行施工模拟，以设计更好的施工组织方案和进度安排。在施工阶段，运用 BIM 模型，可进行复杂构造节点的模拟，以更好地组织施工。

4. 优化性

项目的设计、施工、运营，其实是一个不断优化的过程。在 BIM 技术下，建设可以做更好的优化。因为 BIM 模型提供了建筑物实际存在的信息，通过实际信息里包含的物理信息，借助一定的科学技术和设备，可对复杂项目进行优化。

5. 数据性

BIM 模型提供的不仅仅是建筑模型，更重要的是建筑信息数据，即建筑的数字化。这些数据包含建筑物的所有信息，如建设主体信息、构件信息、设备信息。建筑的数字化是智慧建筑的基础，而智慧建筑是智慧城市最重要的构成。因此，BIM 是城市信息化中，除了传感设备之外的另一个重要的基础构成。城市的一切建设项目都可以通过 BIM 数字化。

（三）BIM 的优势

1. 参数化设计

参数化技术是计算机辅助设计领域（Computer Aided Design，CAD）在不断发展过程中产生的革命性技术，在制造业对自动化和智能化程度提出更高要求的情况下，需要更加贴合的技术支撑，由此，参数化技术应运而生。和传统 CAD 设计相比，参数化设计不是针对某一几何形体进行设计，而是设计了一类拥有共同特征参数的几何形体，通过修改特征参数，可以得到相似但不相同的几何形体。用参数和程序控制三维模型，使模糊调整比手工建模更精确、更合理，提高模型生成和修改速度，快速实现建筑、结构模型的有效互动，大大提高设计效率。

BIM 是一门用于建筑工程各个阶段的信息管理工具，可与参数化设计一同用于建筑设计之中。BIM 参数化设计可以使建设工程包含参数化图元。参数化图元以构件的形式出现，可以包含构建的建设信息、结构信息、物理信息、几何信息。构建的修改和区别也以参数的调整来体现。BIM 参数化的另一个重要部分是参数化修改引擎，设计人员对一个图元进行修改时，相应关联图元会同步修改，这提高了设计人员的工作效率，同时也提高了绘图的准确性。

参数化设计的优点还体现在 BIM 可兼容其他分析软件，如能耗分析、疏散分析、日照分析、结构验算、碰撞检查、虚拟建造、虚拟现实，可以在设计阶段完成，为城市环保节能，为人们提供更宜居的建筑和城市环境。

2. 信息的多元化

BIM 的数据性特点，决定了 BIM 模型本身就是存储了项目信息的数据库。BIM 可根据客户需求导出相应格式的信息，如平面二维图纸、文本、表格、三维模型等。这些信息还可以实现动态修改，如修改了图元的尺寸，相应的工程量信息会随之变动。

BIM 自带的工作集使得多专业人员可共用统一的中心三维模型协同设计。不同专业的设计师还可以只修改本专业图层，不影响其他专业。但是这种工作集模型的设计，对计算机配置和网络环境有较高的要求。

3. 加快工程进度，有效控制成本，提高工程质量

在设计阶段，通过设计协同和优化设计可加快设计进度；通过设计图纸的优化，可减少因为设计错误和设计变更带来的工程进度延误。目前的 BIM 算量软件可使算量速度提高 90%，大大加快了工程造价速度，提高了工程量统计准确度。运用 BIM 模型，还可减少返工，减少施工工期，降低施工成本；提升工程质量，减少图纸错误或二维平面图理解误差带来的工程变更，减少不必要的资源浪费。

4.BIM 建模标准化

BIM 是一系列软件，由于各个软件编程语言的问题，BIM 文件格式在不同平台得到的格式并不统一。如果没有统一的数据格式标准来兼容这些软件，就不能够实现 BIM 的信息共享、交互，BIM 技术也不会产生如此巨大的价值。标准化是 BIM 实现数字化的第一步。BIM 以国际交互操作联盟 IAI（International Alliancefor Interoperability）制定的 IFC 标准作为数据标准，很好地解决了上述问题。

（1）IFC 标准的体系

IFC 标准用 EXPRESS 语言编写，无论是 Autodesk、Bentley，还是其他平台的建筑模型，都可以 IFC 标准输出。该标准由资源层、核心层、共享层和领域层四个功能层次构成，每个层次包含若干信息模块。

（2）IFC 标准与 BIM 关系

BIM 的重要价值体现在不同专业项目成员的信息共享。BIM 中，项目组所有成员能够获取准确有用的信息，保证整个项目信息的稳定性。而 BIM 能够实现信息的共享、传输则是基于 IFC 标准。

二、BIM 应用价值

（一）BIM 是城市数字化的基础

BIM 技术基于三维几何数据模型，集成了建筑设施其他相关物理参数、功能要求和性能要求等信息，并通过开放式标准来实现信息的互通。通过 BIM 技术，人们可以在计算机中建立一座虚拟建筑，这个虚拟建筑是个完整的、一致的、逻辑的数据库。一个城市虚拟建筑的集合就是数字孪生城市构成的基础，是智慧城市的起点。因此，BIM 技术是实现建筑产业现代化、信息化的重要抓手，通过搭建精细化管理平台，传统的建造可以更加"智慧"，并最终形成集智慧招标、智慧设计、智慧建造、智慧运维为一体的智慧体系，实现"智慧建设"。

（二）BIM 是智能建设全过程管理的工具

在智慧城市建设中，智慧的"大脑"依赖于智慧的基础设施。BIM 可用于智能建设全生命周期管理。传统的项目建设，各个阶段独立进行，管理工作也是由不同参与方来实施。BIM 则能覆盖建设项目的所有过程，具有过程统一性、协同性的特点。在国家推动全过程工程管理和 EPC 项目的大背景下，BIM 成为全过程管理的重要工具。BIM 技术的应用、集成和信息共享，能使项目管理扁平化，理顺项目管理过程中各参与方之间的关系。

（三）BIM 是可持续发展的工具

建设项目的另外一个发展方向，是可持续发展。可持续发展重点在于实现资源的有效利用，减少环境污染，降低碳排放。BIM 的应用，能够实现建设项目的集约化发展，减少了项目建设过程中的资源浪费和环境污染，使得建筑物更环保、更节能，达到绿色建筑的标准。

三、智慧建筑与智慧建设

（一）智慧建筑

1.智慧建筑的概念

智慧建筑是美国在 20 世纪末提出来的，指将建筑与现代化信息技术结合起来，从建筑内部到建筑外部，实现智能化，打造一个方便、智慧的生活环境。智慧建筑利用集成化原理，结合物联网、人工智能技术，实现对建筑各个模块的智能化管理。

2.智慧建筑的特征

智慧建筑是将多种信息化技术应用于建设项目管理和建设项目运维中，使项目内的各种资源相互感知和互联。

（1）智慧化

智慧建筑从功能上来讲是和智慧城市的理念一脉相承的。智慧建筑运用广泛的感知技术、快速的计算反应能力和无处不在的万物互联，为建筑物的参与方提供方案和决策支持，并能够根据数据运算的改变快速、准确地调整方案，为建设项目管理提供不同需求层次的人性化服务。

（2）集成化

智慧建筑的集成化体现在两个方面：首先是信息技术的集成，智慧建筑是以 BIM 技术为基础，以传感器为依托，以物联网为载体形成的多主体的集成；其次是项目内部功能的集成，有以下两种：一是设计与施工的一体化；二是建设项目全过程管理一体化。

（3）便利化

便利化指智慧建筑能为使用者提供多样化、人性化的服务。例如，楼宇的自动化系统可以提高建筑物的安全性和便捷性，为居民提供更好的服务。对供电、供热的智能化管理，使用户可以根据需求采用个性化的供电、供热、供水方案，达到节约能源的目的。智慧家居的应用，可以使人们的生活更舒适。

（二）智慧建设

1.智慧建设概念

在智慧城市的建设过程中，建设本身就是智慧化的。在建设项目设计阶段就加入智慧化的因素，才能保障智慧城市的顺利实施。

智慧建设同时也是智慧城市的实现路径。BIM、物联网、普适计算和 5D 可视化等新兴信息技术的应用与集成是智慧建设的具体实现方式。

根据上面的叙述，智慧建设可定义为：为迎合建筑业信息化发展和智慧城市建设的需要，以 BIM、物联网、普适计算、5D 可视化等信息化技术为集成手段，以建设项目全生命周期管理和多参与方协同为目的，建立满足各参与方不同需求的智慧化管理环境，通过对传统建设项目管理理论与方法的改革与创新，实现建设项目的有效管理。

2. 智慧建设特征

（1）从建设项目全生命周期管理角度出发

智慧建设面向建设项目全过程，以 BIM 技术为基础，实现建设项目的全过程管理。与传统建设项目管理分阶段的"割裂式"管理不同的是，全过程管理自项目立项到竣工验收，管理是整体的。智慧建设改变了传统建设项目管理的组织形式和实施方式，也改变了信息交互方式和信息传递方式。智慧项目的信息是中心化的传递，以 BIM 为传递中心，减少了信息传递失真，提升了信息传递效率。

（2）现代化

智慧建设将 BIM（建筑信息模型）、BLM（建筑全生命周期管理）、精益建造和可持续建设等多种理论的优势集中于建设中。BLM 理论注重全生命周期管理目标的协调性和多参与方协同；精益建造理论主要是通过 BIM 模型进行精细化管理，提高生产流程效率，降低成本，以最低代价获得最大产出；可持续建设以降低能耗、减少环境污染、减少碳排放为出发点，提高建设过程的可持续性，提高资源的利用率。智慧建设运用信息化、智慧化工具，融合以上多种理论的优点，使建设项目实现了功能上的智慧性、使用上的便捷性、技术上的先进性和环境资源上的可持续性。

（3）建设过程智慧化

智慧建设的重点是综合 3D 打印技术、物联网技术、大数据和人工智能技术的特点和优势，让建筑过程信息化、建筑结果数字化，解决建设项目管理过程中遇到的问题，提高管理效率，降低管理成本，实现项目决策阶段的智慧管理。

在设计阶段，智慧建设运用三维可视化模型，实现模型的实时、可视、互联、远程、协同、可追溯。在施工过程中，运用三维可视化模型和虚拟现实技术建设智慧工地，利用传感技术，采集现场数据。在项目运维过程中，运用 BIM 模型维护建筑和设备，提高信息采集、处理、传递、共享和存储的效率，减少建设项目工期，降低成本，控制风险，提高质量。

（4）多参与方协同管理

智慧建设可以构建项目管理平台，实现信息有效交互，以协同的模式使各合作伙伴之间充分沟通，打破传统的"信息孤岛"。海量数据为建设项目更好地运用大数据和人工智能技术提供了基础，有利于减少信息不对称带来的风险，更好地实现建设目标。

四、BIM 在智慧建设中的应用

（一）建设规划阶段

智慧建设始于城市规划，而智慧城市建设的规划是基于全面城市信息的规划，因此，城市规划涉及内容多、利益群体复杂、影响后果严重。传统的城市规划在各部门之间分裂进行，导致了各种问题，如交通拥堵、资源浪费、环境污染等。BIM 技术的兴起，为在城市全景图和未来预测的角度进行规划提供了技术基础。

1.BIM+GIS 在城市总体规划设计中的应用

（1）三维测量

三维测量是城市规划中较为重要的一部分，主要对象包括空间间距和建筑面积等。目前的城市建筑呈现出楼层较高、建筑密集的特点，在这样的环境下三维测量的难度较大，这时就可利用 GIS 和 BIM 的集成来解决三维测量问题。在对两点之间的距离或高度差进行测量时，在已有建筑三维模型的基础上，只要单击这两个点，就能够得到实际的测量结果。在进行角度测量或者面积测量的时候，也可以利用三维空间地理信息系统的这种功能，得出准确的角度值和面积。

（2）建筑方案的设计对比

建筑设计方式与实际的施工流程总会存在一定的差异。由于工程造价、投资规模和建筑节能的影响，设计人员要给出不同的设计方案，结合实际的需求选择最合适的方案。传统的设计都是在二维图纸上进行的，这样的设计方案不能很好地表达出建筑空间信息。以 BIM+GIS 组合来进行方案设计，在获取建筑信息的同时，对建筑物前后的变化情况进行模拟，结合实际的需求，能够对设计的合理性进行充分检验。

BIM 与 GIS 技术的集成，对城市规划质量和整体水平有着极大的提高，很好地实现了城市与建筑之间的统一。

2.场地规划应用

场地规划是一切设计的基础。运用 BIM+VR 对场地进行合理性评估，对方案进行仿真模拟，可对场地的便利性和合理性做出精准判断。

（二）建设设计阶段

建设项目的设计阶段是项目建设全过程中最为重要的环节，与工程质量、工程投资、工程进度，以及建成后的使用效果、经济效益等都有直接关系。因此，设计阶段从性能、质量、功能、成本到设计标准、规程等，都要应用 BIM 进行管控。

1. 可视化设计

BIM 技术最为显著的特点是可视化。传统设计是在 CAD 平面设计上，以平立剖的方式来搭建建筑实体。BIM 是直接在三维状态下进行可视化设计，建筑物以三维实物图呈现，整个设计过程都是可视化的，项目设计、建造、运营过程中的沟通、讨论、决策都在可视化的状态下进行。

同时，BIM 可以模拟不同环境下的真实场景，提前预演建筑物的实际形态。如 Ecotect 软件的全面模拟和分析功能可帮助设计者了解建筑的环境性能。Phoenics 软件的风环境模拟对建筑周边的空气流动、温度分布、建筑表面风压系数进行分析，模拟传热、流动、反应、燃烧过程，充分利用风能。

2. 建筑方案对比分析

（1）建筑朝向设计

建筑的朝向是建筑设计的出发点。建筑朝向考虑太阳、风运行路径，在此基础上，对建筑立面上的开窗大小和位置、数量进行设计，以充分利用光能、风能，降低建筑物能源消耗，提高能源利用率和建筑舒适度。BIM 技术具有模拟太阳运行和风力路径等功能，科学地解决了传统设计中的难题。

（2）建筑间距设计

建筑间距影响建筑的采光与通风。传统设计测定建筑的风能、光能和间距之间的关系时需要大量的计算，不同组合的比较又增加了设计复杂程度，效率和准确率都很低。BIM 的日照、风能分析功能可以迅速进行模拟，为确定建筑间距提供了高效的解决措施。

（3）建筑形体设计

随着生活水平的提高，居民对建筑的美观性要求越来越高。如何平衡建筑能耗和美观性，使两者完美结合，成为一个不可忽略的问题。BIM 通过建筑体量和能耗模拟，能够迅速做出方案和外立面造型展示。

（4）内部空间设计

内部空间的设计主要指如何更合理利用内容空间、进行更集约的管线布置，尤其是在智慧建筑里，各种网络传输需要更多的管线，如何更合理布置、节约空间，都需要方案模拟和方案对比。借助 BIM 技术，我们可建立虚拟的建筑模型，以便设计师清晰地了解智慧建筑结构，对相关参数进行设置，并对建筑进行三维演示，更好地进行内部空间设计。

3. 设计分析

设计分析是初步设计阶段最为重要的工作内容之一。设计分析主要包括结构分析、能耗分析、人流安全疏散分析等。

（1）结构分析

BIM 软件可以自动将真实的构件关联关系简化成结构分析所需的简化关联关系，依据构件的属性自动区分结构构件和非结构构件，并将非结构构件转化成加载于结构构件上的荷载，从而实现结构分析前处理的自动化。

（2）节能分析

建设项目的日照、风环境、热环境、声环境、景观可视度等性能指标在开发建设前期就已经基本敲定，但是由于缺少合适的技术验证手段，一般项目很难有时间和费用对上述各种性能指标进行多方案分析模拟，而 BIM 技术则为建筑节能分析的普及应用提供了可能性。BIM 的建筑性能化分析包含室外风环境模拟、自然采光模拟、室内自然通风模拟、小区热环境模拟分析和建筑环境噪声模拟分析等。

（3）安全疏散分析

在大型公共建筑设计过程中，室内人员的安全疏散是一项重要设计要求。室内人员的安全疏散受室内人员数量、密度、人员年龄结构、疏散通道宽度等多方面的影响，简单的计算不能满足设计的需求，必须通过安全疏散模拟实现。基于 BIM 的安全疏散模拟不仅可以提供准确、全面的疏散环境模型，提高疏散结果的精确性，而且还支持疏散模拟过程的三维可视化展示。

（三）施工阶段

BIM 技术应用在施工阶段带来的价值最为显著。首先，BIM 技术可以提高施工企业对外投标的项目中标率，并且可以经过数据化的分析，指导企业合理运用"不平衡报价"等投标技巧，获取更多的收益；其次，BIM 的模拟施工可解决关键问题，降低施工成本。

1. 招投标阶段

基于 BIM 技术的工程量的计算会更快速和精准，招标编制工程量清单会更加准确，减少了后期的造价控制风险；根据 BIM 计算出的招标控制价也会更加准确，可以有效杜绝招投标工作中因时间仓促导致的算量不准、漏项等给建设单位带来的投资风险，同时也减少了恶意抬高工程造价以索取不当利润空间的问题。

BIM 的模拟施工技术可进行虚拟仿真施工，将建设项目施工现场情况直观反映出来，可据此制订比较详细可靠的招采计划，指导项目招投标工作。

招标工作中的暂估价会为造价控制带来一定的风险。利用 BIM 建模库进行选型，设备型号固定后，价格区间也就好锁定了，这就使得暂估价可以在招投标中进行明确，减少了后期造价控制的风险。

BIM 通过对中标单位的不平衡报价的分析，能够在合同制定过程中发生责任认定纠纷时，调动数据信息，找到责任方，为合同的洽商及条款的制定和签订提供有力、有利的依据。

投标单位通过 BIM 技术可直观地将施工方案展示给建设单位，让建设单位对投标单位的施工计划、施工方法以及施工进度情况有一定的了解。同时，BIM 技术能够对投标工程的投标报价进行优化，有竞争性地给出投标报价等信息，让建设单位能够清楚了解工程的资源及资金使用情况，以此帮助投标单位提升竞争性优势。

2. 施工阶段应用

优化施工方案管理，运用施工模拟，提高施工效率。施工单位拿到的 BIM 模型是设计优化后的施工模型，减少了核对图纸的工作量。数字化模型的交付，使各专业工作面的实际搭接工作具有直观感受。此外，在 BIM 技术的支持下，提前模拟设备设施、建筑材料的二次搬运和堆放，可以确定最优运输路线，减少搬运成本，确保施工过程的精确化、高效化、动态化。在施工过程中，根据设计的变化，及时修改 BIM 模型，也可使 BIM 模型始终与建设项目保持一致。

施工质量管理 BIM 应用。智慧建设对施工质量管理的要求更高，涉及的项目信息复杂，技术、信息化程度高。借助 BIM 技术，施工单位、建设单位、咨询单位对项目可进行更高效的质量管理。施工单位可以利用 BIM 模型及时获取工程基础信息，建设单位、咨询单位、监理单位可以随时查看工程信息，加强监管和控制。

（四）竣工验收阶段

1. 数字化交付

在工程竣工验收阶段，除了交付合格的工程外，同时交付数字模型，为智慧城市的建设提供基础资料。

2. 竣工档案电子化

随着数字时代的到来，智慧城市的建设对建筑的信息化和智慧化要求不断提高，建设项目的复杂程度也越来越高。在竣工验收阶段，传统纸质版资料的归档管理，已经不能满足工程项目管理的要求。纸质版存档文件既增加了查询的难度，也增加了存储的难度，纸质资料的重复使用也会加速材料的老化。随着信息化手段的普及和 BIM 模型的完善，将全部建筑工程资料进行数字化存储，既节省存储空间，又方便查询。

（五）运维阶段

1. 空间管理

空间管理是按照实际的需求对建筑空间进行合理划分，确定空间场所的类型和面积。在建筑空间管理中可以直接运用 BIM 技术，进行可视化的管理分析。

2. 资产管理

运用 BIM 技术可以对资产进行分类管理，提升资产监管的力度，防止运用浪费和资产的流失。通过电子化的盘点和数据库中的数据核对，也可以及时处理异常数据。

3. 维护管理

维护管理一方面是设备的维护，包含对设备基本信息和设备运行状态的记录。BIM 模型和建筑实际运行状况同步，保证了设备基本信息和设备运行状态的及时更新；另一方面，是多专业设备的共同运作。物业可以根据 BIM 模型里的设备信息了解设备厂家、安装型号、投入运营状况、维护状况等。在设备出现问题的时候，便能根据这些信息及时进行维护。

4. 能耗管理

建筑的能耗管理，可以通过 BIM 技术，利用 BIM 模型建立对外墙、外窗、屋面的能耗管理体系，建立对供水、供热、空调、供电等资源消耗的监控体系，对能源消耗进行分析。并根据用户的使用情况配合智能化的设备自动调节，达到节约能源的目的。

第二节　数据驱动下的智慧交通与互联网金融

一、数据驱动下的智慧交通

（一）智慧交通相关概念

1. 交通大数据和人工智能

由城市交通运行管理直接产生的数据（包括政府通过感应线圈、卡口、监控等设备采集的与道路交通、公共交通相关的 GPS、视频、图片等数据）、与城市交通相关行业和领域导入的数据（气象、环境、人口、社会经济、通信设备数据等），以及互联网公众交互产生的交通现状数据（通过微博、微信等社交网络媒体用户上传的图文、视频、音频等数据）构成的，难以在合理时间内用传统方法存储和处理的数据集。交通大数据和人工智能中同时包含了来自交通行业与相关行业的格式化和非格式化数据。大数据和人工智能具有六个特征：数据量庞大、处理迅速、数据多样、真伪共存、价值丰富、可视化。即交通数据体量巨大，决定了其处理速度要快，处理结果要丰富，有价值，可挖掘，并能够以可视化的形式来进行展现。

交通大数据和人工智能的来源可分为五类：固定检测器采集的流量数据、移动检测器采集的流量数据、移动监控位置数据、非结构化视频数据、多源互联网和政府网络数据。交通数据中包含了静态数据和动态数据，静态数据有土地、住宅、交通区域、路网、轨道、公共交通网络、中心站等；动态数据有车辆移动、路口流量、居民出行、公共路线规划、路线测量、车辆年检、交通基础设施建设等。

交通数据的获得方式有感应线圈、微波、雷达监测、公交 GPS、IC 卡、车牌识别、信号灯、导航工具、气象、地图定位等。

2. 智能交通

智能交通（Intelligent Transport System, 简称 ITS）是 20 世纪 90 年代初由美国提出的理念，是指将先进的 GIS、通信技术、传感器技术、车辆识别与定位技术、人工智能技术有效地集成并运用于整个地面交通管理系统，建立一种大范围、全方位发挥作用的实时、准确、高效的综合交通管理系统。其目标是提高交通运营效率，提高车辆的驾驶性能，减少交通事故和环境污染。

从内容上看，智能交通主要包括智能交通建设和智能交通管理两类。

（1）智能交通建设

智能交通建设主要是指建设大型城市交通数据中心，将大数据和人工智能应用于智能城市交通中。

（2）智能交通管理

"智能交通管理"基于"人、车、路"等关键要素，自动识别、智能分析交通重点管理目标，自动检出违法行为，提高通行效率，优化交通出行秩序。由于交通政策直接影响城市环境、交通服务和个人出行选择，因此，智能交通管理具有重要的理论意义和应用价值。

3. 智慧交通

智慧交通是在智能交通的基础上，融入物联网、云计算、大数据和人工智能、移动互联等新技术，汇集交通信息，为用户提供各类实时交通数据，实现对交通管理的动态信息服务。在政府层面，智慧交通可改善交通管理水平和运行效率；在城市层面，可缓解交通压力，解决城市拥堵问题；在公众层面，则可提升交通出行体验。因此，智慧交通是解决城市病的重要举措之一。

智慧交通的基本特征有四点。一是革新性。智慧交通的本质是在交通领域将信息社会转变为智能社会。它必然会引起技能和生产工具的变化，引起管理和组织过程的变化，成为生产关系变化的动力。二是信息共享。智慧交通提升了交通基础设施和交通设备的智能化水平，形成了生产、管理和交通服务的新形式。它以人、车、路的交通大数据为主体，实现了交通数据线上线下实时交互、信息共享，用精准数据为交通调度、优化、科学管理提供决策依据。三是智慧化。智慧交通的本质是让交通具有与人类相同甚至超人的思考和解决问题的能力，以实现运输状态自动、高效的调整和转变。四是全面性。智慧交通涉及业主、设施、设备和运输公司，以及整个运输系统的各个方面。

信息化实践证明，智慧交通能在不受时间和空间限制的情况下，改进运输服务的生产、管理方式，提高运输生产效率，同时整合运输生产要素，促进交通运输结构的调整和转变。综合起来看，智慧交通具有以下重要作用：

一是有效衔接经济和社会需求。交通运输的目标是支持经济协调运行，提高居民生活质量，为人民的日常出行服务。智慧交通可以根据交通服务和经济社会需求，实现两者的全面对接。

二是改造交通基础设施和运载装备。智慧交通通过在基础设施和运输设备中安装多个传感器，准确检测、预警和智能控制基础设施本身以及周边运输设备和环境的状态，提高交通基础设施设备的自动化、智能化水平，规避潜在风险。

三是改造交通运输生产和管理方式。智慧交通打破了部门、公司、区域之间的信息壁垒，可形成全网络、多规模、多业务、多环节、多模式的综合物流生产组织模式，提高运输组织和行业管理效率，降低行业管理成本。

四是促进交通运输管理方式的精细化、科学化。智慧交通通过数据分析和及时应用，可以对实时交通运行进行全面、实时的控制，及时预警，使交通运输由粗放式管理向精细化管理转变。

五是为公众和企业提供透明服务。智慧交通数据透明，公司在任何时间、地点都可获得各类规章制度和综合行政法信息；管理者也能及时了解行业经营状况，发现和解决日常经营中存在的问题，制止各类违法行为。

（二）智慧交通平台的构建

智慧交通管控平台是利用多种资源，实现对交通管控的信息共享，包含交通执法、稽查布控、分析研判、交通诱导、运维监管、指挥调度、态势监控等业务功能。城市通过交通管控平台，可提高道路交通管理水平和交通管控效率。

（三）智慧交通系统的构建

1. 交通诱导系统

交通诱导系统是综合运用先进的信息、数据通信、网络、自动控制、交通工程等技术，改善交通运输的运行情况，提高运输效率和安全性，减少交通事故，降低环境污染，从而建立一个智能化的，安全、便捷、高速、环保、舒适的综合交通运输系统。智慧交通诱导系统是目前公认的全面有效地解决交通运输领域问题，特别是交通拥挤、交通阻塞、交通事故和交通污染的根本途径。

交通诱导系统的重要组成部分是交通信息采集、交通信息发布和交通信号灯智能控制系统。

（1）交通信息采集

高清电子警察。通过车辆与车牌唯一对应这一条件，利用先进的光电、计算机、图像处理、模式识别、远程数据访问等技术，对监控路面过往的每一辆机动车的车辆和车牌图像进行连续、全天候的实时记录。可进行闯红灯抓拍、实线变道、车牌自动识别、高清违法录像、车流量信息等数据的采集。

（2）交通信息发布

①交通信息屏

采用绿、黄、红信息屏显示，分别对应路段畅通、拥挤、堵塞的情况；采用图文＋可变信息标志屏提示交通事故、施工、交通管制等；采用可变图文 LED 显示屏显示路况信息，滚动显示交通事件。

②移动终端发布

居民通过手机 APP 查询公交信息、当前交通状况，以及道路信息导航、交通新闻等；通过车载终端可查询当前道路信息状况，通过内置实时地图导航可以实时规划驾驶道路，以便尽快到达目的地。

③公共网络发布

通过公共网络平台以 GIS+ 实时交通状况 + 实时交通事件的形式发布城市路面的实时交通状态。

（3）交通信号灯智能控制系统

交通信号控制系统的主要功能是自动调整信号灯，均衡路网内交通流的运行，使停车次数、延误时间及环境污染等降至最低，充分发挥道路系统的交通效益。必要时，可通过指挥中心人工干预，强制疏导交通。

它主要有以下几个功能：保障公交车优先通行的同时，控制拥堵段上游、下游多个路口，减少拥堵的影响；控制拥堵区域内外的车辆数，达到缓解拥堵的目的，有效预防及缓解区域拥堵；在保证行人过街需求的基础上，提高行人通行效率，减少等待时间，降低路段行人过街对机动车的干扰；平峰时实现绿波协调控制，提高干线通行效率；高峰拥堵时，实现红波控制，均衡排队长度，缓解拥堵。

2. 智慧公交管理系统

智慧公交管理系统是运用车辆定位技术、地理信息系统技术、公交运营优化与评论技术，将数据库、通信、电子卡、智能卡等接入公交关系系统，实现对公交的智能化调度、自动收费。乘客也可以通过手机 APP 来获得公交状况，定位车辆。

3. 不停车收费系统（ETC）

不停车收费系统（又称电子收费系统，Electronic Toll Collection System）是利用车辆自动识别技术（Automatic Vehicle Identification）完成车辆与收费站之间的无线数据通信，进行车辆自动识别和有关收费数据的交换，通过计算机网络进行收费数据的处理，实现不停车自动收费的全电子收费系统。ETC 可提高收费通道的通行能力，降低人工成本。

ETC 系统也可用于车辆在市区过桥、过隧道时自动扣费，在车场管理中也用于在快速车道和无人值守车道自动扣停车费。ETC 可以大幅提高出入口车辆通行能力，改善车主的使用体验，达到方便快捷出入停车场的目的。ETC 主要采用的是射频技术、地磁感应技术、红外技术、视觉识别技术。

4. 智慧停车系统

智慧停车系统是基于停车服务的管控平台。它运用 GPS 技术、GIS 技术、智能终端技术、大型空间数据库技术、网络通信技术，采集停车场数据，为政府、主管部门、经营单位提供远程停车监管、数据统计分析。同时向驾乘人员提供实时的交通信息，诱导车辆停车等服务。

5. 智能停车场

智能停车场是将机械、电子计算机和自控设备以及智能 IC 卡技术结合起来，实现停车自动收费、自动存储。智能停车场通过车位探测器将停车场车位实时数据采集后，由节点控制器传输至中央控制器，中央控制器再传输至管理系统，进而对相关数据进行处理，给出引导信息。

（四）智慧交通平台的应用

1. 路口优化管理

城市路网的拥堵往往集中在路口，把路口管理好，对路网的优化至关重要。通过智慧交通系统采集路口信息数据并进行分析，即可自动优化调控信号灯，解决路口拥堵。同时，优化地面区划，提高路口的通行能力、通行秩序和交通安全。

2. 区域交通组织

城市交通的拥堵具有时间性和空间性，不同时段、不同空间的拥堵情况不同。智慧交通管理在充分了解路网交通分布的基础上，可以通过动态交通诱导，把拥堵的点合理分布到路网上，从而将拥堵路段的车流引导到非拥堵路段。

3. 动态交通诱导

采用车流分流的定向和非定向诱导技术，可以很好地实现路网的均衡管理。

4. 紧急事件影响预测

智慧交通系统可通过各点的交通信息，准确判断该点的交通拥堵是否由交通事故导致。而且能够预测这一点的交通事件在一段时间后将扩散的范围，从而指导交通管理部门控制现场，进行合理分流。

5. 施工交通疏导

智慧交通中的施工交通疏导技术可解决城市中因施工占用路面导致的车辆行驶困难、城市道路混乱、车辆拥堵。

6. 交通需求预测

智慧交通系统可以根据当前路网数据，对未来路网发展情况进行仿真模拟，预测未来路网拥堵情况，从而进行交通规划、道路新建，建设新的智慧系统。

7. 智慧停车

运用智慧交通智能停车系统，停车场能够准确知道进车数量和剩余空位，通过电子显示屏合理引导外面的车辆，运用收费系统自动收费，减少用工，降低人工成本。

二、数据驱动下的互联网金融

（一）概念界定

1. 智慧金融

智慧金融是指建立在金融物联网基础上，通过金融云，使金融行业在业务流程、业务开拓和客户服务等方面得到全面的智慧提升，实现金融业务、管理、安防的智慧化。

智慧金融与信息化技术是密切相关的，具有如下特征：

第一，大数据和数据感知。智慧金融面对的是海量的数据，在互联网技术的支撑下，可以对数据进行感知、测量、捕获和传递。基于海量数据的智能分析，是智慧金融的基础。

第二，智能决策。智慧金融在海量数据的基础上，运用算法模型，对客户、产品、数据等进行分析和决策，使金融机构可以及时提供更多样、便捷的服务。

第三，协作化社会分工。协作化分工可以为分散的客户提供更多样化的服务。同时，协作分工可以共享资源和信息，降低机构运营成本，分散金融系统风险，提高服务质量。

2. 互联网金融

互联网金融的概念最早由欧洲提出，后来在美国得到极大发展。互联网金融涵盖了受互联网技术和互联网精神的影响，从传统银行、证券、保险、交易所等金融中介和市场，到瓦尔拉斯一般均衡对应的无金融中介或市场情形之间的所有金融交易和组织形式，是一个谱系的概念。

互联网金融有以下三大支柱：

互联网金融的第一个支柱是支付。支付作为金融的基础设施，在一定程度上决定了金融活动的形态。互联网金融中的支付，以移动支付和第三方支付为基础，通常活跃在银行主导的传统支付清算体系之外，显著降低了交易成本。不仅如此，互联网金融中的支付往往还与金融产品挂钩，促进了商业模式的丰富。此外，由于支付与货币的紧密联系，互联网金融中还会出现互联网货币。

第二支柱是信息处理。信息是金融的核心，构成金融资源配置的基础。在互联网金融中，大数据被广泛应用于信息处理，有效提高了风险定价和风险管理效率，显著降低了信息不对称程度。互联网金融的信息处理方式，是其与商业银行间接融资模式，以及资本市场直接融资模式的最大区别。

第三支柱是资源配置。金融资源配置是指金融资源通过何种方式从资金供给者配置给资金需求者。资源配置是金融活动的最终目标，互联网金融的资源配置效率是其存在的基础。在互联网金融中，金融产品与实体经济结合紧密，交易可能性边界得到极大拓展，不再需要通过银行、证券公司或交易所等传统金融中介和市场进行资金供求的期限和数量匹配，而可以由交易双方自行解决。

（二）传统金融智慧化路径

1. 渠道智慧化

传统金融智慧化的第一步是渠道的智慧化，通过网络渠道代替实体网点，通过信息化实现金融供需的直接匹配，降低交易成本和垄断利润。如银行业提供的网上银行、手机银行、微信银行等，通过移动端或 PC 端，用户在网上即可完成汇款、缴费、贷款申请等。再如证券公司，从营业厅开户和面对面营销转向线上开户，实现了异地开户，突破了区域的限制，提升了交易效率，降低了交易成本；通过线上投顾，也可提供交易、理财、打新、融资融券等服务，更好地满足客户的需要。

2. 产品的多样化

智慧金融的发展还体现在产品的多样化。以保险为例，通过大数据分析用户消费习惯，保险公司开发了一些全新的险种，如阿里巴巴的"互助保"、电子商务的"退运费险"、影视娱乐的"娱乐保"。在证券业，以阿里巴巴为代表推出的"余额宝"和其他的理财产品，丰富了证券市场，货币性基金得到了飞速的发展。再如银行，推出的标准化＋定制化相结合的贷款产品，更好地满足了小微企业的特殊需求。总之，金融交易的网络化和信息化为金融产品的丰富性提供了更多可能。

3. 服务个性化

基于大数据、人工智能的金融服务，将依据大数据进行差异化定价，实现量化决策、智能交互，并在此基础上为客户提供更优质和个性化的服务。同时深度挖掘客户的需求，开发增值服务。例如，保险公司可以根据用户的职业、行为偏好、风险偏好，进行用户筛选，做到产品的智能匹配。

（三）数据驱动下互联网金融建设方案

1. 智慧互联网金融商业模式

（1）商业模式创新

互联网金融的健康发展应在信息技术的支持下，通过大数据人工智能技术、区块链技术的应用，实现商业模式的差异化和创新。尤其是区块链技术，通过去中心化的交易模式，实现点对点的交易，避免产生交易中的道德风险、法律监管风险等问题。

（2）坚持以客户为主要导向，抓住客户的需求所在

在面临巨大风险的同时，互联网金融也蕴含着许多的商机。通过大数据技术，对客户需求进行深度挖掘，可提供大量增值服务。

（3）加强产品的创新，注重客户的体验

互联网金融企业应充分运用互联网优势，进行产品的创新，根据客户需求多样化的特点，及时进行产品的更新换代，更好地满足客户需求。

2. 保证资金安全

金融产品的核心是保证客户资金的安全。通过优质的第三方托管，做到资金运营和客户资金分离，是防止资金流失的重要手段。

（1）加强管理，防范经营风险

互联网金融企业同样具有传统金融企业所具有的操作风险，例如，信用风险以及流动性风险等。互联网金融企业要想与潜在的客户进行充分接触，可行的方法之一是通过网络营销，但是这样的方法也具有风险。互联网金融企业若想长期运行，就必须放弃眼前的利润，不做高风险的业务，同时还要加强自身的风险管理，注重资金的负债匹配，防范流动性风险的发生。

（2）建立系统的风险控制以及处理机制

互联网金融企业应当根据风险的类别以及业务的性质，建立相应的风险管理控制机制。让内部的全体员工了解这一步骤的重要性，并且积极参与到内部风险控制当中去，及时发现问题，在企业中形成良好的控制风险氛围。

（四）智慧金融发展措施

1. 智慧金融建设总体框架

根据金融体系的特点，智慧金融总体框架分为三层：基础设施层、核心应用层和用户层。基础设施层包含技术、数据、渠道三部分，主要在支付、信息处理和资源配置三个方面进行建设。核心应用层分为传统金融的智慧化和互联网金融的智慧化。用户层是面向个人、行业、企业和机构的终端。三个层次彼此依赖、层层紧扣，相互独立又自成系统，最终以开放平台的形式形成闭环的金融服务体系，服务于终端用户。

2. 物联网在智慧金融中的应用

物联网金融是智慧金融的一种高级形式。从理论上来说，金融涉及更多的是服务模式、

终端渠道的创新。物联网技术的发展，将对金融业的信用体系产生变革性的影响，有助于防范金融经营风险、提高管理效能、提升客户体验。

物联网的信用体系是建立在客观信用的基础上的。金融机构可以通过物联网技术的智能化识别、跟踪、定位，对不动产赋予信息属性，降低由于信息不对称带来的信用风险。银行可运用物联网技术实现资金流、信息流、实体流的三流合一，掌握贷款企业的运营全过程，实时监控生产过程、产品库存、销售情况等，从而及时调整贷款额度，开展贷款预警，降低违约风险。

3. 区块链技术在智慧金融中的应用

区块链技术在金融领域应用相对成熟。因为作为区块链底层技术的比特币，本身就属于金融领域。如今，各种类型的数字货币已经开始在国内广泛应用。在银行、证券业都有相应的应用场景。

区块链的分布式存储、开放性、不可篡改性、去中心化的技术原理，具有传统信息技术无法比拟的优势。可以解决目前互联网金融面临的众多问题，如交易中的道德风险、非法集资、卷款潜逃等。点对点的交易模式可以降低交易成本，减少中间环节。

综合来看，区块链技术在互联网金融中的应用体现在以下三个方面：

第一，应用场景特别适合"新型数据库、多业务主体、彼此不互信"。金融行业尤其是新兴的互联网金融行业，具有参与者之间信任度较低、交易记录安全性和完备性要求高的特点，这与区块链技术特点十分契合。

第二，区块链改变传统金融信息不对称。在金融领域，信息不对称是普遍存在的。例如，中央银行和商业银行之间的信息不对称、金融服务参与方之间的信息不对称，这些会给企业经营造成障碍，有可能造成道德风险，还会降低市场效率，导致金融秩序混乱。

区块链数据的透明性和去信用化，消除了信息不对称的难题，使金融交易的过程数字化，有效控制了人为风险，减少了在交易中的沟通成本。分布式网络和共识机制的存在，也减少了金融企业受黑客攻击等系统风险。

第三，去中心化。互联网金融推动了金融体系的重构，尤其是在去中心化方面做了大量研究和探索。区块链的去中心化特性，使金融业的去中心化获得了实现的可能。区块链的去中心化技术应用于金融领域，可以提高资金配置效率，产生一批分散型、及时性、智能化的新型金融服务企业。在制度层面，则能打造出一整套具有开放性、透明性的新的"游戏规则"。

区块链应用于金融行业，链上的任何节点对数据的操作都会被其他的节点所发现，这样就可以有效防止数据泄露。毫无疑问，区块链的发展前景是非常广阔的，但是这些并不是一下子就可以做到的。随着金融技术的发展，不断地投入资本和人力资源，区块链与互联网金融必将进行全面整合，针对存在的问题，提出更合理的、更高效的解决方案。

4. 人工智能在智慧金融中的应用

目前，人工智能技术中的计算机视觉、语音识别、机器学习、自然语言处理、机器人技术等快速发展。人工智能技术的不断成熟，将会代替更多人的工作，其在金融领域的具体应用如下：

（1）提高运营效率

金融行业的复杂性决定了运营过程中存在大量的数据，这些数据包含金融交易数据、用户信息、客户信用、风险分析、投顾信息等，而数据处理存在大量重复性工作，如用户身份证信息的扫描。人工智能技术可以处理大量简单重复性的工作，减少数据的冗余。人工智能的视觉识别技术可自动核验用户身份证信息进行人脸识别，减少劳动力；自然语言处理技术能够将金融系统中的非结构化数据处理为结构化数据，帮助金融从业人员从数以亿计的信息中筛选出有价值的信息，提高搜索效率。

（2）提升服务质量

人工智能不但能提高运营效率，降低劳动成本，还能够改善金融服务模式。如通过智能客服，可以为用户提供 24 小时不间断的全方位服务，服务的时间和地点都不受限制。智能客服不受人员和占线的限制，可减少用户等待时间，为客户提供更好的服务体验。

人工智能对金融服务质量的提升，还体现在通过对客户的个性化分析，提供更优质的增值服务。如智能投顾，可以在客户购买权益类产品时，提供免费的咨询，帮助客户更好地分析产品和了解风险，帮助投资者购买符合投资目的和风险承受能力的产品，增强客户对金融机构的信任度。

第三节　数据驱动下的智慧医疗、教育与安防

一、数据驱动下的智慧医疗

（一）医疗大数据

医疗大数据是指人们在疾病预防控制、卫生保健管理等过程中产生的与卫生保健相关

的信息。它涵盖人类的整个生命周期，包括个人健康和医疗服务、疾病预防和控制、健康保护和食品安全、保健以及数据收集和汇总的所有方面。

医疗大数据来源广泛，如医院应用的信息管理系统数据、制药企业实验研究数据，以及医院人体生命特征监测设备、便携式卫生设备、临床决策支持设备（如医疗诊断成像设备）采集的数据和网络用户浏览搜索引擎记录的卫生活动信息等。

（二）医疗大数据和人工智能在公共卫生领域中的应用

1. 循证公共卫生决策

循证公共卫生决策是指慎重、准确和明智地应用现有最佳研究证据，同时根据当地情况和民众需求，制定出切实可行的卫生政策。

近年来，循证医学的概念已被人们接受，其理论和方法已渗透到卫生决策和临床实践的许多方面。但循证公共卫生思想难以形成，导致循证公共卫生决策可供研究的因素很少。在中国推广循证公共卫生政策的最大障碍是研究人员和决策者之间的许多认知差异。而在大数据和人工智能中添加个人数据集为循证医学提供了最有力的证据，确定了小样本无法做到的细微差别。大数据和人工智能技术的应用超无疑将加速我国建立循证公共卫生决策数据库的进程。

2. 健康管理、健康监测和个性化的医疗保健

医疗大数据和人工智能，使研究人员能够更好管理和监测公众的健康状况，并提供相应的医疗服务。

健康大数据和人工智能主要有两个来源：电子健康记录和电子病历。使用健康大数据和人工智能技术和方法，可以将传统的健康数据，如电子和纸质医疗记录，链接到其他个人数据中，如饮食、睡眠、锻炼习惯、生活方式、社交媒体和休闲、收入、教育等，积累起来并上传到云平台。通过对这些数据的挖掘和分析，可以获得更加完整的健康状况和疾病预警信息。特别是针对个体在一定时期内可能发生的主要疾病，结合个体的遗传特征和完整的病史数据，对健康风险因素进行比较分析，跟踪疾病进展，判断短期风险和长期预后，可以获得比临时诊断更准确的信息，从而做出更有效、更个性化的临床干预和健康指导。

健康监测是对个人健康的生命周期管理。利用医疗大数据和人工智能，医务人员可以在任何时间、任何地点访问想要知道的相关信息。

个性化医疗服务的最重要特征是在个体健康管理和个体健康风险因素综合评价的基础上制订差异化健康促进计划。大数据和人工智能为疾病诊断和个性化治疗开辟了一条新

途径，被认为是当前医学领域的一大进步。

（三）智慧医疗在医疗卫生改革中的作用

智慧医疗是以医疗大数据和人工智能中心为核心，以电子病历、居民健康档案为基础，以自动化、信息化、智能化为表现，综合应用物联网、射频技术、嵌入式无线传感器、云计算等，构建高效的信息支撑体系、规范的信息标准体系、常态的信息安全体系、科学的政府管理体系、专业的业务应用体系、便捷的医疗服务体系、人性的健康管理体系。使医疗生态圈中的每一个群体均可从中受益。

1. 优化卫生资源配置

卫生保健改革的目的是通过优化配置有限的卫生保健资源，最大限度地满足病人的医疗需求。利用大数据和人工智能可以准确地匹配公共卫生服务的需求，解决信息不对称问题，使医疗卫生服务供给决策更加科学、准确。具体而言，大数据和人工智能利用以人口特征为核心的基础数据、卫生服务资源的地理分布数据和卫生服务机构的空间分布数据，使决策者能够直接、准确地配置卫生服务资源，实现资源的有效整合，避免出现平均主义或供给不合理的现象。大数据和人工智能突破了学科、地区、机构之间的合作障碍，使基础薄弱的偏远地区的患者也能享受到大城市、大医院、大专家的高质量、高水平的医疗服务。

2. 提高医疗服务质量和效率

医院的核心是临床治病。因此，合理利用卫生保健大数据，实现数字化医疗、智慧化医疗和精确化治疗具有重要意义。

在临床诊断方面，利用医疗大数据和人工智能分析技术，对疾病的临床特征和治疗方案进行研究和分析，建立疾病模型数据库和专家系统，可实现疾病的自动诊断。

在卫生保健大数据和人工智能的支持下，分级制的实施促进了优质医疗资源的沉淀，远程医疗的实现促进了优质医疗资源的普及，电子卫生档案信息的共享保证了准确治疗的基础，不仅降低了群众的医疗费用，而且提高了治疗质量。与此同时，医疗大数据和人工智能正在推动基于互联网的健康咨询、预约登记、场外计费、移动支付等一系列惠民、便民的举措，实现了让数据多跑路、群众少跑腿的目标，从而大大提高了公众的满意度。

3. 降低医疗成本

政府部门在制定卫生政策时要进行成本核算。基于医疗大数据和人工智能对完整信息的成本核算，促进了决策的科学化和预算的准确化。

基于医疗大数据和人工智能，医院能够有效地进行成本核算工作，使医院成本能真实、全面地反映医疗服务的资源消耗情况，有利于医院的良性运转。同时，该数据可也用于标准用药评价、管理绩效分析等。

医疗大数据和人工智能通过信息整合实现了群众电子病历数据的共享，从而使所有的健康信息都能被记录下来，成为一条连续的"健康线"，解决了病人信息碎片化问题。当病人就诊时，医生可以方便快捷地了解病人的健康信息，不必从零开始。甚至在不同的地区、机构，看不同的医生，均可以通过有效、连续的治疗记录，获取病人信息，减少重复检查，降低病人成本，并给病人提供高质量、合理的治疗方案。

4. 强化对医疗机构的监管

通过实时动态挖掘医疗大数据和监测网上舆论信息，卫生行政部门可以分析和研究医疗服务资源的分配、利用以及卫生政策的执行情况，查明社会关注的重大医疗问题，为医疗改革提供科学依据。医院还可以利用医疗大数据和人工智能来实现内部质量控制、绩效考核、成本核算、医疗保险分析等，监控医疗技术人员的用药、检查等行为，纠正不正之风。

5. 保障药品供应

（1）药品研发

在新药开发的早期阶段，通过数据建模和分析可以确定最有效的投入产出比，并且可以利用资源的最佳组合来中止次优药物的研究。在药物开发和临床试验阶段，制药公司可以以数据为基础，通过有效的关联分析、药物疗效评价，包括安全性、有效性、潜在副作用和总体试验结果等，加快新药研发。药品上市后，制药公司可以通过数据分析进行数据营销，实现双赢。例如，基于效果的定价策略有助于医疗机构控制成本，有助于患者以合理的价格获得新药，有助于制药企业获得更高的利润。

（2）药品质量管理

利用大量的药品质量监督数据，及时、准确地检查流通中药品的常见质量问题，及时向社会发布药品质量信息；建立药品信息跟踪系统，及时发现药品生产、储存、流通和使用中的潜在隐患，保证药品质量；实施以药品质量等关键属性为基础的预警机制，通过对复杂监管情景的分析、评价和管理，加快药品监督结果的输出，促进药品管理和决策的科学、方便、可靠。

6. 改革医疗保险支付制度

（1）实现医疗保险异地结算

医疗大数据和人工智能通过数据共享，可以实现各地就医报销的智能化，做到快速化审核，解决群众报销难的问题。

（2）防止医疗保险欺诈

医疗保险机构通过卫生保健大数据和人工智能进行全过程监测，筛选分析，发现典型问题，如不合理的医疗检查项目或不合理的高价值医疗耗材、诊断与处方药适应证不匹配、药品用量超标等，有效降低造假率。

（四）智慧医疗建设方案

1. 建立城市医疗大数据和人工智能库

随着信息技术在卫生保健领域的应用越来越广泛，城市需要不断拓展智能卫生保健，即建立医疗大数据和人工智能库。

在组织部门上，应由卫生部门主要领导组织、建立工作体系，成立医疗信息工作组，在卫生保健中开放应用大数据和人工智能。

（1）建立一个基本的大数据和人工智能系统

包括区域卫生信息平台、区域基层医疗机构管理信息系统、区域医院电子病历、远程医疗协作平台、区域协调中心、双向转诊、分级诊疗服务平台、卫生管理决策支持系统、卫生应急指挥系统、疾病预防控制系统、合理用药电子预警管理系统、辅助诊疗系统、数据中心和灾害管理中心等。在此基础上，推动应用开发和运营服务，包括卫生卡、预约注册统一管理平台、网上医院、城市医疗综合支付平台、药品物资、耗材综合监管系统、电子处方流通平台、家庭医生订约服务平台和医疗大数据和人工智能平台等。

（2）建设城市"互联网＋医疗"服务平台

整合各级医疗机构资源，建立完善的管理体系和业务流程，充分开放数据共享，实现医疗资源自上而下的连接。

在政策导向下，通过各种市场化运作模式，引入社会保障、商业保险、第三方检测中心等多种资源，共同提高城市各级医疗机构的医疗服务能力和效率；通过开发可穿戴式物联网健康管理设备、便携式健康监护设备、自助式健康监护设备和智能监护设备，收集动态连续的健康信息，为疾病预防和医疗服务提供动态的个人健康管理和干预服务；通过构建区域数字化医院联盟互联平台，实现分级诊疗的智能化管理，降低医疗管理成本，提高医院运行效率，促进医院之间的专业合作，为深入实施"互联网＋医疗"服务提供有力支持。

2. 智慧医疗大数据和人工智能体系建设

（1）全民人口健康信息平台

在智慧城市电子政务云平台和人口健康信息平台的基础上，整合卫生保健大数据，核心业务包括数据采集、数据转换、数据上传和数据存档。数据采集系统是以自动采集各医疗卫生机构数据为核心功能的独立操作系统，集自动性、完整性、安全性、智能性和可配置性为一体。数据转换系统，是将数据采集系统采集的数据转换成符合国家标准的数据。数据上传系统负责将标准数据上传到母平台，数据存档系统则负责将数据按时间间隔进行备份。

（2）建立卫生信息资源库

卫生信息资源数据库应该包括基本情况数据库、卫生标准数据库、人口信息数据库、电子健康记录数据库、电子病历数据库、公共卫生信息数据库、统计分析数据库和共享交换数据库八个子数据库。基本情况数据库包括机构、从业人员、固定资产和业务监督、知识库、业务规则等基础数据。卫生标准数据库利用国家卫健委的数据标准，制定市级卫生标准，包括术语、数据元素、数据集、字典。人口信息数据库要求能够有效地实现居民身份领域的唯一识别和全过程管理，为后续数据质量、卫生数据共享提供有力保障。电子健康记录数据库包括个人基本信息存储域、主要疾病与健康问题摘要存储域、儿童保健存储域、妇女保健存储域、疾病控制存储域、疾病管理存储域和医疗服务存储域七个信息域的数据。电子病历数据库包括住院病历摘要、门诊（急诊）治疗完整记录、住院治疗完整记录、健康体检记录、转诊（医院）记录、合法医疗证明和报告信息、医疗机构信息等。公共卫生信息数据库通过收集区域内公共卫生机构的数据形成，有助于预防和控制重大疾病，特别是区域内的传染病。统计分析数据库以三大数据和人工智能库为基础进行数据收集和汇总，为政府决策和监督提供数据支持。共享交换数据库基于国家电子健康记录标准数据集和共享文档建立，为区域连通奠定基础。

（3）建立智慧医疗服务"一卡通"系统

建立智慧医疗健康一卡通系统，通过一卡通账户管理，为居民提供医疗服务预约、登记、诊断、治疗、支付等全过程的唯一识别，将原分散在各医疗机构的医疗保健数据串联到一起。

（4）建立智慧医疗云平台中心

建立智慧医疗云平台中心，高清视频和5G技术、云存储技术相结合，实现医学图像数据的无损传输和实时读取，有效提高医生的诊疗水平、读取影片水平。在云数据库中还存储了大量的医学图像数据，为进一步探索智能机器学习技术和虚拟现实技术，开展预测分析、虚拟医疗管理和人工智能等领域的研究奠定了基础。

（5）建立智慧医疗综合监管平台

建立智慧医疗综合监管平台，通过采集各级各类卫生机构处方、药品、医疗费用、设备、医师医疗行为、医保支付、基本药物使用等数据，可实现卫生数据查询分析、卫生信息监管、医疗行为预测等功能。为政府和卫生行政部门提供多方位、多角度的监管支撑，为区域卫生精细化管理提供有效支持，也能实现医疗卫生与民政、人社、药监、财政等相关部门的信息交换。

二、数据驱动下的智慧教育

（一）智慧教育相关概念

1. 智慧教育概念

智慧教育即教育信息化，是指在教育领域（教育管理、教育教学和教育科研）全面深入地运用现代信息技术来促进教育改革与发展。其技术特点是数字化、网络化、智能化和多媒体化，基本特征是开放、共享、交互、协作、泛在。

教育信息化的发展，对教育形式和学习方式带来了巨大的影响。通过对传统教育方式的改革，教育更具有前瞻性、适用性。

数据驱动下的智慧教育是以大数据为基础，依托物联网、云计算、人工智能等新一代信息技术所打造的物联化、智能化、感知化、泛在化的新型教育形态和教育模式。包含教育治理的智慧化、教育教学的智慧化、教育科研的智慧化。

2. 教育治理概念

教育治理是指通过国家机关、社会组织、利益群体和公民个人之间的合作互动共同管理教育公共事务的过程。"党委全面领导、部门依法管理、学校自主办学、社会广泛参与、各方共同推进"的现代教育治理体系，是一种"轻负担、高质量、高满意度"的良好教育生态。

教育治理的关注点在于协调多元主体的利益，形成教育治理的利益共同体。与"教育管理"不同，"教育治理"是把教育领域内各主体纳入行政范畴，充分发挥其能动性。"教育治理"产生于共识之上，这种教育共识是各方主体对教育达成的真实、正确和真诚的共识。推进"教育治理"，关键是构建新型的政府、学校和社会之间的关系，突破口是转变政府职能，重点是建立系统完备、科学规范、运行有效的制度体系，形成职能边界清晰、多元主体"共治"的格局。

3. 教育教学概念

教育教学概念应该分别从教育和教学两个方面进行定义。

教育是教育者有目的、有计划、有组织地对受教育者的心智发展进行教化培育，以现有的经验、学识推敲于人，为其解释各种现象、问题或行为，以增长受教育者的能力和经验。教学是在国家教育目标规范下，由教师的教与学生的学组成的一种活动。教学是为个人全面发展提供科学基础和实践的途径。

教育教学分为基础教育和高等教育。联合国教科文组织对基础教育的定义是向每个人提供人所共有的最低限度的知识、观点、社会准则和经验的教育。我国基础教育包括幼儿教育、小学教育、普通中学教育（初中、高中）。

高等教育是在完成基础教育的基础上进行的专业教育和职业教育，是培养高级专门人才和职业人员的主要社会活动。

4. 教育科研概念

教育科研是以教育科学理论为基础，研究教育领域中发生的现象，以探索教育规律为目的的创造性的认识活动。

（二）数据驱动下的教育治理信息化

1. 大数据和人工智能对教育治理的影响

大数据和人工智能为教育治理提供了新的机遇。使教育治理主体从单一管理转向多元化的共享治理，教育治理决策从经验型转向数据型，教育治理模式从静态治理转向动态治理成为可能。

（1）教育治理主体从单一管理走向多元化的共享治理

在教育领域，传统的教育治理大多是由政府以权威专断或大包大揽的行政手段来管理的，这使得管理是一种自上而下的单项输出，导致不同主体的教育诉求得不到充分满足。大数据和人工智能的出现，强化了教育治理与不同主体的依存关系，重新塑造了教育治理的主导地位。政府不再是教育治理的唯一数据来源，学校、社会等教育治理主体也成为数据提供者。教育治理相关数据的流通打破了政府的垄断地位，使其他主体也成为教育治理的重要参与者。此外，大数据和人工智能搭建的共享平台以其开放和自由的特点，积极支持学校、社会等不同主体参与教育治理，整合群体智慧，引导了政府、社会、学校之间新型关系的发展，进而使教育走向多元化共治。

（2）教育治理决策由经验型向数据型转变

教育决策是教育治理的重要组成部分。传统的教育治理决策主要是通过综合抽样调查的部分数据和实际经验而得出方案，但数据的样本化和经验的主观性使教育治理决策可能偏离客观诉求。随着大数据和人工智能技术在教育领域不断深入，教育治理数据将被完整、如实收集，实时存储云端。经过深入挖掘、综合分析，做出的决策更准确，大大减少根据随机样本和主观经验得出的决策的不确定性。

（3）教育领域的治理模式从静态治理转向动态治理

当前的教育治理模式不是"随动而谋"的动态模式，而更多是"谋而后动"的静态模式。但静态治理模式已经不能适应复杂多变的教育问题，也不能充分适应大数据和人工智能时代的发展需要。动态治理得益于大数据和人工智能技术对教育治理数据的实时采集、实时监控、实时存储和实时反馈，能够满足教育治理主体的实时诉求。同时，根据教育行政部门收集的动态教育治理数据，可以针对教育热难点、社会福祉问题等做出符合民众利益的科学决策，实现教育治理的"随动而谋"。

2. 数据驱动教育治理的核心理念

大数据和人工智能作为改善教育现状、提高教育质量的重要工具，在教育治理过程中具有不可估量的价值。数据是教育治理的前提，数据驱动教育治理有三大核心理念，即用数而思、因数而定和随数而行。

（1）用数而思

用数而思是用"数据思维"来考虑教育治理的实施方略。数据驱动教育治理，一方面，倡导超越主观经验，使数据"发声"，探索基于大数据和人工智能的科学解决方案，以更好地理解教育发展的客观规律；另一方面，应强调教育治理主体应具备数据应用意识和问题发现意识，要集思广益，从数据中学习，发现数据间的联系，辨别数据的价值，形成用数据思考的意识和思维方式。

（2）因数而定

因数而定指教育治理需要在数据的基础上做出科学决策。数据驱动教育治理强调，教育治理数据必须从局部小样本转向全领域、全范围的样本，这样才能为教育治理决策提供更客观、全面、完整的数据支持，确保教育治理决策的科学性、民主性和人性化。值得注意的是，因数而定不是唯数据论，教育治理主体还必须考虑到教育发展的现实，以客观公正的方式使用数据，并充分发挥基于数据决策的最大价值。

（3）随数而行

随数而行是指教育治理须采用动态的数据管理模式。传统教育的治理是事后补救和处理，而大数据和人工智能时代的教育治理则是全流程的实时监管，如利用教育开展过程中监测到的数据对管理机构的决策进行警示和优化。教育治理数据的动态采集为动态教育监管奠定了基础，为解决复杂问题提供了切实可行的方法。随数而行的重要体现是从"碎片化"管理转向"网格化"管理。重新整合纵向层级制度和横向分工制度，形成网状结构，减少了信息不对称，促进了信息共享。

3. 教育治理信息化框架和顶层设计

根据教育治理体系，国家教育治理主要是以各级、各类教育治理数据为基础，进行宏观调控和决策，优化资源配置，完善教育政策。

区域教育治理主要是以跨领域的各类数据为基础，最大限度地维护区域教育公共利益，促进区域教育均衡、优质发展，并建立系统、科学的制度体系。比如，借助地理信息系统、大数据和人工智能，结合各地区人口的数据（死亡率、出生率、迁入迁出率、当前人口数等）计算分析得出结果，提供学区人口预测、学区合理性、学区可达性等服务，从而为教育管理者划分学区和配置资源提供依据。

学校教育治理主要是以评测各类教育、学习数据为基础，促进每个学生的全面发展，提高学校教育质量。例如，随着大数据和人工智能技术的发展，教育者能够快速取得学习者的数据资料，并了解他们的优劣，以便因材施教，量身定做教学指导。

教育管理信息化体系的顶层设计可以从建设、应用、服务和保障四方面来确定思路。

第一，建设目标。建成国家教育治理信息化体系。教育部建立全国学生、教职工、学校经费资产及办学条件基础数据库、教育决策支持数据库、专项业务数据库。各级地方教育部门建立相应的地方学生、教职工、学校经费资产及办学条件基础数据库，在此基础上，进行区域内通用管理信息系统及特色管理信息系统的建设，实现信息技术在学生教师、教学科研、后勤保障等各项日常管理工作中的广泛应用。

第二，应用目标。通过教育管理信息系统形成教育基础数据的搜集和全国教育数据的共享，积极探索在决策支持、监督监控、业务管理、评价评估、教育服务五个方面的应用开发，实现管理过程精细化、教学决策科学化、数据获得伴随化、评价主体多元化、教育服务人性化的目标。

第三，服务目标。教育治理信息系统为学校教学、管理改革服务，根据学校需求进行教学、业务、身份信息管理。它打通了全国、地方、学校教育系统，实现了管理平台全覆盖。

在国家教育治理平台的基础上，各省、市级管理部门，可根据所管辖地市区县学校情况进行教育管理信息化的顶层设计应做到以下几点：一是国家教育信息平台的推广和应用；二是制定本地系统和国家平台的接口标准；三是进行省级教育基础设施的建设和云

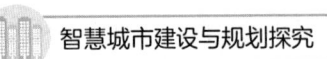

平台。

各类教育机构则应构建以管理和教学为核心、以师生应用为导向的业务管理系统，为省级和国家级数据库提供动态数据。

第四，保障目标。

保障目标可以称为教育管理信息化的基础目标，是教育管理信息化的基础。

（三）数据驱动下的智慧教育信息化

1.智慧校园建设方案

智慧教育着眼于教育信息化，以满足教学、管理和科研三大关键业务需求为目标，建设的是覆盖学生、教师、家长、教育管理者等所有关联人群的完善服务体系。在智慧教育中，智慧校园是其中最基础的部分。

智慧校园总体架构可分为四层：基础设施层、平台层、应用层、应用终端。

基础设施层是智慧校园的基础设施保障。它为智慧教育、大数据和人工智能技术提供数据支撑，主要包含基础设施数据库和服务器的建设。

平台层是智慧校园的核心层，为智慧校园提供云存储、云计算和数据处理服务，为终端应用提供驱动和支撑。

应用层是为智慧校园提供应用的平台，包含教育环境、教育资源、教育管理和教育服务四个部分。智慧教育环境可以实现智能感知、智能控制、智能管理、互动反馈、跨域拓展、虚拟现实等。教育资源在软件上包含微课、电子教材等电子教学资源，在硬件上包含多媒体教室、智慧教室、实训环境、实验环境等。教育管理是建立面向行政管理部门、教学管理部门、科研管理部门、人力资源部门、资产管理部门、财务管理部门协同办公的管理信息系统。教育服务包含校园安全服务、校园生活服务、校园运维服务、校园日常的管理和维护、虚拟校园服务等。

应用终端层是面向老师、用户、管理者和社会公众的终端。以浏览器、APP、微信公众号等为主。

2.建设数据驱动下智慧教育人才培养体系

（1）在高校平台培养并储备大数据和人工智能、物联网人才

鼓励高等教育机构和专业机构开设大数据和人工智能、物联网相关专业，资助相关博士点、硕士点、本科点、专科点的建设；支持职业院校和中心等机构的相关研究项目，鼓励高等教育机构为大数据收集和人工智能研究机构推荐毕业生。

（2）支持大数据和人工智能、物联网企业培养和引进相关人才

推动建立校企合作的联合教育培训中心；鼓励大数据和人工智能、物联网企业和科研机构、高等院校合作培养高层次人才，建设教育训练基地，对相关人才进行培训和教育；支持大数据和人工智能、物联网公司为参加职业培训课程的工人提供资助；鼓励大型公司和研究机构引进高级人才，并给予紧缺型人才相应奖励；支持大数据和人工智能公司、物联网和研究机构招聘基础工作人员。

（3）鼓励大数据和人工智能、物联网相关人才创新创业

支持大数据和人工智能相关人才创业，并为其提供创业资金和一定的优惠扶持政策；支持开发大数据和人工智能、物联网人才项目，并且根据实际情况给予相应的项目融资，给进行大数据和人工智能成果转化应用的企业或团队相应的经费资助；支持大数据和人工智能、物联网相关人才创新，给获得相关发明专利的团队或人才个人专项资金支持。

3. 构建教育信息化应用平台

经过多年建设，教育信息化已经成功为教育领域提供了很多可靠的数据资源，但是仍然存在着许多问题，例如，数据开放性不够、整合度不够等。其中，数据开放性不够主要是因为各级学校、教育培训机构等各种主体的"垄断"，其优势项目不愿与别的教育主体共享；整合度不够则是由于数据资源分散，数据分析功能难以释放，很难执行数据集的操作，而且数据的价值难以发挥。

随着信息技术的普及，教学方法、教育情境和教育模式的不断创新，教学活动产生的教育数据量比以往大幅增加。如果没有有效的应用规划措施，开放和整合教育数据资源面对的困难将更加严重。

创建具有大数据和人工智能特征和理念的教育信息化应用平台，是提高教育数据开放性和整合度、提高教育数据资源利用率的有效工具。

推动教育信息化应用平台建设，在设计各级教育机构的学生信息系统、在线教育来源系统时，必须充分考虑大数据和人工智能的特点和重要价值，确保系统的数据结构、格式符合开放教育、共享和集成数据库的统一标准；在平台应用的具体规划中，不能主要考虑技术部门的决策，而是要重点关注技术部、管理部和教育部的联合决定；在制定教育资源整合战略时，应从小的部分开始，一边推进一边总结，先尝试整合学校教育数据，然后在区域中开展数据应用，最后对接国家级教育数据应用平台。

4. 开展基于数据挖掘和深度学习的资源推送机制研究

在数据挖掘和机器学习的支持下，系统可以对学习者的行为做出相关动态分析，如记

录学习者在某一时间内浏览、检索或下载资源的类别以及数量等数据（主要是通过记录鼠标单击的次数以及分布），分析、总结学习者在学习过程中的爱好和倾向。此后当这名用户再次登录时，系统就可以向其推荐满足他爱好和倾向的相关学习资源。这种推送方式可以提高资源推荐的覆盖面以及准确性，更加智能化。也就是说，大规模教育数据的挖掘以及分析，可以更加精确地分析学习者的学习风格、倾向、认知水平以及兴趣爱好，从而为学习者推送与他匹配性更高的，更加符合他学习规律以及真实认知水平的个性化的学习资源，进而达到提高网络学习质量、增强学习效率的目的。所以，教育界人士应该对以大数据和人工智能挖掘和分析为基础的学习资源推送技术与方法展开广泛研究。

5. 开展基于数据挖掘和深度学习的路径优化

学习路径指的是学习活动的顺序。学习路径的意义，是通过在线教育中数据的挖掘以及深度学习分析技术，精确描述并不断优化学生的学习方法，制定学生最适合的学习活动序列。

由于每个学生所拥有的学习能力以及知识背景都不相同，在学习当中所反映出的认知特征和思维方式也存在着差异。因此，完善学习路径的研究，应当把学习者作为重点，必须掌握每个学习者已有的知识经验、思维过程及表达方式等，才能顺利帮其完成知识的构建。

此外，优化学习路径，必须利用特殊算法对学习行为等相关数据进行处理，从众多的数据中挖掘分类模式及其规律，建立起可以预测未来发展趋势的模型。现在，获取教育数据的方法越来越多样化，例如，通过在线课程系统就可以追踪记录学生学习过程中的行为，分析学生的学习爱好，通过工作流系统可以随时提取学习者的学习状态。大数据和人工智能技术，使我们可以更加细致地观察每一位学习者，为他们绘制出特有的学习方法图，优化他们的学习路径。所以，教育界人士应当对基于大数据和人工智能挖掘和分析的学习方法优化技术展开广泛的研究。

三、数据驱动下的智慧安防

（一）概念定义

1. 公共安全

公共安全是指社会和公民个人从事和进行正常的生活、工作、学习、娱乐和交往所需要的稳定的外部环境和秩序。公共安全是国家公共安全机关维护社会治安健康稳定、创造和谐稳定生活条件的重要工作。

公共安全是国家发展和社会和谐的前提。只有以健全的公共安全体系作为保障，社会才能稳定，经济才能快速发展，公民才能安居乐业。因此，公共安全的质量与国家稳定、社会和谐、人民幸福密不可分。

2. 公共安全管理工作

公共安全管理，是指国家行政机关为了维护社会的公共安全和秩序，保障公民的合法权益，以及社会各项活动的正常进行而做出的各种行政活动的总和。

公共安全管理是国家公共部门在公共安全领域行政权力的重要体现。目标是建设一个安全的社会，确保人民生活的安全和稳定。

公共安全管理是一项科学、系统、人性化的工程，既具有政府行政属性，又具有法律属性。从广义上来说，公共安全管理包括公共安全机关人民警察的聘用、解聘、队伍建设、内务管理、纪律、考核、奖惩、教育培训、科技装备等内部管理工作，以及治安、道路交通、边防、人口登记、刑侦、消防、出入境等外部管理工作。

（二）大数据与公共安全管理的逻辑关系

1. 公共安全和大数据、人工智能密切相关

（1）大数据、人工智能融入公共安全

人们生产和生活的每一秒，都会产生各种各样的数据，如旅游、医疗、餐饮等行为。得益于大数据和人工智能技术产业的爆发，这些数据都可转换成可分析的数据，并给人们更好的生活导向。例如，通信软件根据用户手机通讯录推荐相关好友数据，引导人们建立一个朋友圈；交友网站分析注册会员的工作特点、家庭背景和具体工资情况，有针对性地为其提供理想征婚对象。

延伸开来，政府数据、公共场所的视频监控数据、自媒体数据、富媒体数据以及居民日常行为数据都是公共安全范围的数据，也需要利用大数据、人工智能来处理，以期帮助政府制定更好的公共安全管理决策。

（2）大数据、人工智能对公共安全管理模式的影响

大数据和人工智能不仅是一个庞大的信息池，而且是一种先进技术。随着大数据和人工智能新技术的发展，理想的管理模式在现实中得以实现。以前的公共安全管理是行政主导，现在则可以通过数据的科学分析和逻辑推理来进行，更加科学，也更加合理。

在科技的浪潮下，公共安全管理者有必要加强对政府工作人员的大数据和人工智能思

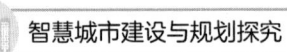

想教育,强调数据信息是一切科学分析、研究和推导的基础,让大家深刻认识到数据的价值。

2.大数据和人工智能是公共安全管理的重要依据

(1)提高办案效率

随着科学技术的发展,视频监控、网络舆情、手机和互联网信息交互的普及,警务工作中犯罪信息的获取渠道变得更加多样,公共安全部门记录的犯罪资源也更加雄厚,这有助于警方准确查找犯罪易发点,有效打击犯罪。

(2)增强生活安全感

在大数据和人工智能的背景下,运用信息、数据和科学的方法构建一个安全管理平台是有可能实现的。通过这个平台,城市问题可以很好地解决,从而给城市的安全管理带来新的机遇,给城市居民带来极大的安全、幸福和稳定感。例如,平台可通过调动各部门的资源,参考多部门的数据信息,开展数据提取和分析,以最科学的方式为市民提供满意的公共安全服务。

(3)推进公共安全管理改革

在传统安全管理中,公共安全事件的发生、发展和终结有多种可能,这种不确定性往往带来无法估量的损失。大数据和人工智能技术的应用,则大大降低了公共安全领域的不确定性。

(三)基于大数据和人工智能的公共安全管理改进建议

1.更新公共安全理念

首先,各部门、各机关领导要树立"以数据说话"的公共安全理念,加强大数据和人工智能建设,重视大数据和人工智能的具体实践工作,注重大数据和人工智能的管理。大数据和人工智能作为一项新技术,谁能先理解、先掌握、先熟练运用,谁就有很大优势。因此,各部门的最高领导要加强培训,普及大数据和人工智能的特点和优势。

其次,公共安全机关警务人员,特别是一线基层警务人员,要改变以往的工作模式,适应新的工作特点,在今后的工作中加强对大数据和人工智能的管理和利用,积极收集基础数据,识别数据的真实性,维护老数据。同时,还应经常使用现有的大数据和人工智能系统,并提出相关建议和改进措施,使其更实用。

2.打破多数据壁垒

各部门、各机构所涉及的信息是庞大而复杂的。在大数据和人工智能时代,每个人都会在医疗、旅游、通信、餐饮、就业、住宿等行为中产生数据信息,其中一些数据信息具有很大的价值，为公共安全部门的分析提供了重要信息。因此，各级政府部门一旦打破数据壁垒，实现数据交换，就能实现双赢。

公共安全管理能够稳定、有序地开展，与政府各部门的数据支持密切相关。中央信息化部门和各级政府信息化部门要率先建立大数据和人工智能使用标准和制度，保证数据信息交换的安全性和及时性。同时制定和颁布大数据和人工智能管理考核评价办法，鼓励各部门利用、研究、学习大数据和人工智能。

根据社会实际情况，公共安全机关和政府新闻部门要加强与各部门的沟通，努力督促政府出台相应的大数据和人工智能激励政策，努力实现大数据和人工智能的整合。

公共安全机关还必须与政府部门和社会组织建立长期稳定的数据共享机制，获取信息资源，建立独立的公共安全机关数据库。包括但不限于交通、医疗、银行、通信、住房、婚姻、生育、贷款、购物等。

基层公共安全人员是大数据和人工智能应用的实践者和测试者。他们的意见很重要。他们可以知道大数据和人工智能应用的缺陷在哪里、改进的方向在哪里，如果缺乏基层公共安全人员有力的配合，大数据和人工智能便只是空谈，无法切实为人民服务。因此，有必要加强对基层公共安全人员的培训，并将相关课程纳入考核。

在数据集成和利用过程中，政府新闻部门和公共安全机关必须制定相应的审批规则和程序，并设立专门的控制和实施部门，在数据集成过程中防止数据泄露。同时，涉及国家秘密、个人隐私和商业秘密的数据必须保密。需要征求意见的，必须符合法律规定，经公共安全机关批准后方可实施。

3. 培养数据分析人才

在大数据和人工智能高端分析中，如何建立数据处理模型是一大关键因素。数据分析人员必须将现实生活中的实际情况转化为可以通过数据分析系统解决的逻辑问题。要完成数据的挖掘、提取、分析、建模，不是专业的人才或团队是做不到的。

综合来看，大数据和人工智能分析团队或人才须了解和掌握以下知识或技能：网络知识、通信技术、法律知识、数理逻辑分析能力。而要建立一支优秀的大数据和人工智能分析团队，积极培养数据分析人才至关重要。在大数据和人工智能背景下，优秀的数据分析师是目前最稀缺的资源。

根据工作职能分工，数据分析师基本分为以下几类：

第一类是数据分析专家。他们数量不多，是大数据和人工智能分析师的集成者，通常具有数学、计算机、逻辑学、统计学等专业的硕士或博士以上学位，能熟练编程，能用计算机完成数据分析和建模。既是疑难病的解决者，也是大数据和人工智能系统中的定海神针。

第二类是数据分析顾问。他们数量庞大，熟悉数学、计算机、逻辑学、统计学等相关技术，能独立解决一些问题，是专家与分析人员之间的重要桥梁，具有良好的沟通技巧。

第三类是数据分析员。他们只做一些简单的数据工作，如数据收集、提取和简单的分析，通常是刚毕业的学生。

一个优秀的分析团队必须同时具备以上三种人才，即由少量的数据分析专家、更多的数据分析顾问和大量的数据分析师组成。数据分析专家完成复杂数据的建模和分析，数据分析顾问完成大量普通数据分析工作，并对数据进行远距离分析，数据分析师完成基础分析工作。

4. 加强基础设施建设

大数据和人工智能相关基础设施建设是大数据和人工智能信息化顺利发展的前提，它包括"一个中心、两个网络、三个平台"。"一个中心"是指公共安全机关的云数据中心，"两个网络"是指公共安全机关的内网和互联网，"三大平台"是指公共安全数据采集、数据分析和数据应用平台。

现阶段，公共安全机关要把数据采集作为重点工作，这些数据分为以下几类：国家公共安全相关数据，人民基础信息数据，各部门掌握的本领域基础数据。并逐步建立专门的数据库，便于信息的存储、检索和利用，更好地为社会公众服务。

5. 促进信息和数据的开放

在大数据和人工智能时代背景下，理想的模式是人们可以随时随地登录政府部门的公共网站，查找相关信息和内容，甚至对政府政策提出自己的建议。

虽然公共安全机关的工作有其特殊性，但未来公共安全数据必将逐步开放在公众的视野中，这就促使我们要在工作制度上做得更好。

现阶段，一些政府已经公开了一些数据信息。数据公开的目的不仅是满足人民群众的知情权，更是为了数据更好地流动，打破数据交换的壁垒。数据公开机制的建立意味着监管机制更加透明，对信息和数据质量的要求也更高。公共安全机关必须在这方面发挥应有的作用，在控制数据质量的同时，注重项目管理、编码系统规范、数据接口规范、数据格式规范等。这是建立规范化制度的需要，也是公共安全机关的一项重点工作。

（四）城市治安治理创新路径：智慧治理

当大数据和人工智能贯穿政府社会治理全过程时，将推动产生一种新的治理模式，即

"智慧治理"。智慧治理是先进信息通信技术的一种应用，是城市内部各种设施和资源的重组和整合，将带来城市增长、城市管理优化和城市治理的新模式。

1. 智慧治理主体：多重协调

社会治理正经历从管理治理向合作治理的转变。实践证明，传统的"内部"问题越来越具有外溢性和无限性，合作治理成为不可逆转的发展趋势。在公共安全治理领域，重视主体间的合作参与是一个突出特点，但参与机构协作水平的缺乏是城市治安治理的难点。这主要体现在以下两个方面：一是政府相关部门纵向专业分工与横向需求整合矛盾突出，部门协作机制不健全、不完善或只讲究形式，信息壁垒依然存在；二是公众对公共安全治理缺乏参与热情，缺乏相应的互动平台。

随着大数据和人工智能时代的到来，信息采集和传播渠道发生了巨大变化，权力变得分散，集中治理模式失灵，迫使政府由封闭转向开放。因此，智慧治理要进一步优化公共安全治理主体的参与路径。首先，政府要积极转变"自我中心"的理念，认识到公共安全治理主体将由单一政府主体转向多中心社会主体，但政府的责任主体地位不会动摇；其次，政府要积极推进社会数据资源的开放和共享，使一切与公共安全有关的因素都能被测量和可视化。

2. 智慧治理工具：理性跨越

智慧城市板块是指运用物联网、云计算、大数据和人工智能、空间地理信息集成等新一代信息技术，提升城市规划、建设智慧化的管理与服务。智慧治理的本质是基于大数据和人工智能应用的精细化管理。大数据和人工智能的意义不仅是不同于传统数据的"新数据"，而且是一种新方法。传统的数据分析依赖于推理，缺乏科学性和准确性，而大数据和人工智能的核心在于模式识别，它能从海量信息中发现宏观特征，预测未来趋势。

3. 智慧治理流程：流程再造

智慧治理就是借助大数据和人工智能、云计算、物联网、移动互联网等新兴技术，结合"互联网+"理念，从根本上优化和完善政府的治理实践。其本质是管理和使用数据，推动城市治安治理由静态变为动态，进一步提高城市治安治理的精细化和可视化程度。科学管理公共安全和数据之间有着内在联系。一方面，治安事件促进大数据和人工智能的生成；另一方面，大数据和人工智能分析又可以显著提高公共安全管理的适应性。因此，智慧治理就是努力实现公共安全治理的知识数据化、数据结构化和结构智能化的过程。

智慧治理流程再造的重点是信息流。因为只有获得足够的信息，才能识别和细化政策需要解决的问题。在公共安全智慧治理的流程再造中，要注意以下几个问题：要拓宽信息采集和发布的范围，通过城市探测器、移动终端和各种网络服务公司的共享数据，建立一个"数据仓库"，进行一站式存储和采集；要加大信息挖掘和分析的深度，便于政府制定更加及时、有效的应对策略。

4.智慧治理保障：完美的机器制造

作为一种技术与制度整合的战略，在"智慧治理"体系中，除了技术外，政府职能体系的调整和相关机制的创新也很关键。一方面，政府不仅要依靠法律制度重新塑造城市智慧治理的运行规范；另一方面，政府要通过制度机制理顺智慧治理的运行理念，使其更好地服务于城市公共安全治理。

具体来说，首先，要明确智慧治理所应遵循的原则，包括如何促进发展、平衡、实用、最小干预、保护弱势群体等；其次，要建立健全相关法律制度，建立新的数据共享管理机制的最终途径就是依靠法制；最后，是完善智慧政务运行机制，不仅要注重多种服务的准确供给，还要充分发挥数据挖掘和信息集成功能，突出数据驱动在监测预警、决策处置机制中的作用。

参考文献

[1] 丛北华 . 智慧社区物联网系统 [M]. 上海：上海科学技术出版社，2022.

[2] 董幼鸿，石晋昕 . 城市治理数字化 探索反思与愿景 [M]. 上海：上海人民出版社，2022.

[3] 席广亮，甄峰 . 城市流动性与智慧城市空间组织 [M]. 北京：商务印书馆有限公司，2021.

[4] 张涛，戴文涛，丁宁 . 智慧城市综合管廊技术理论与应用 [M]. 北京：机械工业出版社，2021.

[5] 魏真，张伟，聂静欢 . 人工智能视角下的智慧城市设计与实践 [M]. 上海：上海科学技术出版社，2021.

[6] 孙芊芊，昝廷全 . 智慧城市系统设计中的信息资源整合研究 [M]. 北京：中国传媒大学出版社，2021.

[7] 杨智勇 . 智慧城市背景下的档案信息服务模式研究 [M]. 武汉：武汉大学出版社，2021.

[8] 徐波，徐家琦 . 现代城市智慧安防纵论 [M]. 广州：羊城晚报出版社，2021.

[9] 周晓芳，秦春磊 . 智慧社区大数据 [M]. 上海：上海科学技术出版社，2021.

[10] 邵春福，闫学东 . 城市交通规划第 2 版 [M]. 北京：北京交通大学出版社，2022.

[11] 蒋婧雯，杨震 . 当代城市广场规划与道路景观设计研究 [M]. 长春：吉林出版集团股份有限公司，2022.

[12] 袁竞峰 . 智慧城市建设与发展研究 [M]. 北京：机械工业出版社，2020.

[13] 刘伊生 . 新型智慧城市设计与建造 [M]. 北京：中国城市出版社，2020.

[14] 张雷，刘彪，张春霞，黄玉筠 . 新型智慧城市运营与治理 [M]. 北京：中国城市出版社，2020.

[15] 杨梅，赵丽君 . 数据驱动下智慧城市建设研究 [M]. 北京：九州出版社，2020.

[16] 赵华森，陈燕．智慧城市中的公共艺术设计 [M]．杭州：中国美术学院出版社，2020．

[17] 马亚东．基于智慧城市的城市体检与城市更新策略研究 [M]．北京：北京交通大学出版社，2020．

[18] 徐小飞．我国智慧城市建设存在的问题与发展对策研究 [M]．长春：吉林大学出版社，2020．

[19] 曾凡太，刘美丽，陶翠霞．物联网之智智能硬件开发与智慧城市建设 [M]．北京：机械工业出版社，2020．

[20] 项勇，吴俊臻，冷超，朱洪顺．智慧城市文化创意产业集聚效应及关联性研究 [M]．北京：机械工业出版社，2020．

[21] 刘遥，蒋永穆．智慧城市发展研究 [M]．成都：四川大学出版社，2019．

[22] 杨凯瑞．智慧城市的价值风险和评价 [M]．北京：中国经济出版社，2019．

[23] 卫东，姚晓玲．物联网智慧城市建设干部培训现场教学 [M]．重庆：西南师范大学出版社，2019．

[24] 温斌焘．立体城市智慧城市与未来城市上海西岸传媒港项目整体开发模式与落地机制 [M]．上海：同济大学出版社，2019．

[25] 朱一青．城市智慧配送体系研究 [M]．北京：中国时代经济出版社，2019．

[26] 陈罡．城市环境设计与数字城市建设 [M]．南昌：江西美术出版社，2019．

[27] 曹祎遐，樊玥辰．智慧城市与产业创新 [M]．上海：上海人民出版社，2018．

[28] 王松强．智慧城市之公共卫生信息服务下 [M]．北京：北京理工大学出版社，2018．

[29] 单耀晓．城市生态环境风险防控 [M]．上海：同济大学出版社，2018．

[30] 刘过，王炳云，朱伟．城市规划概论 [M]．长春：吉林科学技术出版社，2021．